高等学校教材

无机化学与化学分析实验

赵　滨　马　林　沈建中　卫景德

復旦大學出版社

内 容 提 要

《无机化学与化学分析实验》是以原先的基础无机化学实验和化学分析实验教材为基础，根据化学教育发展的需要而编写的，旨在为修完《普通化学实验》课程后的本科学生进一步提供专业的实验知识及技能训练。全书分为实验基础知识、实验内容、附录和参考文献四个部分，其中实验内容包括了无机制备实验、某些化学基本原理的验证及物理量的测定实验、定性定量分析实验和包含产品制备与分析的综合实验，附录摘编了一些常用的物理化学数据。

本书可作为化学、医学、生命科学、材料科学及环境科学等学科的实验教材，还可供其他从事化学工作的人员学习和参考。

图书在版编目(CIP)数据

无机化学与化学分析实验/赵滨等编. —上海：复旦大学出版社，2008.8(2019.8重印)
ISBN 978-7-309-06112-3

Ⅰ.无… Ⅱ.赵… Ⅲ.①无机化学-化学实验②化学分析-化学实验 Ⅳ.06-3

中国版本图书馆CIP数据核字(2008)第090140号

无机化学与化学分析实验
赵 滨 马 林 沈建中 卫景德 编
责任编辑/秦金妹

复旦大学出版社有限公司出版发行
上海市国权路579号 邮编：200433
网址：fupnet@fudanpress.com http://www.fudanpress.com
门市零售：86-21-65642857 团体订购：86-21-65118853
外埠邮购：86-21-65109143 出版部电话：86-21-65642845
上海华业装潢印刷厂有限公司

开本787×1092 1/16 印张15.75 字数389千
2019年8月第1版第2次印刷

ISBN 978-7-309-06112-3/O・414
定价：48.00元

前　　言

近年来，复旦大学在教学体制和课程设置上采取了一系列改革措施，逐步建立了新的课程体系框架。在这一体系中，化学系以教育部化学教学指导委员会制定的《化学专业化学实验教学基本内容》为依据，提出了“以实验技术要素为主线”的基础实验教学改革方案，在《普通化学实验》基础教育课程之后，为化学类、生命科学类本科二年级学生开设了《无机化学与化学分析实验》课程，进一步提供化学专业知识教育。

《无机化学与化学分析实验》课程整合了我校原有普通化学实验、无机化学实验和定量分析化学实验等课程的主要内容，包含了无机制备实验、定量化学分析实验、化学基本原理的验证及某些物理量的测定实验、元素及化合物的性质实验、常见离子分离与鉴定实验以及综合性和设计性实验等，特别充实了一些产品制备与测定的系列实验，将无机制备与定量分析、定性鉴定有机地结合起来，加强了实验内容的目标性和实践性，让学生在实验技能训练中感受到创造和收获的快乐，激发学习的主动性，提高分析问题和解决问题的能力。

《无机化学与化学分析实验》全书分为四个部分：实验基础知识、实验内容以及附录和参考文献，实验内容部分共包含了五十八个实验。作为《普通化学实验》的后续课程用书，《无机化学与化学分析实验》对于《普通化学实验》中有些已经具体介绍过的实验知识未作更多重复。

《无机化学与化学分析实验》的出版，得益于化学系多年来基础实验教学的厚实积累，得益于许多前辈和同事们的宝贵经验，也得益于学生们的质疑与建议。尤其是柴华丽、陈剑▮、徐华华、顾莎菲、崔美芳、王韵华、金松林、姚子鹏等老师，给予我们许多支持和帮助，他们为课程大纲的具体制定提供了建设性的意见以及一些具体的实验素材；陆靖、高翔、吴性良、朱万森、包慧敏、许雪姣、周逸平等老师在本书形成过程中曾给予了很有价值的意见和建议；顾莎菲、柴华丽、王韵华教授审阅了全书，提出了许多宝贵的意见；章慧琴帮助绘制了其中的一些插图；还有徐华龙、陶增宁等许多领导和同事都给予了关心和支持。在此，向所有为本书的问世给予帮助的人们表示衷心的感谢！

毋庸讳言，本书的不足之处在所难免，恳请读者批评指正。

编者

2008 年 3 月

目　　录

化学实验守则

1. 实验前认真预习,明确实验目的,了解实验的基本原理方法和步骤,拟订实验计划,完成预习报告。

2. 遵守实验室规章制度。不迟到、不早退;保持室内安静,不大声喧哗,不使用移动电话;不准在实验室饮食。

3. 进行实验时应穿戴实验衣和防护眼镜。严格遵守操作规程和安全规则,保证实验安全。了解实验室的电源、气源开关位置和安全防护设施,一旦发生事故,应立即切断电源、气源,并立即向指导教师报告,进行适当处置。

4. 实验时应遵从教师指导,集中注意力,认真操作,仔细观察,如实记录实验现象和数据。不得用铅笔和纸片记录。

5. 保持环境整洁,不乱丢纸屑杂物,垃圾要分类收集在指定的废物桶内。

6. 爱护公物。公用物品用毕放回原处,勿擅自动用与本实验无关的仪器设备。注意节约使用水、电、煤气、药品,爱护仪器设备。

7. 实验结束时整理实验台和实验用品,检查并关闭水、电、煤气开关。将实验记录交指导教师批阅,经同意方可离开实验室。

8. 值日生应协助教师督促同学遵守本守则,并按照要求认真履行职责,做好相关的服务工作。

9. 实验后应对实验现象和数据认真分析和总结,按时完成实验报告。

10. 严格遵守教学实验室管理规定、实验室安全工作规定和仪器赔偿制度,违者视情节轻重予以处理(包括赔偿损失)。

第一部分

实验基础知识

一、实验安全守则

化学实验时，经常使用水、电、煤气、各种药品及仪器。如果不遵守操作规则，不但影响实验正常进行，还可能造成事故(如失火、中毒、烫伤或烧伤等)。为了保证安全，避免发生事故，必须了解基本安全知识，严格遵守各项安全规定。

1) 严格遵守操作规程和安全规则，注意保证实验安全。进行实验时应穿戴实验衣和防护眼镜，必要时还应戴手套。不得穿拖鞋和凉鞋进行实验，长发必须束起或掖于帽内。

2) 一切药品试剂均不得入口。不得在实验室饮食，不得用手直接触及毒物。实验后应仔细洗手。

3) 使用浓酸、浓碱等具有强腐蚀性试剂时应小心操作，避免洒在皮肤和衣服上。稀释硫酸时，必须把酸注入水中，而不是把水注入酸中。

4) 实验中涉及具有刺激性的、有毒的气体(如 H_2S、Cl_2、CO、SO_2、Br_2 等)时，以及加热盐酸、硝酸、硫酸、高氯酸等时，应该在通风橱内进行。

5) 使用有毒试剂(如氰化物、氯化汞、砷酸和钡盐等)时，严防进入口内或接触伤口，剩余的药品或废液应倒入指定回收瓶中集中处理，不得倒入下水道。

6) 使用易燃的有机溶剂(如乙醇、乙醚、苯、丙酮等)，必须远离火焰，用后应把瓶塞塞严，置于阴凉处。注意防止易燃有机物的蒸气大量外逸或回流(蒸馏)时发生暴沸。不可用明火直接加热装有易燃有机溶剂的反应容器。

7) 加热、浓缩液体时，不能正面俯视，以免烫伤。加热试管中的液体时，不能将试管口对着自己或他人。当需要借助于嗅觉鉴别少量气体时，不能用鼻子直接对准瓶口或试管口嗅闻，而应用手把少量气体轻轻地扇向鼻孔进行嗅闻。

8) 严禁任意混合实验药品。注意试剂的瓶盖、瓶塞或胶头滴管不能搞错，以免发生意外事故。互相接触后容易爆炸的物质应严格分开存放。另外，对易爆炸的物质还应避免加热和撞击。使用爆炸性物质时，尽量控制在最少用量。

9) 正确使用电器设备，防止触电。水、电、煤气等使用完毕应立即关闭。如遇漏水或煤气泄漏，应立即关闭阀门，进行检查，并及时报告和处理。

10) 了解实验室的电源、气源开关位置和安全防护设施(如消防用品和急救箱、紧急冲淋器、洗眼器等)，了解实验楼的各疏散出口。一旦发生事故，应立即切断电源、气源，并向指导教师报告,及时进行适当处置。

二、实验室一般事故的处置

实验室中一旦发生事故,必须立即采取措施予以处置。若遇伤害,实验室有药箱、药品、洗眼器和喷淋装置,以供急用。

1) 割伤:先挑出伤口内的异物,然后在伤口敷上消毒药剂后用纱布包扎,使其立即止血且易愈合。

2) 烫伤:在伤口处涂敷烫伤油膏,不要将烫出的水泡挑破。

3) 受酸腐伤:先用大量水冲洗,再用2%～3%碳酸氢钠溶液或稀氨水冲洗,最后用水洗净。

4) 受碱腐伤:先用大量水冲洗,再用2%醋酸溶液或5%硼酸溶液冲洗,最后用水洗净。

5) 酸或碱溅入眼中:必须立即用水冲洗,再用5%硼砂溶液或5%硼酸溶液冲洗,最后再用水冲洗。必要时应去医院检查。

6) 吸入有毒气体:立即到室外呼吸新鲜空气。若吸入溴蒸气、氯气、氯化氢气体,可吸入少量乙醇和乙醚的混合蒸气。

7) 毒物误入口内时:立即内服5～10 mL稀硫酸铜溶液,再用手指伸入咽喉部,促使呕吐,然后立即去医院治疗。

8) 触电时:立即切断电源,必要时进行人工呼吸。

9) 失火时:一旦发现火情即应迅速扑灭,防止火势蔓延。立即关闭煤气阀门,断开电闸,把一切可燃物质(特别是有机物质、易燃、易爆物质)迅速转移,远离火源。当衣服着火时,切勿慌张跑动,应赶快脱下衣服或用防火布覆盖着火处,也可在地上卧倒打滚,以扑灭火焰。

灭火时一般常用水、沙、各种灭火器等。火焰较小时用湿布或沙子覆盖即可灭火,火势较大时可用水及灭火器。但是下列情况不可用水:能与水剧烈反应并会导致更大火灾的物质如金属钠、钾等燃烧时;有机溶剂燃烧时,因为有机溶剂会浮于水面上燃烧而使燃烧面积更为扩大;周围有不能接触水的贵重仪器等。在这些情况下,应用沙土、湿布、石棉布覆盖燃烧物,或用合适的灭火器灭火,如用干粉灭火器、二氧化碳灭火器等。

三、化学试剂及其取用规则

常用的化学试剂很多,根据其纯度不同可分为优级纯(也称保证试剂,GR,用绿色瓶签)、分析纯(AR,用红色瓶签)、化学纯(CP,用蓝色瓶签)和实验试剂(LR,用棕色等瓶签)等几种规格。在无机化学与化学分析实验中,一般使用化学纯或分析纯试剂。此外,还有各种特殊要求的试剂,如基准试剂、色谱纯试剂、光谱纯试剂、生化试剂等。基准试剂的纯度很高,其组成完全符合化学式所示,性质稳定,常用作分析工作中的标准,可以直接配制标准溶液。而其他各种试剂的纯度则是为了满足不同领域工作的需求。本书实验中所用到的试剂均为分析纯或化学纯试剂。

通常,固体试剂置于广口瓶内,液体试剂或配制得的溶液则盛放在易于倒取的细口瓶或带有滴管的滴瓶中,其中一些见光易分解的试剂(如硝酸等)应存放于棕色瓶内。盛碱液的瓶子不能使用玻璃塞,而应用橡皮塞。有时,还将碱性强的试剂或溶液存放在塑料瓶中。

试剂瓶应贴上标签，标明试剂的名称、浓度和配制日期，还可在标签上涂敷薄薄的一层蜡以保护其免受腐蚀。现在也有采用压膜标签的，即在印好的标签表面覆有一层塑料膜。取用试剂时，应先看清楚试剂的名称和规格是否符合，以免用错试剂。倒出试剂后再加盖时，还应仔细复核，防止因盖错而发生交叉玷污。为防止玷污试剂，取下的试剂瓶盖应倒置于桌面上，若不是扁平的瓶盖，可用食指和中指将瓶盖夹住（或放在清洁表面皿上）以免污染。取用试剂后应立即将瓶子盖好。取出的试剂不得倒回原瓶。要求回收的试剂应倒入指定的回收瓶。

当需要使用有毒试剂时，务必格外小心，注意安全，并要求在教师指导下取用。

使用试剂时应注意节约，按所需量取用。一旦取出过多，切不可倒回原瓶，而只能另作处理，如放在指定容器中供他人使用，甚至只得弃去。

实验室中的试剂一般都按照一定的次序放置，有其较固定的位置，取用试剂后应立即将试剂瓶放回原处，不要随意变动。公用试剂台、试剂架应保持清洁整齐，公用试剂不可随意搁置于本人实验台面上。

1. 固体试剂的取用

1）要用清洁、干燥的药匙取试剂。用过的药匙必须洗净和干燥后才能再次使用，以免玷污试剂。

2）取用一定质量的固体试剂时，将固体试剂放置在称量纸上称量，而具有腐蚀性或易潮解的固体试剂则必须放置在表面皿上或玻璃容器内称量。

3）向试管中加入固体试剂时，可用细长药匙取试剂后，悬空伸入试管中加入，也可将试剂取出置于对折的纸片上，伸进试管约 2/3 处加入。加入块状固体时，应将试管倾斜，以使固体沿管壁慢慢滑下。若固体的颗粒较大，应先在清洁干燥的研钵中研碎。

2. 液体试剂的取用

1）取用液体试剂时，应按所需体积量取，不可将滴管直接伸入试剂瓶内吸取。多取的液体不得倒入原瓶，应倒入指定的容器中。需准确量取液体试剂时，可根据情况分别选用量筒、移液管或滴定管。

2）取用细口瓶中的液体试剂时，可先将瓶塞倒置在桌面上，手握试剂瓶上贴有标签的一面，如两面均贴有标签则手握空白的一面，逐渐倾斜瓶子，使瓶口紧靠承接容器的边缘或沿着洁净的玻璃棒将液体慢慢倒入容器中。

3）取用滴瓶内溶液时，滴管不可接触其他器皿，更不能插到其他溶液里，也不能放在原滴瓶以外的任何地方。滴管只能专用，用完必须插回原瓶。不可随意使用其他滴管伸入滴瓶中取用试剂。滴管口必须始终低于乳胶头，不可向上倾斜，以免溶液流入乳胶头内而玷污。

4）从滴瓶中取用试剂时，应先提起滴管至液面以上，再用手指按捏乳胶头排去空气，然后将滴管伸入液体中，放松乳胶头吸入试剂。将试剂滴入容器时，必须用无名指和中指夹住滴管悬空于靠近容器管口的上方，用大拇指和食指微捏乳胶头，而滴管必须保持垂直，不得触及容器壁，以免玷污。

5）在试管中进行某些性质实验时，取用试剂不需要准确定量，略作估计即可。一般以滴管滴加 20～25 滴为 1 mL，以小试管容量（10 mL）的 1/3 为 3 mL。也可事先用水作一计量。

四、溶液的浓度及其配制

(一) 常用的溶液浓度表示方法

溶液的浓度是表示在一定量的溶液或溶剂中所含溶质的量。在化学实验中常用的浓度表示方法有以下几种。

1. 比例浓度(V/V)

比例浓度(也称稀释比浓度或体积比浓度)是用浓的(市售原装)液体试剂与溶剂的体积比来表示的浓度。比例浓度中的前一个数字表示浓试剂的体积,后一个数字表示溶剂的体积。例如1∶2(有时也写作1+2)HCl溶液表示:该溶液是由1体积市售的浓盐酸(约12 $mol\cdot L^{-1}$)和2体积水配制而成的。

2. 百分浓度

百分浓度常用于表示一些辅助试剂的浓度,根据溶质、溶剂所取单位不同,又可分为以下几种。

(1) 质量-质量百分浓度($m/m\%$)

质量-质量百分浓度简称质量百分浓度,即质量分数,它是用100 g溶液中所含溶质的质量来表示的。

$$质量百分浓度(m/m\ \%)=\frac{溶质质量(g)}{溶质质量(g)+溶剂质量(g)}\times 100$$

市售的酸碱浓度常用此法表示,例如:H_2SO_4(98%)表示在100 g H_2SO_4溶液中含有98 g H_2SO_4。

(2) 质量-体积百分浓度($m/V\ \%$)

质量-体积百分浓度是用100 mL溶液中所含溶质的质量来表示的。

$$质量\text{-}体积百分浓度(m/V\ \%)=\frac{溶质质量(g)}{溶液体积(mL)}\times 100$$

一般以固体试剂配制溶液时,常用此法来表示。例如:20% KI溶液是指在100 mL KI溶液中含有20 g KI。

(3) 体积-体积百分浓度($V/V\ \%$)

体积-体积百分浓度简称体积百分浓度,即体积分数,它是用100 mL溶液中所含溶质的体积来表示的。

$$体积百分浓度(V/V\ \%)=\frac{溶质体积(mL)}{溶液体积(mL)}\times 100$$

将浓液体试剂稀释时常用此法表示。例如:10% H_2SO_4溶液表示10 mL浓硫酸用水稀释到100 mL。

3. 物质B的物质的量浓度(c_B)

物质B的物质的量浓度,也称为物质B的浓度,又简称浓度。其定义为:物质B的物质的量n_B除以混合物的体积V,其符号为c_B,即

$$c_B=\frac{n_B}{V}$$

式中c_B的SI单位为$mol\cdot m^{-3}$。在化学中常用的单位为$mol\cdot dm^{-3}$,或$mol\cdot L^{-1}$,也写作

mol/L,名称为摩尔每升。

例如:$C_{NaOH}=0.1\ mol\cdot L^{-1}$,表示在1 L NaOH溶液中含有0.1 mol NaOH。

4. 物质B的质量摩尔浓度(b_B)

物质B的质量摩尔浓度b_B(有时也表示为m_B)的定义为:溶液中物质B的物质的量n_B除以溶剂的质量m_A,即

$$b_B=\frac{n_B}{m_A}$$

质量摩尔浓度b_B的SI单位为$mol\cdot kg^{-1}$,名称为摩尔每千克。例如:某NaOH水溶液的质量摩尔浓度$b_{NaOH}=0.1\ mol\cdot kg^{-1}$,表示有0.1 mol NaOH溶解于1000 g水中。

用质量摩尔浓度b_B表示溶液组成的优点是其量值不受温度的影响,但使用起来不方便,因此应用较少。

5. 物质B的质量浓度ρ_B

物质B的质量浓度的定义为:物质B的质量m_B除以混合物的体积V,其符号为ρ_B,即

$$\rho_B=\frac{m_B}{V}$$

式中ρ_B的SI单位名称为千克每升,其符号为$kg\cdot L^{-1}$。在实际工作中常用克每升($g\cdot L^{-1}$)、毫克每毫升($mg\cdot mL^{-1}$)、微克每毫升($\mu g\cdot mL^{-1}$)等来表示。

6. 滴定度T

滴定度是用每毫升标准溶液相当于被测物质的质量(g)来表示的。例如:用$K_2Cr_2O_7$法测定Fe含量时,若1 mL $K_2Cr_2O_7$标准溶液相当于被测物Fe 0.005585 g,其滴定度表示为$T_{K_2Cr_2O_7/Fe}=0.005585\ g\cdot mL^{-1}$。在常规分析大批试样中的某一固定组分时,常用此法表示标准溶液的浓度,对于计算测定结果十分方便。

(二) 溶液的配制

化学实验中,水是最常用的溶剂。一般所用的水为蒸馏水,或者去离子水。通常不指明溶剂的溶液即为水溶液。本书实验中所用水均为蒸馏水或经电渗析处理的去离子水。

配制溶液时,首先根据实验要求,选用不同等级的试剂;再根据配制溶液的浓度和数量,计算出试剂的用量,加水溶解。配制好的溶液盛器外壁应贴上标签,注明溶液的名称、浓度和配制日期。

1. 一般溶液的配制

(1) 用固体试剂配制

用台秤称取适量的固体试剂,溶于适量水中(对于易水解的盐类,则需加入适量的酸以抑制水解),必要时以小火助溶。溶解并冷却后,转移入试剂瓶,稀释至所需体积,摇匀备用。

配制饱和溶液时,所用试剂量应稍多于计算量,加热溶解并冷却,待结晶析出后再使用。

(2) 用液体试剂配制

用量筒量取适量的液体试剂,缓缓加于适量水中,搅拌,若放热则需冷却至室温。转移入试剂瓶,稀释至所需体积,摇匀备用。

2. 标准溶液的配制

标准溶液指具有准确浓度的溶液,在实验中作为分析被测组分的比对标准。配制标准

溶液一般有两种方法:直接法和间接法。

(1) 直接法

用分析天平准确称取一定量的基准物质,溶解后,再定量转移入容量瓶,稀释至标线,摇匀。根据基准试剂的质量和容量瓶的容积,即可计算溶液的准确浓度。

基准物质必须具备下列条件:

① 纯度高,其杂质含量一般不超过 0.02%;

② 物质的组成与化学式完全符合(包括结晶水);

③ 在一定条件下,物理和化学性质稳定,不易分解和吸湿、吸收 CO_2。

常用的基准物质的制备和保存方法见附录二。

以下为一些常用的直接配制的标准溶液:

① 0.01667 $mol\cdot L^{-1}$ $K_2Cr_2O_7$ 溶液:

称取基准 $K_2Cr_2O_7$ 4.9030 g,溶于适量水,定量转入 1000 mL 容量瓶中,用水稀释至标线。

② 0.1000 $mol\cdot L^{-1}$ $KHC_8H_4O_4$(邻苯二甲酸氢钾)溶液:

称取基准邻苯二甲酸氢钾 20.4230 g,溶于除去 CO_2 的蒸馏水中,定量转入 1000 mL 容量瓶中,用水稀释至标线。

③ 0.02000 $mol\cdot L^{-1}$ $CaCl_2$ 溶液:

称取基准 $CaCO_3$ 2.0018 g,加入 6 $mol\cdot L^{-1}$ HCl 溶液 10 mL,完全溶解后,煮沸赶尽 CO_2,定量转入 1000 mL 容量瓶中,用水稀释至标线。

④ 0.02500 $mol\cdot L^{-1}$ As_2O_3 溶液:

称取基准 As_2O_3 4.9460 g,溶解于 100 mL 10% NaOH 溶液中,用 HCl 溶液调节至中性后,定量转入 1000 mL 容量瓶中,用水稀释至标线。

⑤ 0.02000 $mol\cdot L^{-1}$ $Na_2H_2Y\cdot 2H_2O$(即 EDTA)溶液:

称取基准 $Na_2H_2Y\cdot 2H_2O$ 7.4448 g,溶于适量水,定量转入 1000 mL 容量瓶中,用水稀释至标线。

(2) 间接法

许多试剂并不能符合基准物质的要求,所以大部分标准溶液不能用直接法来配制,而需采用间接法。

间接法是先将溶液配制成所需的大致浓度,然后用基准物质或另一种物质的标准溶液来测定其准确浓度(这一操作过程称为标定)。例如:HCl 溶液的浓度可用硼砂作为基准物质来标定,也可以用 NaOH 标准溶液来进行标定。

用已知准确浓度的标准溶液来标定,方法简单,但精确度不及用基准物质标定。因为在确定标准溶液浓度时,已经存在误差,在进行标定时又引入误差,这些误差的积累传递,对结果的影响较大。因此标定应尽可能采用基准物质。

以下介绍几种用间接法配制的标准溶液:

① 0.1 $mol\cdot L^{-1}$ NaOH 溶液:

称取分析纯试剂 NaOH 5 g 溶于 5 mL 水,离心沉降,用干燥的滴管取上层清液,用除去 CO_2 的蒸馏水稀释至 1000 mL。

标定方法:

准确称取基准 $KHC_8H_4O_4$ 约 0.5 g，溶于 25 mL 除去 CO_2 的蒸馏水中，以酚酞为指示剂，用 0.1 $mol \cdot L^{-1}$ NaOH 溶液滴定至溶液由无色转变为微红色，并在 30 s 内不褪色为止。该 NaOH 溶液的物质的量浓度

$$C_{NaOH}=\frac{m_{KHC_8H_4O_4}}{204.2}\times\frac{1}{V_{NaOH}}\times1000$$

式中 204.2——$KHC_8H_4O_4$ 的相对分子质量。

② 0.05 $mol \cdot L^{-1}$ $HClO_4$ 冰醋酸溶液（用于非水滴定）：

在约 988 mL 冰醋酸中加入高氯酸（70%～72%）4 mL，混匀后再缓慢加入醋酸酐 8 mL（防止大量发热），搅拌均匀，放置数小时后再标定。

标定方法：

准确称取基准 $KHC_8H_4O_4$ 约 0.25 g，溶于 25 mL 冰醋酸中（必要时可小火助溶），以结晶紫冰醋酸溶液为指示剂，用 0.05 $mol \cdot L^{-1}$ $HClO_4$ 溶液滴定至溶液由紫色转变为亮蓝色为止。该 $HClO_4$ 溶液的物质的量浓度

$$C_{HClO_4}=\frac{m_{KHC_8H_4O_4}}{204.2}\times\frac{1}{V_{HClO_4}}\times1000$$

式中 204.2——$KHC_8H_4O_4$ 的相对分子质量。

③ 0.1 $mol \cdot L^{-1}$ $FeSO_4 \cdot (NH_4)_2SO_4$ 溶液：

称取分析纯试剂 $FeSO_4 \cdot (NH_4)_2SO_4 \cdot 6H_2O$ 40 g，溶于 300 mL 2 $mol \cdot L^{-1}$ H_2SO_4 溶液中，用水稀释至 1000 mL。

标定方法：

移取 0.1 $mol \cdot L^{-1}$ $FeSO_4 \cdot (NH_4)_2SO_4$ 溶液 25.00 mL，加入硫磷混合酸（H_2SO_4：H_3PO_4：H_2O＝2∶3∶5），以二苯胺磺酸钠为指示剂，用 0.01667 $mol \cdot L^{-1}$ $K_2Cr_2O_7$ 标准溶液滴定至溶液出现稳定的紫色为止。该 $FeSO_4 \cdot (NH_4)_2SO_4$ 溶液的物质的量浓度

$$C_{FeSO_4} \cdot (NH_4)_2SO_4=\frac{0.01667\times V_{K_2Cr_2O_7}\times6}{25.00}$$

④ 0.1 $mol \cdot L^{-1}$ $Ce(SO_4)_2$ 溶液：

称取分析纯试剂 $Ce(SO_4)_2$ 33 g，溶于 500 mL 1 $mol \cdot L^{-1}$ H_2SO_4 溶液中，用水稀释至 1000 mL。

标定方法：

移取 0.1 $mol \cdot L^{-1}$ Fe^{2+} 溶液（如 $FeSO_4 \cdot (NH_4)_2SO_4$ 溶液，参见③）25.00 mL，以邻二氮菲-亚铁溶液为指示剂，用 0.1 $mol \cdot L^{-1}$ $Ce(SO_4)_2$ 溶液滴定至溶液红橙色刚好褪去为止。该 $Ce(SO_4)_2$ 溶液的物质的量浓度

$$C_{Ce(SO_4)_2}=\frac{C_{Fe^{2+}}\times25.00}{V_{Ce(SO_4)_2}}$$

3. 缓冲溶液的配制

缓冲溶液通常由弱酸与其共轭碱或者弱碱与其共轭酸（亦称缓冲对）的混合溶液组成，亦可为高浓度的强酸或强碱。共轭酸碱混合溶液的 pH 值（或 pOH 值）可以由下式近似计算：

$$pH=pK_a-\lg\frac{C_{酸}}{C_{碱}}$$

$$pOH=pK_b-\lg\frac{C_{碱}}{C_{酸}}$$

式中的 K_a、K_b 为共轭酸、碱的电离常数，$C_{酸}$ 和 $C_{碱}$ 分别为共轭酸、碱的浓度。

缓冲溶液的 pH 值(或 pOH 值)主要取决于弱酸(或碱)的 pK_a(或 pK_b)，同时还与缓冲比——酸(或碱)及其共轭碱(或共轭酸)的浓度比值有关。而其缓冲容量的大小和缓冲对的总浓度及缓冲比有关。总浓度愈大，缓冲容量愈大。若总浓度一定，共轭酸、碱的缓冲比为1∶1时，缓冲容量最大。

配制一定 pH 值的缓冲溶液时，应选择合适的缓冲对。一般来说，所选的共轭酸的 pK_a 值应与所需 pH 值相近(通常在 pH±1 左右)，同时还要考虑到缓冲对的引入是否会对所研究的体系产生不良影响。

(1) 普通缓冲溶液

一些常用的缓冲体系及其配制见表Ⅰ.4.1。许多化学手册中也可查到各种不同 pH 缓冲溶液的配制方法。

表Ⅰ.4.1　常用缓冲溶液的 pH 值及其配制方法

pH	缓冲溶液配制方法
0	浓度为 1 mol·L^{-1}的 HCl 溶液(不能用盐酸时，可用硝酸)
1	浓度为 0.1 mol·L^{-1}的 HCl 溶液
2	浓度为 0.01 mol·L^{-1}的 HCl 溶液
3.6	8 g $NaAc·3H_2O$ 溶于适量蒸馏水中，加入 6 mol·L^{-1} HAc 溶液 134 mL，稀释至 500 mL
4.0	20 g $NaAc·3H_2O$ 溶于适量蒸馏水中，加入 6 mol·L^{-1} HAc 溶液 134 mL，稀释至 500 mL
4.5	32 g $NaAc·3H_2O$ 溶于适量蒸馏水中，加入 6 mol·L^{-1} HAc 溶液 68 mL，稀释至 500 mL
5.0	50 g $NaAc·3H_2O$ 溶于适量蒸馏水中，加入 6 mol·L^{-1} HAc 溶液 34 mL，稀释至 500 mL
5.4	40 g 六次甲基四胺溶于 90 mL 蒸馏水中，加入 6 mol·L^{-1} HCl 溶液 20 mL
5.7	100 g $NaAc·3H_2O$ 溶于适量蒸馏水中，加入 6 mol·L^{-1} HAc 溶液 13 mL，稀释至 500 mL
6.0	300 g NH_4Ac 溶于适量蒸馏水中，加入冰醋酸 10 mL，稀释至 500 mL
7.0	77 g NH_4Ac 溶于适量蒸馏水中，稀释至 500 mL
7.5	60 g NH_4Cl 溶于适量蒸馏水中，加入浓氨水 1.4 mL，稀释至 500 mL
8.0	50 g NH_4Cl 溶于适量蒸馏水中，加入浓氨水 3.5 mL，稀释至 500 mL
8.5	40 g NH_4Cl 溶于适量蒸馏水中，加入浓氨水 8.8 mL，稀释至 500 mL
9.0	35 g NH_4Cl 溶于适量蒸馏水中，加入浓氨水 24 mL，稀释至 500 mL
10.0	27 g NH_4Cl 溶于适量蒸馏水中，加入浓氨水 197 mL，稀释至 500 mL
11.0	3 g NH_4Cl 溶于适量蒸馏水中，加入浓氨水 207 mL，稀释至 500 mL
12	浓度为 0.01 mol·L^{-1}的 NaOH 溶液(不能有 Na^+ 存在时，可用 KOH)
13	浓度为 0.1 mol·L^{-1}的 NaOH 溶液

注：缓冲溶液配制后可用 pH 试纸检查，若 pH 值不对，可用共轭酸或碱调节。如果要精确调节 pH 时，可使用 pH 计。

(2) 标准缓冲溶液

标准缓冲溶液是一类缓冲容量大、温度系数小、pH 值精确的缓冲溶液，主要用于 pH 计的校正。我国目前使用的几种标准缓冲溶液在不同温度下的 pH 值参见表Ⅰ.4.2。

表Ⅰ.4.2　部分缓冲溶液在不同温度下的 pH 值

温度 ℃	0.05 mol·L^{-1} 草酸三氢钾	25℃饱和酒石酸氢钾	0.05 mol·L^{-1} 邻苯二甲酸氢钾	0.025 mol·L^{-1} KH_2PO_4＋0.025 mol·L^{-1} Na_2HPO_4	0.008695 mol·L^{-1} KH_2PO_4＋0.03043 mol·L^{-1} Na_2HPO_4	0.01 mol·L^{-1} 硼砂	25℃ 饱和氢氧化钙
0	1.666	—	4.003	6.984	7.534	9.464	13.423
5	1.668	—	3.999	6.951	7.500	9.395	13.207
10	1.670	—	3.998	6.923	7.472	9.332	13.003
15	1.672	—	3.999	6.900	7.448	9.276	12.810
20	1.675	—	4.002	6.881	7.429	9.225	12.627
25	1.679	3.557	4.008	6.865	7.413	9.180	12.454
30	1.683	3.552	4.015	6.853	7.400	9.139	12.289
35	1.688	3.549	4.024	6.844	7.389	9.102	12.133
38	1.691	3.548	4.030	6.840	7.384	9.081	12.043
40	1.694	3.547	4.035	6.838	7.380	9.068	11.984

标准缓冲溶液通常只能保存几周，所以市售的不是溶液，而是 pH 标准缓冲物质，使用时定量稀释配成溶液。常用的几种标准缓冲溶液的组成和配制方法参见表Ⅰ.4.3。

表Ⅰ.4.3　常见标准缓冲溶液的配制

pH 基准试剂	配制方法	pH 标准值（25℃）
草酸三氢钾 $KH_3(C_2O_4)_2 \cdot 2H_2O$ （0.05 mol·L^{-1}）	称取在 54±3℃下烘 4～5 h 的 $KH_3(C_2O_4)_2 \cdot 2H_2O$ 12.61 g，溶于适量蒸馏水后，转入 1000 mL 容量瓶，稀释至标线	1.679
酒石酸氢钾 $KHC_4H_4O_6$ （饱和溶液）	在磨口瓶中加入蒸馏水和过量的酒石酸氢钾（约 20 g·L^{-1}），温度控制在 25±3℃，剧烈摇动 20～30 min，澄清后，用倾滗法取上层清液使用	3.577
邻苯二甲酸氢钾 $KHC_8H_4O_4$ （0.05 mol·L^{-1}）	称取在 115±5℃下烘 2～3 h 的邻苯二甲酸氢钾 10.12 g，溶于适量蒸馏水后，转入 1000 mL 容量瓶，稀释至标线。	4.008
磷酸二氢钾 KH_2PO_4（0.025 mol·L^{-1}）＋ 磷酸氢二钠 Na_2HPO_4（0.025 mol·L^{-1}）	称取在 115±5℃下烘 2～3 h 的磷酸二氢钾 3.39 g 和磷酸氢二钠 3.53 g，溶于煮沸 15～30 min 后冷却的蒸馏水中，转入 1000 mL 容量瓶，稀释至标线	6.865
磷酸二氢钾 KH_2PO_4（0.008695 mol·L^{-1}）＋ 磷酸氢二钠 Na_2HPO_4（0.03043 mol·L^{-1}）	称取磷酸二氢钾 1.18 g 和磷酸氢二钠 4.32 g（干燥条件同上），溶于煮沸后冷却的蒸馏水中，转入 1000 mL 容量瓶，稀释至标线	7.413
硼砂 $Na_2B_4O_7 \cdot 10H_2O$ （0.01 mol·L^{-1}）	称取硼砂 3.80 g（在盛有氯化钠和蔗糖饱和溶液的保湿器中存放至恒重），溶于煮沸后冷却的蒸馏水中，转入 1000 mL 容量瓶，稀释至标线	9.180
氢氧化钙 $Ca(OH)_2$ （饱和溶液）	在磨口瓶或聚乙烯瓶中加入煮沸后冷却的蒸馏水和过量的氢氧化钙粉末（约 5～10 g·L^{-1}），温度控制在 25±3℃，剧烈摇动 20～30 min，迅速用抽滤法滤去沉淀，取溶液使用	12.454

五、半微量定性分析基本操作

常见阴、阳离子的分离与鉴定实验,称为定性分析。它以离子的特征化学反应为依据,且所运用的各种化学操作一般在试管中进行,又称为半微量定性分析。

半微量定性分析取样量较小,常常只有几个 mL,而作鉴别反应时,被鉴定元素的总量在 0.2 mg 左右,试液体积只有 0.1 mL 左右,若不严格遵守操作规则进行实验,很容易丢失而无法得出准确结果。

定性分析包括分离和鉴定两个部分,其主要操作归纳如下。

1. *准备*

拉制与离心试管相匹配的玻璃棒(见图Ⅰ.5.1),准备好水浴。

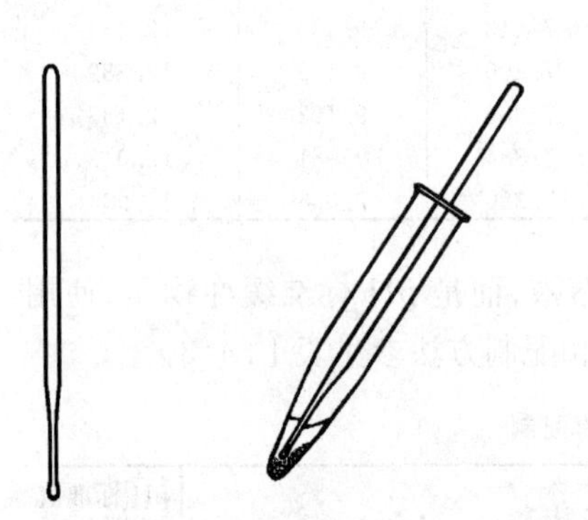

图Ⅰ.5.1　离心试管中搅拌洗涤

2. *沉淀的生成*

分离鉴定时,常常利用沉淀反应对混合组分进行分组,即在试液中加入沉淀剂,使一些离子生成难溶盐而与其余组分分离,另一些离子则留在溶液中。欲使沉淀完全,应注意以下几点:

① 严格按照规定的沉淀条件操作,如控制溶液的酸碱性、温度、试剂加入的次序以及防止生成胶状沉淀等,否则将使沉淀不完全或根本不产生沉淀;

② 加入的沉淀剂应稍微过量,以降低沉淀的溶解度,使沉淀完全,但也应避免加入过多而产生盐效应或生成配合物,使沉淀重新溶解;

③ 沉淀反应可在离心试管中进行,试剂应逐滴加入,同时振摇离心试管或用玻棒充分搅拌,使反应均匀并能促使沉淀微粒凝聚;

④ 应检查是否沉淀完全。检查方法是:在离心分离后的澄清溶液中再加一滴沉淀剂,若溶液不显浑浊,表明沉淀完全,否则需继续加入沉淀剂直至沉淀完全。

3. *离心分离*

将装有待分离溶液的离心试管放入离心机内高速旋转,沉淀微粒在离心力的作用下聚集沉积在离心管底尖端,而溶液则完全澄清。

离心沉降后,可用吸管吸出上层清液,使溶液与沉淀分离。使用吸管时,应先捏紧吸管的乳胶头,驱出其中的空气,再将吸管轻轻伸进试管,吸管尖端慢慢插入液面以下但不触及沉淀,然后逐渐放松乳胶头,尽量吸出上层清液,见图Ⅰ.5.2。如果吸管先插入溶液再捏乳胶头驱空气,则易搅起沉淀,分离不清。若分离出的溶液中有沉淀,须重新离心分离。

用吸管吸取后,沉淀边缘仍有少量溶液,可用不带乳胶头的毛细吸管(比一般吸管细),藉毛细管作用使溶液吸入管内。

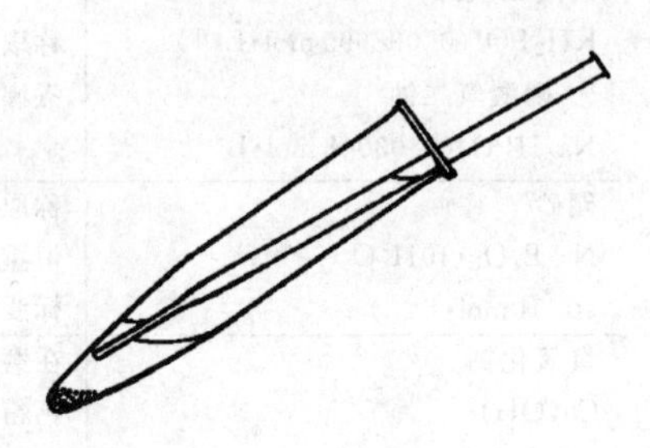

图Ⅰ.5.2　离心试管中吸液

4. *沉淀的洗涤*

为了完全除去沉淀吸附的母液,必须洗涤沉淀。所选用的洗涤液中应含有少量沉淀剂和不与沉淀发生反应的电解质,以防止沉淀溶解或生成胶体。洗涤时,加入少量洗涤液,充分搅拌(参见图Ⅰ.5.1)后,静置或进行离心分离,吸出上层清液,并重复洗涤数次,至达到要求为止。

注意:

① 洗涤次数不宜太多,一般2～3次即可。每次洗涤液用量视沉淀多少而定,一般为0.3 mL左右。

② 离心试管壁上附着的沉淀可用玻棒刮下,与聚集在离心试管底部的沉淀一起洗涤。

5. *沉淀溶解及转移*

沉淀可能由一种或多种离子的难溶盐组成,为了检验沉淀中的离子或进一步分离,常常将沉淀完全溶解或部分溶解。

注意:

① 逐滴加入试剂,同时不断搅拌;

② 沉淀溶解比较缓慢时,不要急于加入过多试剂,而应搅拌一段时间或将其置于水浴中加热;

③ 有些沉淀放置时间过久,会比新生成的沉淀难溶解,所以离心分离后的沉淀应随即溶解;

④ 定性分析实验的溶液量少,转移溶液时均应使用吸管,不可直接倾倒而引起损失。

6. *沉淀移取*

一般情况下不移取沉淀,而是将沉淀溶解后移取溶液。如果需要从离心试管直接取用沉淀作鉴定反应,则可采用小"玻璃挖",或是在沉淀上加少量水后搅动,制成悬浊液,再以吸管吸取转移。若鉴定反应不能有过多的水分,可在移取之后再离心分离。

7. *溶液蒸发*

为鉴定含量较低的离子,鉴定前应先将溶液浓缩,浓缩可在微烧杯中进行。微烧杯置于石棉网中央,来回移动煤气灯,以小火加热使溶液缓慢均匀蒸发,不致因溅出而损失。

若需蒸发至干时,应在溶液近干时即停止加热,让残液靠余热自行蒸干,以避免固体溅出,同时防止物质分解(注意和灼烧的区别)。

有时,溶液蒸干后所留下的固体需强热灼烧,这时蒸发应在小坩埚中进行。蒸干后,坩埚放在泥三角上用小火烘干,加热开始时的火焰小些,然后逐渐加大火焰直至炽热灼烧。

8. *点滴反应*

点滴反应操作方便,容易观察,可在洁净的瓷点滴板上进行。

注意:

① 反应前应吸去小凹槽中残留的水。

② 试液与试剂取量以1滴为宜,不可多取以免溢出。

③ 为使反应均匀,应用搅棒搅动。

点滴反应有时也在纸上进行,操作方法如下:

① 选取大小约为4 cm×4 cm的厚滤纸作为反应用纸。

② 先取试液与所需试剂各1滴,分别置于瓷点滴板的小凹槽内。

③ 将毛细管插入试液,依靠毛细管的作用吸取少许试液,然后持毛细管在滤纸上垂直点样,试液自行流出渗入纸中,扩散成圆形斑点。用同样方法,按实验规定的次序加入各种试剂,纸上就会呈现特征的圆形彩色环,反应结果十分明显。点滴反应的反应区不宜过大,

一般以直径 10 mm 左右最为合适。

9. 检验气体

个别离子如 NH_4^+ 可以与一些试剂反应生成气体，并可用湿润的试纸检出。注意试纸不得受到管壁、管口上的其他物质的污染。

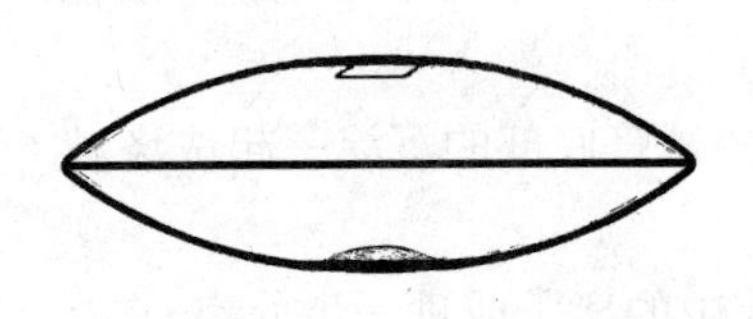

图Ⅰ.5.3 气室法检验

检验气体的装置有两种。一种是在试管口置一颈口填有棉花的小漏斗，漏斗上放置一张浸有试剂的滤纸，将试管中生成的气体导出，通过棉花除去液沫后，与小漏斗上的滤纸反应；另一种是两个相对合起的表面皿，下面的表面皿凹处加有反应物，上面的表面皿内壁贴有湿润的试纸，当下面的反应逸出气体时，即遇试纸使变色。后一种方法常被称为"气室法"，见图Ⅰ.5.3。

10. 焰色反应

某些物质在火焰中灼烧时能使火焰呈现特殊的焰色，称为焰色反应，可用于鉴定某些金属离子。操作方法如下。

① 在小试管中加入少量分析纯浓盐酸，然后用铂丝蘸取浓盐酸，在煤气灯的氧化焰中灼烧，如此反复多次直至火焰不再呈现特殊颜色为止。

铂丝不能置于还原焰中灼烧，因为在还原焰中金属铂易生成碳化铂，变脆断裂。

② 将试液滴在点滴板上，然后用铂丝蘸取试液在氧化焰中灼烧，观察火焰的颜色。应注意每种离子的焰色和焰色的持续时间不同，一般的焰色可持续几十秒钟，有的几秒钟即消失，观察时应特别注意。

③ 铂丝使用后应按 ① 中的方法及时处理干净。

11. 空白试验与对照试验

鉴定离子时，若试剂不纯，甚至含有被鉴定离子，将会导致错误结论。为避免这种错误，应对试剂进行检查。检查方法是以纯水代替试液进行试验，而其他试剂及用量均与鉴定反应相同，此法称为空白试验。观察空白试验结果，并与正常结果相比较，可以判定试剂是否适合于鉴定反应的要求。

对照试验则是指：将试液与已知含有被鉴定离子的溶液分别用同样方法检验，对分析结果进行比较，以确证试液中是否存在被鉴定离子。

空白试验与对照试验十分重要，在定性分析和定量分析时经常用到。

六、滴定分析基本操作

滴定分析是最基本、最有用的定量分析技术之一，分析速度相当快，准确度高，应用十分广泛。通常将已知浓度的标准溶液装入滴定管作为滴定剂，滴加至被分析体系，与被测物质发生符合特定化学计量关系的定量反应。测量出恰好与被测物质完全反应时所需的滴定剂体积，就可计算被测物质的量。

滴定分析常用的仪器有滴定管、移液管、吸量管、容量瓶等。

(一) 滴定管的准备与操作

滴定管分酸式和碱式两种(图Ⅰ.6.1)。常用的滴定管容积为 50 mL，此外，还有 25 mL、

10 mL 及 10 mL 以下的半微量和微量滴定管。

目前，具有聚四氟乙烯活塞的通用滴定管的使用越来越广泛。

1. 酸式滴定管(简称酸管)

酸管是最常用的，其下段具有玻璃活塞，不宜装入碱液。

使用前，应先检查酸管的活塞与活塞套是否配套，若不密合配套，将严重漏液，不能使用。对于密合配套的酸管，为使活塞转动灵活且不漏液，需要在活塞部分涂油(凡士林或真空油脂)，然后检漏。操作如下：

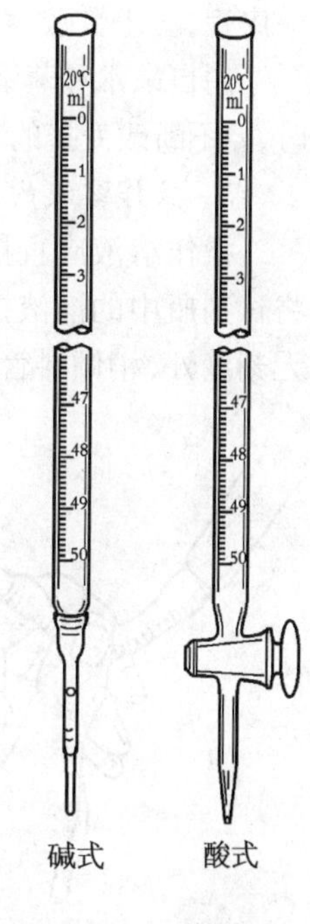

碱式　　酸式

图Ⅰ.6.1　滴定管

取下活塞小端的橡皮圈，取出活塞，用吸水纸吸干。同时将活塞套内也吸干，并注意防止管内的水再进入活塞套(为此可将酸管平放)。随后，将少许油脂涂在活塞两头的曲面上(图Ⅰ.6.2)，但活塞孔一圈切勿涂油！然后将活塞插入活塞套中，向同一方向旋转，直至活塞除活塞孔一圈外全部呈透明状。油脂不可涂得太多，否则易堵塞活塞孔；但若涂得太少，则活塞转动不灵活，甚至会漏液。最后，顶住活塞大端，在小端套上橡皮圈。

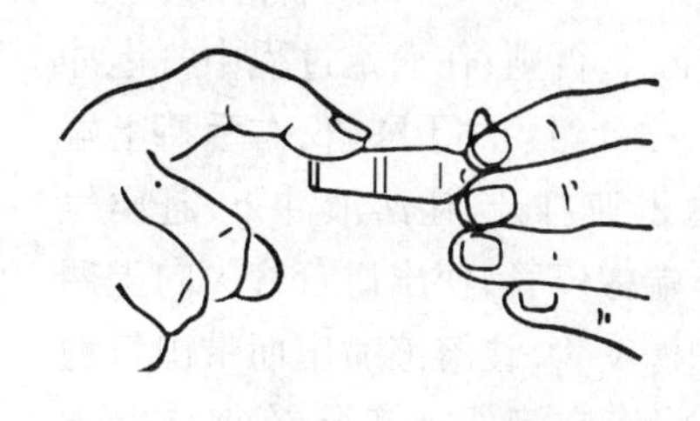

图Ⅰ.6.2　活塞涂油

检漏时，将滴定管装满水，排出出口管内的气泡，关闭活塞，夹在滴定管夹上，直立静置 2 min。若无水滴漏下，再将活塞旋转 180° 静置检查。若发现漏水应重新涂油。

若出口管尖被油脂堵塞，可插入热水中温热片刻后，打开活塞，让水流将软化的油脂冲出。

酸管经涂油检漏后，再充分清洗，达到管子内壁被水均匀润湿形成水膜而不挂水珠。洗涤时，根据管子内壁玷污的程度，可分别选用下列方法洗涤。

1) 用自来水冲洗。

2) 用滴定管刷蘸洗涤剂刷洗(小心勿使刷子的铁丝部分刮伤管壁)。

3) 用铬酸洗液洗涤：向管内加入 5～10 mL 铬酸洗液，边转动边将滴定管放平，使全部内壁都接触到，还可视情况放置一段时间，同时将滴定管口靠在洗液瓶口以防洗液洒出。然后将洗液尽量倒回原贮瓶。

4) 用氢氧化钾乙醇溶液洗涤。

此外，还可针对具体情况，采用特殊的洗涤剂，如：清洗沉积的 MnO_2 时可用酸性亚铁溶液等。

用洗涤剂清洗后，必须用自来水充分洗净，再用少量蒸馏水淋洗三次。每次洗后都应打开活塞，尽量除去管内残留水，以提高洗涤效果。滴定管外壁也应洗净并擦干。最后，用蒸馏水淋洗管尖。暂时不用时，可在管内装满蒸馏水。

2. 碱式滴定管(简称碱管)

碱管下端接有一段内嵌玻璃珠的橡皮管以控制流速。碱管不宜装氧化性溶液。

使用碱管前，应检查橡皮管是否老化，玻璃珠大小是否合适，否则应予更换。

碱管的洗涤方法基本上同酸管。需要用铬酸洗液洗涤时，可将管子倒置，管口插入铬酸洗液,管尖连接抽气泵,挤宽玻璃珠处的橡皮管吸入洗液,浸泡后,再放出洗液,取下管子用水冲洗。或将管子直立,将玻璃珠往上移至紧贴刻度管下口,直接倒入洗液浸泡。也可取下橡皮管,套上乳胶滴头堵塞下口进行洗涤。

用自来水和蒸馏水冲洗时,应注意玻璃珠下方"死角"处的清洗,在挤宽橡皮管放出溶液时,要不断改变挤的方位,使玻璃珠周围都能洗到。洗净的碱管暂时不用时,也可装满蒸馏水。

3. 操作溶液的装入

操作溶液应直接倒入滴定管,不用其他容器(如烧杯、漏斗等)作传递。倒入溶液前,先将试剂瓶中的溶液摇匀,使凝结在瓶壁上的水珠混入溶液。然后,左手前三指持滴定管上端无刻度处,稍倾斜管身或让管子自然垂直,右手拿试剂瓶倾倒(标签向上),让溶液缓缓流入。

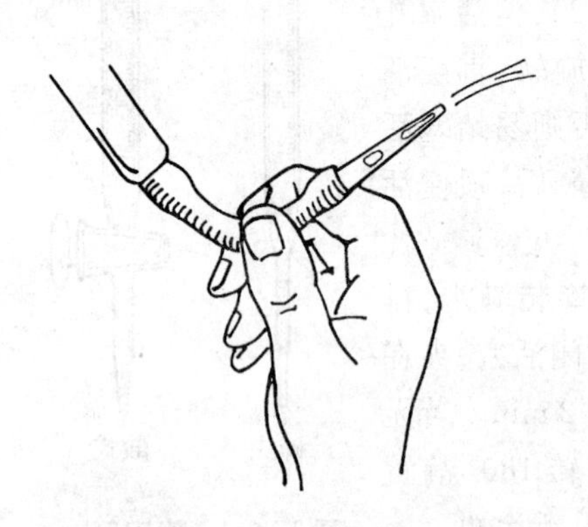

图Ⅰ.6.3 碱管赶气泡

先用溶液润洗滴定管内壁三次(每次约 5~10 mL),注意每次均使全部内壁都洗到,以保证溶液装入后浓度不变。对于酸管,要打开活塞,冲洗出口管,并尽量放净残液。至于碱管,仍应注意玻璃珠下方"死角"的洗涤。

润洗后,倒入溶液至"0"标线以上。接着,检查并排除出口管中可能存在的空气,否则,在滴定过程中气泡冲出,将严重影响溶液体积的计量。对于酸管,右手持上端无刻度处,左手控制活塞迅速打开,让溶液冲下,赶出气泡。对于碱管,则弯曲下端橡皮管,使出口管管尖向上翘起,并挤宽玻璃珠一侧的橡皮管,让溶液喷出而带出气泡(图Ⅰ.6.3)。赶尽气泡后,边放出溶液,边顺直橡皮管。最后,将滴定管外壁擦干,在滴定管架上夹好待用。

4. 滴定管读数

滴定管读数时,应遵守下列原则:

1) 装入或放出溶液后,必须等 1~2 min,待附着于管壁的溶液充分流下后再读数。如果放出溶液速度较慢(如滴定接近终点,每次只加一滴或半滴溶液),只需等 30~60 s 即可读数。

2) 每次读数前要检查滴定管内壁是否挂水珠,管尖是否有气泡。只有在内壁不挂水珠、管尖无气泡的前提下,读数方为有效。

3) 读数时,滴定管可以夹在滴定管架子上,也可以取下,持管子上端无刻度处进行读数,但均应注意使滴定管保持垂直。

4) 读数时,视线应与液面水平(如图Ⅰ.6.4 中的正确位置),否则读数将偏大或偏小。滴定管内装无色或浅色溶液时,应读取弯月形液面下缘最低点对应的体积数。至于深色溶液,看不清弯液面下缘时,可读液面两侧的最高点。滴定前、后读取初读数和终读数,应采用同一方法。

5) 读数必须读至小数点后第二位,即估计到 0.01 mL。注意:估计读数时,不应忽视刻度线本身所占据的宽度。

6) 为了便于读数,可采用一张中部有黑色长方块的白色读数卡。读数时,将读数卡紧贴滴定管背面,使黑方块上缘在弯月形液面下约 1 mm 处(图Ⅰ.6.5)。此时,黑色反映到弯液面上,清晰易辨,读数即以黑色弯液面下缘最低点为准。读取深色溶液液面两侧最高点时,则应该衬以白色卡片为背景。

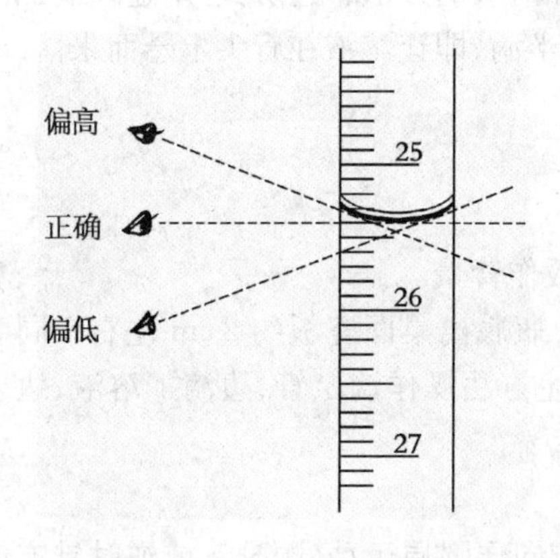

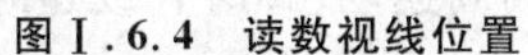

图Ⅰ.6.4　读数视线位置

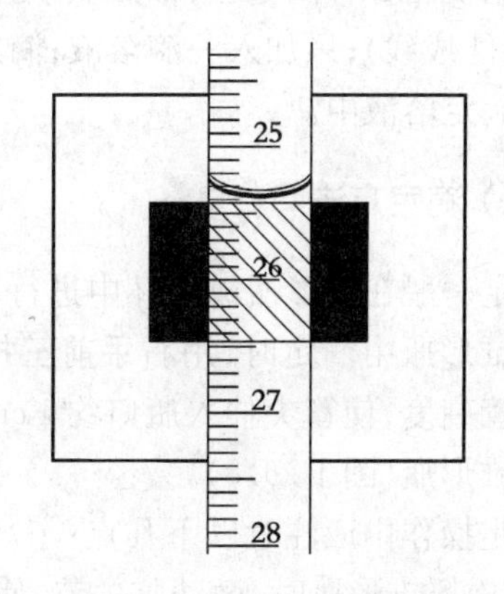

图Ⅰ.6.5　用读数卡读数

7）对于乳白板蓝线衬背的滴定管，应该读取液面处蓝线形成的上下两个尖端相交点所对应的体积数。

8）初读数应调节在"0"标线或其附近的某一标线处。读取初读数时，应同时将管尖悬挂的液滴除去。读取终读数时，管尖也不应挂液。如果挂有液滴，则此液滴已计入滴定体积之内了，应该使之进入被滴溶液中。若滴入之后过量，则须重做。

5. 滴定操作

滴定管应垂直地夹在滴定管架上进行滴定。

操作酸管时以左手控制活塞（图Ⅰ.6.6）。左手无名指及小指向手心弯曲，轻轻贴着出口管，其余三指转动活塞。转动时不要用力向外推。掌心不能碰顶活塞小端，防止推松活塞、造成漏液；也不要过分往里扣，以致活塞无法灵活转动。

操作碱管时，左手无名指及小指夹住玻璃出口管，拇指和食指于玻璃珠的一侧挤宽橡皮管，使溶液由缝隙处流出（图Ⅰ.6.7）。为避免漏液或气泡回入，应当注意：第一，不能使玻璃珠上下移位；第二，不要捏玻璃珠下部的橡皮管；第三，停止滴定时，应先松开拇指与食指，然后才松开无名指及小指。

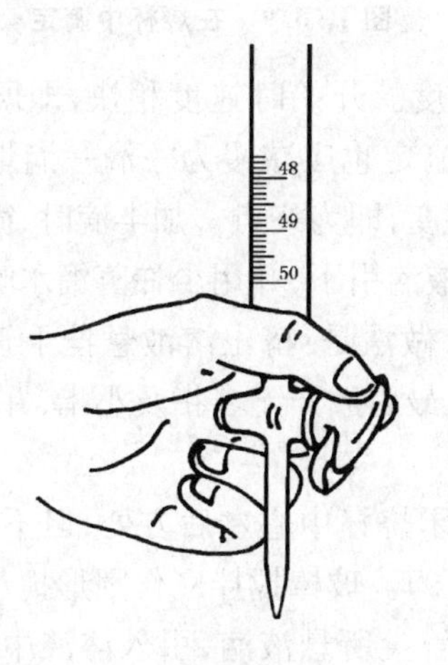

图Ⅰ.6.6　酸管的操作

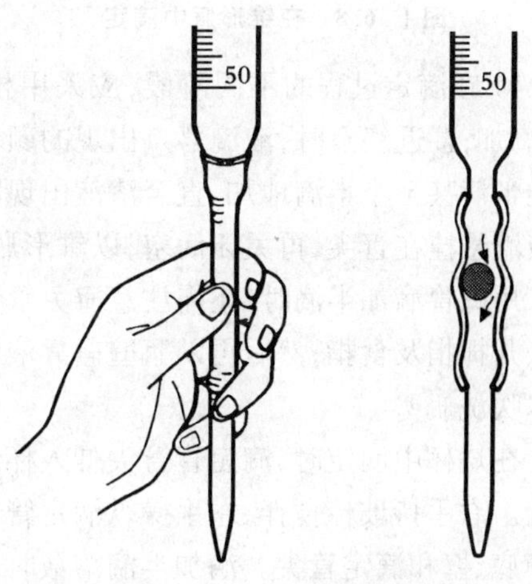

图Ⅰ.6.7　碱管放液示意图

无论使用哪种滴定管,都必须掌握如下三种滴加溶液的方法:"连珠式"地连续滴加溶液(液流不能成线);只加入一滴溶液;滴加半滴甚至小半滴,即让溶液在管尖上悬而未落,然后引入被滴定溶液中。

(二) 滴定方法

滴定一般在锥形瓶或烧杯中进行,下衬白色瓷板作背景。

在锥形瓶中滴定时,用右手前三指捏住瓶颈,使瓶底离桌面瓷板约 2 cm 左右。同时调节滴定管高度,使管尖伸入瓶口约 1 cm。左手按前述方法操作滴定管,边滴加溶液,边以右手旋摇锥形瓶(图Ⅰ.6.8)。

滴定操作中应注意以下几点:

1) 旋摇锥形瓶时,微动腕关节,使溶液沿同一方向作圆周运动(顺时针或逆时针方向均可),但不要前后晃动,以免溶液溅出。旋摇时瓶口不能碰到滴定管尖。

2) 滴定过程中,左手不能离开活塞,任溶液自流。

3) 滴定时,注意观察液滴落处溶液颜色的变化,以判断是否将近终点。

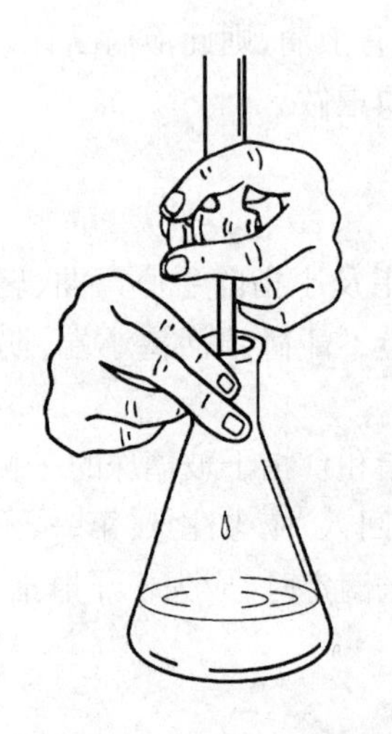

图Ⅰ.6.8 在锥形瓶中滴定

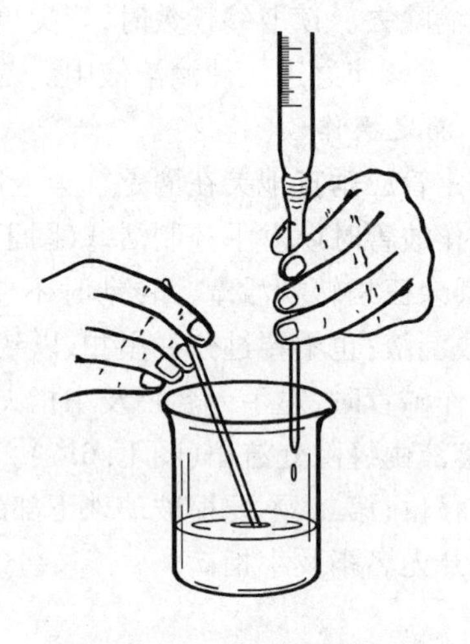

图Ⅰ.6.9 在烧杯中滴定

4) 在滴定过程的不同阶段,应采用相应的滴定速度。开始时速度稍快,即所谓"连珠式"滴加;接近终点时,液滴落点出现的颜色消失渐慢,滴定也应减慢为一滴一滴地加;最后只能半滴甚至小半滴地加,直至溶液出现明显的颜色突变,即为终点。加半滴时,微开活塞,使液滴悬挂在管尖,再关闭活塞,以锥形瓶颈内壁接触液滴引下,并用少许蒸馏水吹洗瓶壁。

用碱管滴加半滴时,还需注意避免管尖产生气泡。做法是:挤出溶液悬挂于管尖后,应先松开拇指及食指,然后再以瓶壁碰靠液滴,引入瓶内,最后放开无名指及小指,并用少许蒸馏水吹洗瓶壁。

在烧杯中滴定时,滴定管管尖伸入杯内约 1 cm,处于烧杯中心左后方处,但不要离杯壁过近。右手持玻棒搅拌,左手操纵滴定管加液(图Ⅰ.6.9)。玻棒搅拌应作圆形搅动,勿刮碰烧杯底、壁和滴定管尖。滴加半滴溶液时,用玻棒接触管尖所悬液滴,引入溶液中搅拌。引接时,注意玻棒不要接触管尖。

滴定结束后，滴定管内剩余的溶液应弃去，不要倒回原瓶，以免玷污瓶内操作溶液。随即洗净滴定管，装满蒸馏水，罩上小烧杯，以备再用。

（三）移液管和吸量管

准确地将一定体积的溶液由一个容器移至另一个容器时，要用到移液管或吸量管（图Ⅰ.6.10）。

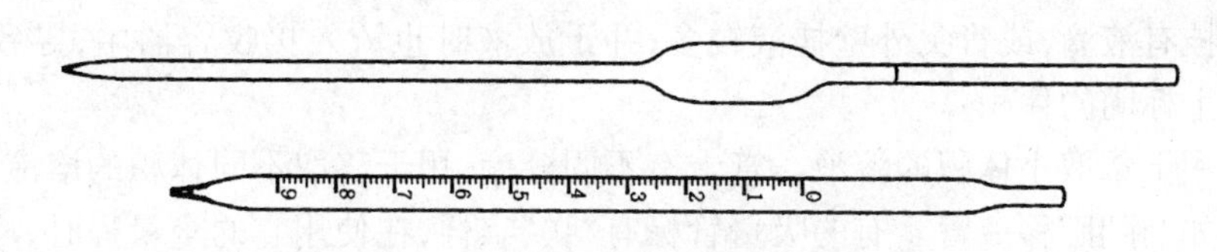

图Ⅰ.6.10　移液管及吸量管

在移液管和吸量管上标明的温度下，吸取溶液并调节溶液弯月形液面与管子标线相切，再按一定的方式放出溶液，则放出溶液的体积与管上标明的体积相同。当然，实际移液时温度未必与标明温度相同，溶液体积就会稍有差异。吸取非水溶剂时，体积也会稍有差异，必要时可作校正。

操作移液管和吸量管时，右手持管子标线以上部位，管尖插入被吸溶液，左手控制吸球紧接于移液管上口吸取。管尖插入深度要适当，一般为液面下 1～2 cm。吸液时液面下降，管尖应随之下降，避免吸空。

在移液过程中，为了达到"准确"的目的，必须抓住两个要点：第一，移出溶液浓度不变；第二，移至另一容器中的溶液体积符合要求。为此，在使用中要注意做到充分洗涤和正确移取。

移液前，移液管和吸量管都要洗涤至整个内壁和外壁下部不挂水珠。先用自来水冲洗，发现挂水珠，就要用洗涤液洗。做法是：尽量除去残留水后，吸取洗液至移液管球部约1/4处，吸量管则以充满全部体积的 1/4 为度。移去吸球，右手食指揿紧管口，连洗液移出。放平管身，左手托住管子中部，右手松开食指，转动管子，让管子内壁各处都被洗液润洗到。将洗液从管子上口倒回原贮瓶，用自来水充分洗净，再用蒸馏水洗三次。每次吸水至管子球部约 1/4 处，放平，转动，使内壁都洗到，然后弃去。也可用洗瓶由管子上口直接吹洗，但洗瓶尖嘴不要插入管内。管子下部外壁也要用蒸馏水吹洗干净。

在吸取溶液前，尚须用被移取溶液润洗管子三次，以保证溶液浓度不变。取一个干净的小烧杯，倒入少量被移取溶液。尽量除去移液管内残存蒸馏水后，插入小烧杯，吸液至移液管球部 1/4 处，移出，放平，转洗管子内壁。洗遍内壁后，由管子下端弃去溶液（不能再从管子上口倒出）。烧杯中剩余溶液也弃去。再倒入少量被移取溶液，第二次吸液润洗。如此润洗三次后，倒入较多溶液于烧杯中，正式移液。如果被移取溶液不再贮存使用，也可将移液管直接插入装液容器中移取溶液。

移液时，左手控制吸球吸取溶液，当液面上升至标线以上后，移去吸球，立即用右手食指揿紧管口（图Ⅰ.6.11），左手改持盛放被移取溶液的容器，右手提高移液管，使管尖离开液面，贴容器口内壁轻转两圈，尽量除去管尖外壁沾附的溶液。然后，倾斜容器成 45°，竖直移液管，管尖紧靠容器口内壁，调整容器和移液管高度，使管上标线与视线水平，微松右手食指，或者用右手其余手指左右捻动管身，让液面缓缓下降，直至弯月形液面与标线相切，立即揿紧食指，使溶液不再流出。右手不动，左手移开盛液容器，拿取接收容器并倾斜容器，将移液管插入，管尖靠于内壁，管身仍保持垂直，松开右手食指放液(图Ⅰ.6.12)。放完溶液，继续停靠等待15 s后，管尖离开容器，移液即告完成。至于此时管尖内尚残留的少量溶液，不能吹入接收容器中。因为移液管体积检定时，这部分溶液是不算在移液体积之内的。

移液时，为了保证移液体积准确，应当注意避免下列错误操作：移出溶液时管尖有气泡，或放出溶液时标线以下的管内壁挂有水珠，致使移出溶液体积小于管上标明的体积；移出溶液时管尖悬挂有液滴，或管尖外壁挂液较多，并于放液时也流入接收容器中，导致移出溶液体积大于管上标明的体积。

吸量管用于量取小体积的溶液。管上有不同分度，用于移取不同体积的溶液，但其移液的准确度不如“胖肚”移液管。有的吸量管标有“吹”字样，在使用它的全量程时，应将放完溶液后残留的液滴立即吹入接收容器中并马上移开管子。几次平行试验中，应尽量使用同一支吸量管的同一段，并尽量避免使用管尖收缩部分。

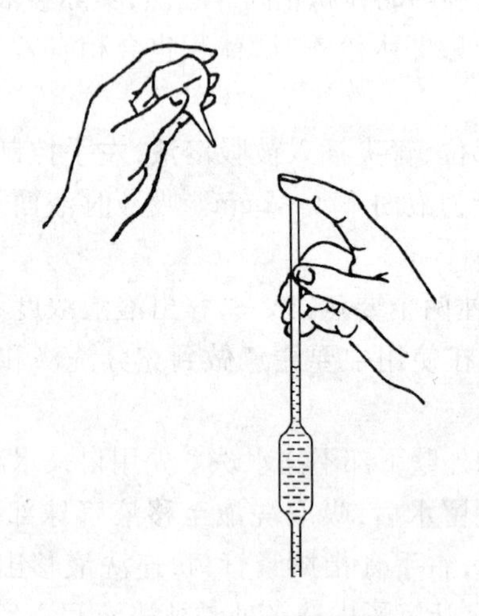

图Ⅰ.6.11　吸取溶液

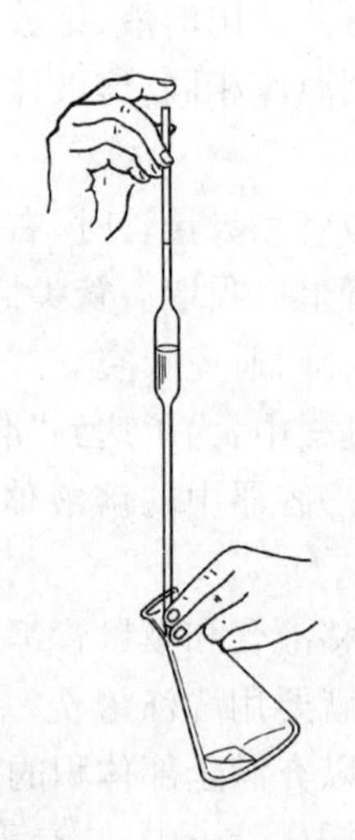
图Ⅰ.6.12　放出溶液

(四) 容量瓶及其使用方法

准确地配制或稀释溶液，常常要用容量瓶。大多数容量瓶上标有“E”或“In”字样，表明是“量入”体积，即：于瓶上标明的温度下装溶液至标线时，瓶内溶液体积等于瓶上标明的容积。这与移液管和滴定管上常标有“A”或“Ex”字样表示“量出”体积，是有区别的。另外，也有少数标有“A”字的“量出”容量瓶，在标明温度下装液至标线后，按一定方式倒出，其体积等于瓶上标明的容积。用这种容量瓶量取溶液要比量筒准确。

使用容量瓶前应先检查是否漏水，标线位置是否离瓶口太近。漏水或标线太近瓶口则不宜使用。检漏时，加水至标线附近，盖好瓶塞，一手持瓶颈标线以上部位，食指按住瓶塞，另一手指尖扶住瓶底边缘(图Ⅰ.6.13)，倒立2 min，观察是否有水漏出。拔出瓶塞，转180°后盖紧，再倒立检漏。对于具塑料塞的容量瓶，则盖紧后检查一次即可。

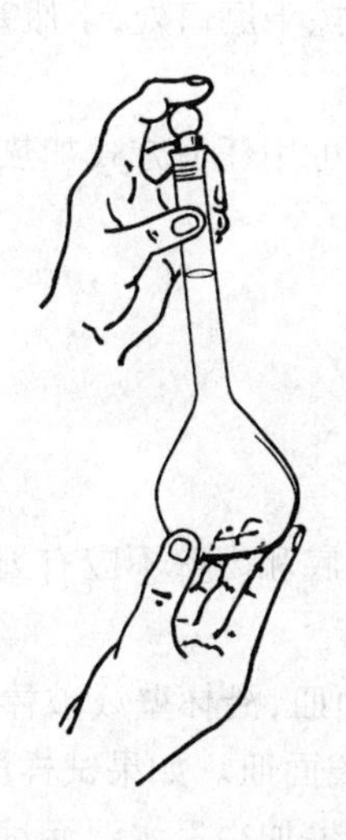

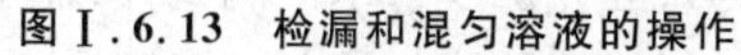

图Ⅰ.6.13 检漏和混匀溶液的操作

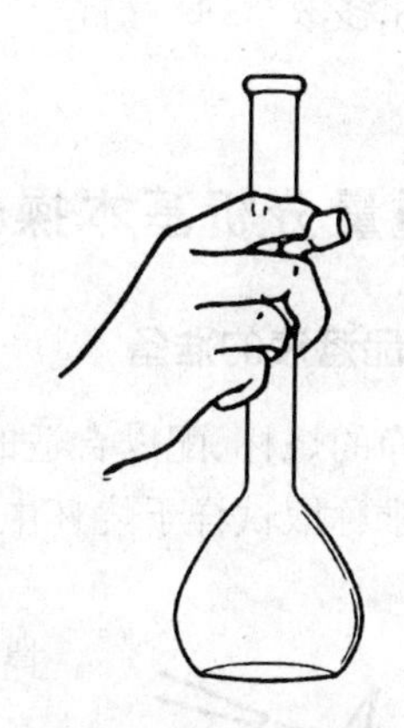

图Ⅰ.6.14 夹住瓶塞操作

在使用容量瓶过程中,不可将磨口玻璃塞放在桌上,以免玷污或互相搞错。操作时,可用食指及中指(或中指及无名指)夹住瓶塞的扁头(图Ⅰ.6.14)。操作结束即随手盖上。也可用细绳将瓶塞系在瓶颈上,操作时让瓶塞悬挂着(图Ⅰ.6.15),并注意避免瓶塞被玷污。对于具平顶塑料盖子的容量瓶,操作时可将盖子取下,倒置于桌面上,操作结束立即盖好。

用容量瓶配制溶液时,通常是准确称出溶质于小烧杯中,加入溶剂完全溶解后(必要时小火加热再冷至室温),将溶液定量转入容量瓶中。定量转移时,左手拿烧杯,右手持玻棒悬空伸入容量瓶,玻棒下端靠住瓶颈内壁,烧杯嘴则紧靠玻棒,缓缓倒出溶液,使之沿玻棒及瓶颈内壁流入容量瓶(图Ⅰ.6.15)。谨防溶液流至烧杯和容量瓶之外,造成损失!倒完溶液后,将烧杯连同玻棒稍向上提高,缓缓竖直烧杯。待烧杯直立后,再将杯嘴离开玻棒。小心地收回玻棒放入烧杯,但不能再靠在杯嘴处。用洗瓶吹洗玻棒和烧杯全部内壁,将洗涤液转入容量瓶。如此重复多次,完成定量转移。随后,加溶剂入容量瓶。约加至瓶容量的3/4时,勿加盖,持瓶颈标线以上部分,水平旋摇容量瓶,使瓶内溶液初步混合。继续加溶剂至接近标线处,静置1~2 min后,用滴管逐滴加溶剂至弯月形液面下缘最低点与标线相切。盖上瓶塞,像检漏时那样手持容量瓶倒转(容积小于100 mL的容量瓶,不必用手扶瓶底),使空气上升到瓶底,振荡后顺转正立,再倒转振荡,反复多次。然后,打开瓶塞,使瓶塞周围缝隙中的溶液流下,重新盖好瓶塞,再反复倒转振荡,使溶液全部混匀。

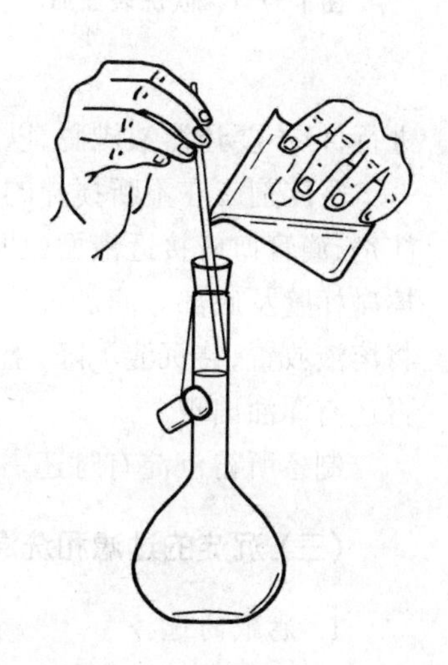

图Ⅰ.6.15 定量转移

若用容量瓶稀释溶液,则可用移液管移取一定量溶液入容量瓶,然后吹洗瓶口内壁,再如上操作,稀释至标线,摇匀。

如果溶液需要保存,应当转移至试剂瓶,不要长期贮于容量瓶中。

容量瓶使用之后应及时洗净。若长时间不用，还应洗净擦干磨口处，于瓶塞侧面衬一纸片盖好。

容量瓶和移液管、吸量管一样，不得放入烘箱烘烤，也不可用任何方式加热，以免容积发生变化。

七、重量分析基本操作

(一) 样品溶液的准备

准备洁净的烧杯，配以合适的玻璃搅棒和表面皿。烧杯底和内壁不应有划痕。

按照要求称取试样于烧杯中，盖上表面皿。

溶解样品时，可移去表面皿，沿杯壁或玻棒加入溶剂，搅拌，待试样完全溶解后，盖上表面皿。如果试样溶解时有气体产生(如盐酸溶解碳酸钙)，应先加少量水湿润试样，盖上表面皿后，由烧杯嘴与表面皿间的缝隙滴加溶剂。溶解后，用洗瓶吹洗表面皿和烧杯内壁，并注意倾斜烧杯，使流下的水沿杯壁流入烧杯(图Ⅰ.7.1)。如果样品溶液必须加热蒸发，可在烧杯口上放一玻璃三角，或在杯沿上挂三个玻璃钩，再盖上表面皿，让蒸气由缝隙逸出。

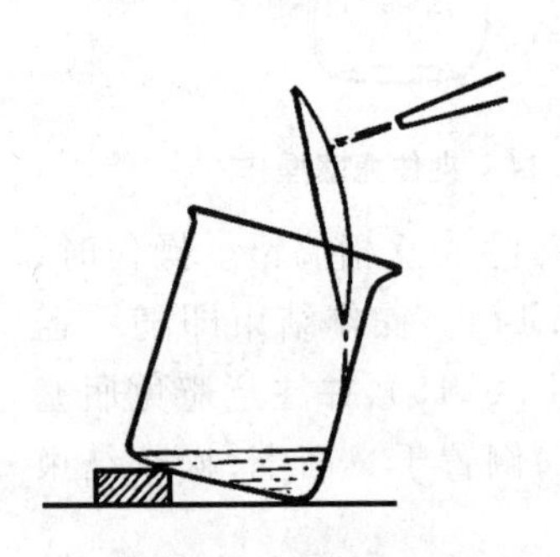

图Ⅰ.7.1　吹洗表面皿

(二) 沉淀

所有沉淀操作都应在烧杯内进行，且一般都在热溶液中进行，但不要让溶液沸腾，以免溅失。

沉淀剂应在不断搅拌的情况下加入，以避免溶液局部过浓。操作时，左手持滴管滴加沉淀剂，滴管口应接近液面(切勿接触液面)；右手持玻棒，充分地搅拌溶液。注意不要让玻棒擦碰杯壁及底部。滴加沉淀剂需过量，过量多少视沉淀性质而定。为检查沉淀是否完全，可将溶液放置，待沉淀沉降、上层溶液清澈透明后，接近液面滴加一滴沉淀剂，观察液滴落处是否还有浑浊出现。

制备所得沉淀有时还需放置过夜或在水浴上加热搅拌，使之陈化。

(三) 沉淀的过滤和洗涤

1. 滤纸的选择

对于需要灼烧的沉淀，一般采用滤纸过滤。

滤纸分定性和定量两种。当重量分析中须将滤纸连同沉淀一起灼烧并称重时，就必须采用定量滤纸。每张定量滤纸灼烧后的灰分小于 0.00005 g。滤纸致密程度的选择取决于沉淀的性质。胶状沉淀用质松孔大的滤纸，而晶状沉淀则应选用质地致密的滤纸。我国国产滤纸按其致密程度可分为快速、中速、慢速三类，见表Ⅰ.7.1。

选用滤纸的大小以沉淀装到不超过滤纸圆锥高度的 1/3 至 1/2 处为宜，折叠安置后的滤纸上缘应低于漏斗沿口 0.5～1 cm。常用的圆形滤纸直径为 9～11 cm。

表Ⅰ.7.1　滤纸的规格

项　目	单　位	定量滤纸			定性滤纸		
		快速	中速	慢速	快速	中速	慢速
		(白带)	(蓝带)	(红带)	(白带)	(蓝带)	(红带)
定量*	$g\cdot m^{-2}$	75	75	80	75	75	80
分离性能		氢氧化铁	碳酸锌	硫酸钡(热)	氢氧化铁	碳酸锌	硫酸钡(热)
过滤速度**	s	10～30	31～60	61～100	10～30	31～60	61～100
紧度	$g\cdot m^{-3}$,不大于	0.45	0.50	0.55	0.45	0.50	0.55
水分	%,不大于	7	7	7	7	7	7
灰分	%,不大于	0.01	0.01	0.01	0.15	0.15	0.15
含铁量	%,不大于	—	—	—	0.003	0.003	0.003
水溶性氯化物	%,不大于	—	—	—	0.02	0.02	0.02

* 指规定面积内滤纸的重量,这是造纸工业上用的一个术语。

** 过滤速度指把滤纸折成60°角的圆锥形,将滤纸完全浸湿,取15 mL水进行过滤,开始滤出3 mL不计时,之后计时,滤出6 mL水所需的时间。

2. 滤纸的折贴

滤纸折贴如何,关系到随后的过滤效果尤其是过滤速度,所以非常关键。

折叠滤纸时一般采用四折法,即先把滤纸整齐地对折,然后再对折。这时一般不要把两角对齐,应按漏斗圆锥角的大小适当地错开一点,使展开后的圆锥体顶角稍大于60°。第二次对折的折痕暂不固定,展开圆锥体,放入漏斗中试一下,如很服贴,则可轻按纸边,固定折痕。然后取出滤纸,把三层厚一边的外层折角撕下一点(图Ⅰ.7.2),这样可使内层滤纸更好地贴合于漏斗上。在重量分析中,撕下的滤纸角可用来擦烧杯壁上残留的沉淀,应保留在干净之处。将折叠好的滤纸圆锥体放入漏斗,三层处应在漏斗颈出口短的一边。按住滤纸三层处,由洗瓶吹出水流把滤纸润湿,然后轻按滤纸边缘,使滤纸锥体上部与漏斗壁贴合。加水几乎到纸边,这时,漏斗颈应全部被水充满,而且当漏斗中的水全部流完后,漏斗颈内的水柱仍能保持。

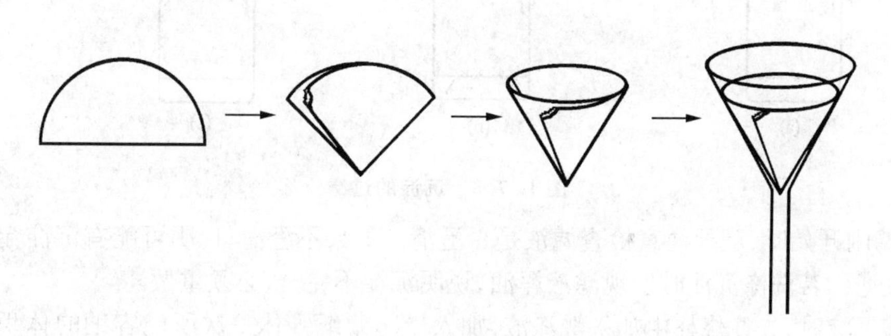

图Ⅰ.7.2　滤纸的折叠和安放

将准备好的漏斗置于漏斗架上,下面放一只承接滤液的洁净烧杯并配上表面皿,漏斗颈出口长的一边应紧靠杯壁。同时过滤几份溶液时,应将各烧杯分别放在相应漏斗之前,以免搞错。

3. 过滤和洗涤

首先应注意，过滤和洗涤一定要连续完成，特别是过滤胶状沉淀时更应如此。

过滤沉淀时一般都用倾滗法，即首先将烧杯中的上层清液由玻棒导入漏斗，既要尽量倒完清液，又要力求使沉淀少进入漏斗。然后每次用约 10 mL 洗涤液淋洗烧杯壁，搅动沉淀，充分洗涤，静置，待沉淀下沉后，再将上层清液倾滗至漏斗中。为了提高洗涤效率，每次都要将烧杯内壁全部洗到，并尽可能倾尽清液；且每次均应待漏斗内洗涤液流完后再倾入下一次的洗涤液。如此洗涤数次后，将沉淀转移到滤纸上。

过滤操作时一手将烧杯移置于漏斗上方，倾斜，另一只手从烧杯中小心取出玻棒，并将玻棒下端触碰一下烧杯壁，使棒端的液滴流回烧杯。将玻棒下端与烧杯嘴贴紧，使玻棒垂直，下端对着滤纸三层的一边，尽可能接近，但不能接触滤纸及液面，慢慢倾斜烧杯，使上层清液沿着玻棒流入漏斗(图Ⅰ.7.3(a))。当烧杯内留下的液体很少而不易流出时，可以稍微倾斜玻棒，使烧杯倾斜角度更大一点，液体就比较容易倒出了。注意溶液只能加到距滤纸边缘 1 cm 左右，否则液面太高将会使沉淀“爬出”滤纸。在中断倾倒时，必须先将烧杯连玻棒略往上提，慢慢竖直烧杯。此时，玻棒下端仍紧贴烧杯嘴，不得离开(图Ⅰ.7.3(b))。扶正烧杯后，再把玻棒小心收回烧杯。第一次倾液后玻棒就不能再靠在烧杯嘴处(图Ⅰ.7.3(c))。

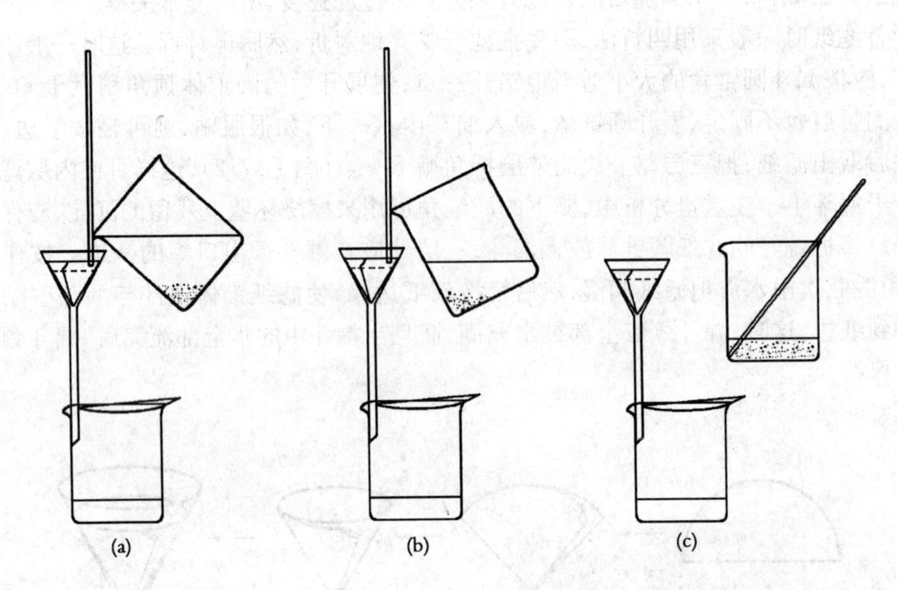

图Ⅰ.7.3 沉淀的过滤

过滤刚开始时，就要注意检查滤液是否澄清。如果不澄清，说明可能有沉淀穿过滤纸，须重新过滤。若洗涤沉淀时发现滤液浑浊，说明沉淀不完全，必须重做。

转移沉淀时，先往烧杯中加入洗涤液，加入量比滤纸锥体一次所能容纳的体积稍小些。搅拌混合，勿待沉淀下沉，立即将沉淀和洗涤液一起沿着玻棒倾入漏斗。重复操作，使大部分沉淀转移至漏斗中，剩下的部分按下述处理：提起玻棒，接触杯壁使棒端液滴落回烧杯，将玻棒横在烧杯口上，使玻棒下端正对烧杯嘴且伸出 2～3 cm。此时，伸出左手食指按住玻棒，倾斜烧杯，使玻棒下端接近滤纸三层的一边，如图Ⅰ.7.4 所示，右手拿装有洗涤液的洗瓶，从杯底向上吹洗整个烧杯内壁，洗涤液和沉淀便沿着玻棒流入漏斗。此时应注意玻棒在漏斗上的位置和洗涤液的用量，切不可使漏斗内的溶液超过滤纸边缘。停止吹洗后，右手拿住玻棒，但烧杯嘴不能离开玻棒，待竖直烧杯后，才将玻棒收回烧杯。此操作必须在漏斗上方进行，以防棒端的液滴损失。如此处理后，仍会有少量沉淀粘附在烧杯内壁上，可用滤纸角擦下，即：用一滴水润湿纸角，先擦玻棒及烧杯嘴处，然后放入烧杯，用玻棒按住纸角，有顺序地擦拭内壁上的沉淀。接着用玻棒将滤纸角移入漏斗，再用前述方法将杯壁上的残留沉淀吹入漏斗。如仍有沉淀存留，可再重复一次。定量转移后的烧杯内壁应洁净无痕迹。

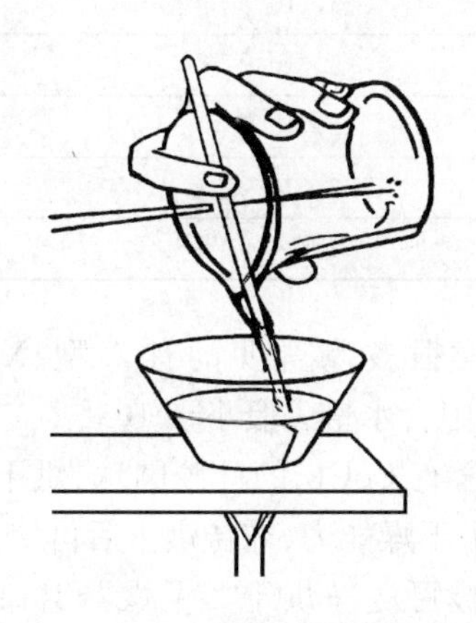

Ⅰ.7.4　沉淀的吹洗转移

图Ⅰ.7.5　沉淀的洗涤

沉淀转移后，在漏斗中继续用洗涤液洗涤。注意：液流决不能突然冲在沉淀上，而应使液流从滤纸锥体的三层边缘稍下一些的地方开始，边淋洗边螺旋形地向下移动(图Ⅰ.7.5)，至洗涤液约达滤纸锥体的一半为止。

洗涤沉淀时要遵循“少量多次”的原则，即每次洗涤液的量要少，并且要待每次的洗涤液流尽后，再进行后一次洗涤。但对于胶体沉淀，则应在前一次洗涤液尚未完全流尽时就倾入后一次洗涤液，否则沉淀块将会龟裂，致使洗涤液从裂缝中流下，沉淀反而不易洗净。

洗涤要反复进行，直至沉淀被洗净为止，通常要洗 8～10 次。胶状沉淀所需洗涤次数还要多些。以洁净试管承接少量滤液，检验沉淀是否洗净。检查沉淀是否洗净的方法，各实验中都有说明。

(四) 沉淀的干燥和灼烧

1. 干燥器的准备和使用

任何经过烘干或灼烧的物体如称量瓶、试样、坩埚等，都必须在达到室温后才能在天平上称量。但如果放在空气中冷却，物体会重新吸收水分，还会受到尘埃或其他有害气体的侵蚀，因此必须放在干燥器中冷却。

干燥器是一种具有磨口(磨口处涂有凡士林)盖子的玻璃器皿，内有一块瓷板用于放置被干燥物，底部放有干燥剂，使其内部空气干燥。

根据被干燥物质的吸湿性不同，须采用不同干燥能力的干燥剂。常用干燥剂的干燥能力如表Ⅰ.7.2。

表Ⅰ.7.2 常用干燥剂的干燥能力比较

干燥剂	1 L空气中残留的水分/mg
无水 $CaCl_2$	0.36
熔凝的 NaOH	0.16
熔凝的 KOH	2×10^{-3}
MgO	8×10^{-3}
硅胶	6×10^{-3}
$CaSO_4$（无水）	5×10^{-3}
Al_2O_3	5×10^{-3}
CaO	3×10^{-3}
浓 H_2SO_4	3×10^{-3}
P_2O_5	2.5×10^{-5}

现在实验室中还常用分子筛作干燥剂。分子筛种类很多，较常见的有A型、X型和Y型，适合于许多气体和有机溶剂的干燥。干燥后的气体中含水量一般小于10^{-6}。

实验中最常用的干燥剂是变色硅胶。变色硅胶为含有$CoCl_2$的硅胶圆珠，烘干脱水后为蓝色，当吸水至一定程度后就变成粉红色，也即失去了干燥能力，需待烘干后再使用。

干燥器的内壁一般用干净的布或纸擦净，多孔瓷板可洗净烘干。干燥器磨口处涂上很薄一层凡士林，盖上盖子后，推移或转动盖子直至涂油处均匀透明为止。装进干燥剂时，要注意防止玷污涂油的磨口。装进的干燥剂量不宜过多，以免玷污瓷板上的物体。

搬移干燥器时，应双手大拇指按住盖子（图Ⅰ.7.6）。开启干燥器时，不能将盖子往上掀，而应该用两手拇指将盖子向前推移开，或者一手抱干燥器底部，另一手按住盖子向前推移，将盖子打开。取下的盖子拿在手中，或者使涂凡士林的一面朝上置于桌上。热的物体应预先在空气中稍冷却，然后放入干燥器，盖好盖子。盖时，不要由上而下垂直加盖，而要一手把住干燥器下部，另一手拿住盖子圆顶推着盖好，再前后推动，稍打开2～3次，以免温度太高，引起干燥器中空气膨胀，将干燥器的盖子冲开，或者冷却后器内压力降低以致打不开盖子。

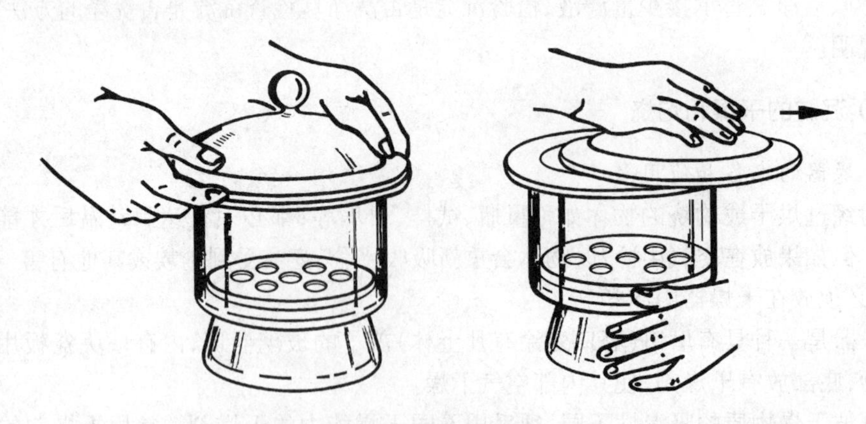

图Ⅰ.7.6 干燥器的搬移和开启

2. 坩埚的准备

沉淀的灼烧是在一个已恒重的坩埚中进行的。

将瓷坩埚及坩埚盖洗净(必要时可用热的稀盐酸浸泡后洗净),置于干净的泥三角上,小火烘干。再用钴盐或铁盐溶液在坩埚及盖上作标记,以资识别。将标记好的坩埚及盖用小火烘干,并逐渐增大火焰灼烧到标记呈黑色或棕色。如颜色过浅,冷却后再重复一次。

调节泥三角的高低位置,并使泥三角的一个顶点朝右。灼烧坩埚时,将坩埚稍倾斜在泥三角上,平盖上坩埚盖,留一点缝隙(图Ⅰ.7.7)。先用小火,再逐渐增大火焰,大火灼烧40 min左右。注意火焰的蓝色焰心不要接触坩埚,否则会在坩埚底部结成黑炭粒或使坩埚破裂。灼烧后调节火焰由大到小直至熄灭,并在空气中稍冷,待坩埚的红热稍退,用预热过的坩埚钳转移至干燥器中,冷却30～40 min后称重。再灼烧约20 min,冷却,称重。冷却坩埚的时间,每次必须相同。连续两次称重之差不超过0.2～0.3 mg,即可认为坩埚已恒重。计算重量时,通常以最后一次称量为准。

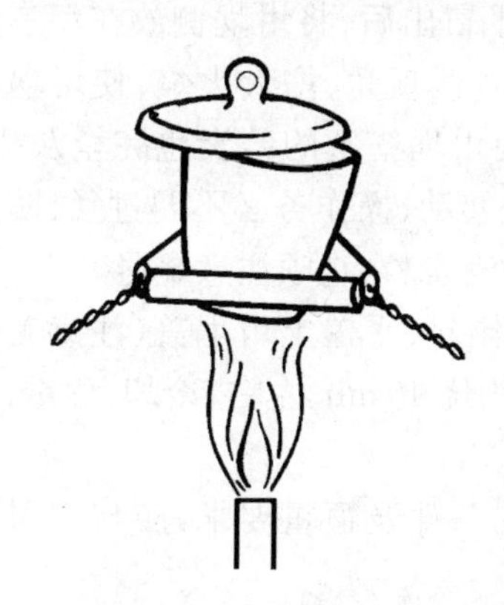

图Ⅰ.7.7　坩埚的灼烧

图Ⅰ.7.8　沉淀的包裹

拿取坩埚时应使用坩埚钳。坩埚钳使用前应洗净烘干,若钳尖有锈迹,应预先用砂纸或稀硝酸处理。坩埚钳用后,应钳尖向上平放在桌面上,以保持钳尖的清洁。

3. 沉淀的包裹和干燥

沉淀洗净后,用玻棒轻轻地将滤纸边挑起,向中间折叠,把沉淀包起来,再用玻棒轻轻按住或夹住滤纸包(图Ⅰ.7.8),由下而上螺旋形转动,转移至已恒重的坩埚中,使滤纸三层部分朝上。此时应检查玻璃漏斗是否干净,如有沉淀,应用一小片滤纸将其擦净,一并放入坩埚。

也可用玻棒将滤纸掀起,用手将滤纸和沉淀一起取出,按图Ⅰ.7.9中任一种方式包裹沉淀。

将坩埚盖留在干燥器内,坩埚直立在泥三角上,用小火加热使滤纸烘干。火焰尖端最好接近但不要触及坩埚底。

有时,也可采用反射焰来烘干沉淀,即:将坩埚侧放在泥三角上,坩埚底搁在泥三角一边的瓷棒上,坩埚口朝泥三角的右侧顶角,坩埚盖斜倚在坩埚口的中部(图Ⅰ.7.10(a)),将调节好的煤气灯火焰置于坩埚盖中心之下,火焰加热坩埚盖后,热空气流便反射到坩埚内部,而水蒸气则从坩埚口上方逸出。

4. 沉淀的灼烧

待滤纸和沉淀干燥后,稍增大火焰,使滤纸炭化,若是用反射焰烘干,则应将火焰移至坩埚底部进行炭化(图Ⅰ.7.10(b))。注意火焰不要太大,以免滤纸着火,使微小的沉淀颗粒

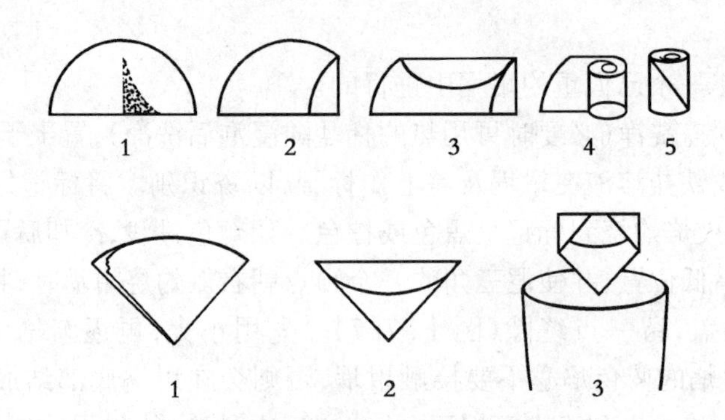

图Ⅰ.7.9 沉淀的其他包裹形式

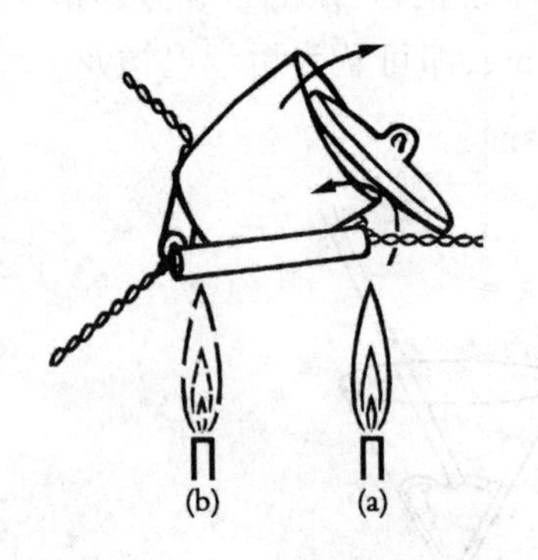

图Ⅰ.7.10 沉淀的干燥和滤纸的炭化

飞散损失。如果着火,应立刻移去煤气灯,盖上坩埚盖,使火熄灭,切勿用嘴吹。片刻后揭开盖子,继续加热炭化。

待全部炭化变黑、无烟冒出后,将坩埚侧放在泥三角上灰化,坩埚口斜向泥三角的右侧顶角,增大火焰,使坩埚接触火焰处稍呈暗红色。为了使坩埚壁上的结炭也完全灰化,应及时用坩埚钳夹住坩埚轻轻转动,操作务必不要过猛,防止沉淀飞扬损失。坩埚盖上若附有炭粒,也须注意烧尽。

待灰化后,将坩埚稍倾斜,平盖上坩埚盖(注意盖子要预热),留一点缝隙,用大火灼烧 40 min 左右,冷却,称重,再重复操作,直至恒重。

沉淀在坩埚内灼烧的条件及恒重要求,应与空坩埚恒重时相同。

(五) 微孔玻璃滤器

对于烘干后即可称重的沉淀或热稳定性差的沉淀,须采用微孔玻璃滤器抽气过滤。微孔玻璃滤器包括微孔玻璃漏斗和微孔玻璃坩埚(也称砂芯漏斗和砂芯坩埚),如图Ⅰ.7.11

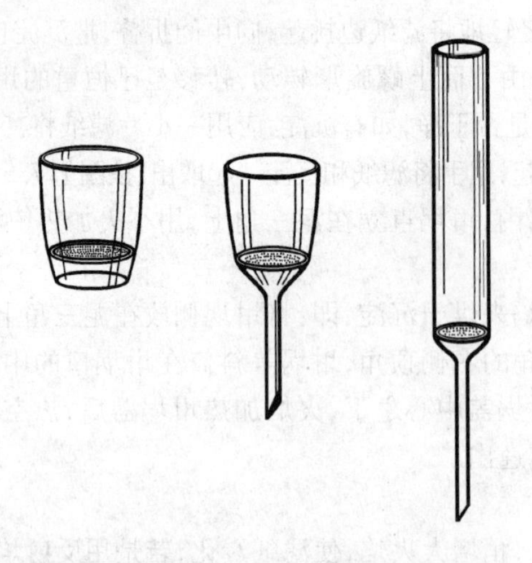

图Ⅰ.7.11 微孔玻璃漏斗和微孔玻璃坩埚

所示。其滤片是用玻璃粉末高温烧结而成，一般可按滤片的平均滤孔大小分成六个级别，用于不同物质的过滤(表Ⅰ.7.3)。在定量分析中常用的是3号、4号规格的微孔玻璃滤器。

表Ⅰ.7.3　微孔玻璃滤器的规格及用途

滤孔编号	滤片平均滤孔大小/μm	一般用途
1	80～120	滤除粗颗粒沉淀
2	40～80	滤除较粗颗粒沉淀
3	15～40	滤除化学分析中一般结晶沉淀和杂质
4	5～15	滤除细颗粒沉淀
5	2～5	滤除极细颗粒沉淀
6	<2	滤除大于2μm的细菌

微孔玻璃滤器不能用于过滤碱性较强或其他对玻璃有腐蚀作用的溶液。微孔玻璃滤器宜于在200℃以下干燥，其升温或冷却过程中应防止温度骤变而损坏。

微孔玻璃滤器在使用前应用水抽洗干净，或先用盐酸(或硝酸)处理，然后用水洗净。洗时应将微孔玻璃滤器安装在抽滤瓶口的橡皮垫圈上(图Ⅰ.7.12)，接上抽水泵或真空泵抽出酸液后，再依次用自来水、蒸馏水抽洗干净。重量分析中采用的玻璃坩埚需在烘箱中与烘干沉淀相同温度下烘至恒重，才能用以过滤沉淀。

过滤沉淀时，把微孔玻璃坩埚装在抽滤瓶口的橡皮垫圈上，接上水泵，先倒入溶液至一半高度，再开启水泵，在不断抽气的情况下用倾滗法进行过滤和洗涤。当烧杯内的绝大部分沉淀转入微孔玻璃坩埚后，少量粘附在烧杯壁上的沉淀可用淀帚(图Ⅰ.7.12)刮擦，使沉淀定量转入坩埚。在洗涤过程中，水泵不应开得过大，以适当延长洗涤液与沉淀接触的时间。

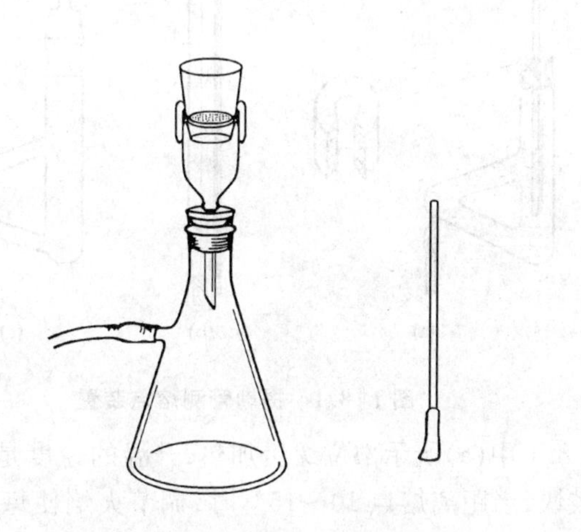

图Ⅰ.7.12　抽滤装置和淀帚

烘干沉淀时，其干燥温度应根据沉淀性质而定。烘干的时间一般为第一次约2 h，第二次约50 min，然后冷却，称重，直至恒重为止。

微孔玻璃滤器使用后应立即进行处理。首先将滤器内的沉淀尽量倒出，然后针对不同的沉淀物，采用有效的洗涤液处理(如丁二酮肟镍可采用热盐酸处理，二氧化锰可采用酸性亚铁溶液处理),使滤器内的残留物溶解,再用自来水、蒸馏水抽洗干净。有一些使用后难以处理的沉淀,则不宜使用微孔玻璃滤器过滤。

八、熔点测定基本操作

在一个大气压下,固体化合物从固态转变为液态(严格来说是固相与液相达到平衡)时的温度称作熔点,一般纯粹的固体化合物都有固定的熔点。在一定的压力下,固液两态之间的变化非常敏锐,从初熔到全熔(这一范围称为熔程),温度不超过 0.5～1.0℃。当化合物中混有杂质时,其熔点往往较纯物质低,熔程也较长。所以通过熔点测定可以定性地判断化合物的纯度。

测定熔点可以采用提勒管法,或采用不同类型的熔点测定仪。

用提勒管法测定熔点时,在提勒管口上配一合适的软木塞,在软木塞中间打孔,插入温度计(必要时先对温度计进行校正),并在软木塞边上锉一竖槽(图Ⅰ.8.1(a)),以通大气。也可采用有通气孔的磨口提勒管(图Ⅰ.8.1(c))。

将提勒管垂直固定在铁架台上,加入选定的浴液。浴液应具有沸点较高,挥发性小,受热时较稳定的特点,常用的有浓硫酸、液状石蜡、硅油等。加入浴液的高度应与提勒管上支口平,温度计的水银球应位于上下支口中间(图Ⅰ.8.1(a))。

将少许待测的干燥样品研细成粉末,装入熔点管(熔点管为一根长约 12 cm,内径约 1 mm的毛细管,其一端熔封)。取一根长约 40 cm 的玻管,将熔点管开口向上,从玻管上端自由落下,重复多次,直至样品装紧密,高度约 3 mm。熔点管借助浴液粘贴在温度计上,或用乳胶圈固定,使样品粉末位于水银球中间(图Ⅰ.8.1(b))。

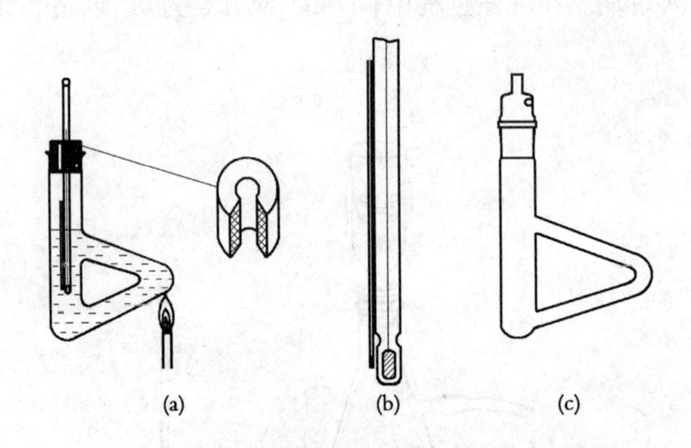

图Ⅰ.8.1 提勒管测熔点装置

用小火按图Ⅰ.8.1 中(a)所示部位缓缓加热,升温的速度是准确测量熔点的关键。开始升温的速度可以较快,当距离熔点 10～15℃时,调节火焰使每分钟温度上升 1～2℃。愈接近熔点升温应愈慢,保证有充分的时间让热量由管外传至熔点管内使固体熔化。记录开始有液滴出现(初熔)和固体全部消失(全熔)时的温度计读数,即为该化合物的熔程。初熔前有的样品可观察到萎缩、塌陷现象,不要误认为是初熔温度。

熔点测定后,冷却浴液,倒入回收瓶中。温度计冷却后,用纸擦净再用水冲洗,以免炸裂。

九、常用仪器的使用

(一) 分析天平

精确称量时常用的分析天平原先均为杠杆式天平,包括半自动电光天平、全自动电光天平等,现在多用自动化的电子天平,其依据的是电磁力平衡原理。根据实验要求的不同,可分别选用感量为 0.0001 g 的分析天平(也称为万分之一天平)或感量为 0.001 g、0.01 g的天平。这里仅介绍感量为0.0001 g的分析用电子天平及其称量操作。

1. 电子天平的构造

电子天平利用电子装置完成电磁力补偿的调节,使物体在重力场中实现力的平衡;或通过电磁力矩的调节,使物体在重力场中实现力矩的平衡。具体原理如下。

根据电流的力效应原理,假设通过线圈电流的方向和磁场方向如图Ⅰ.9.1 所示,则磁场中通过电流 I 的线圈所产生的电磁力 F 的方向向上。在特定的条件(磁体的磁感应强度、线圈的直径和匝数等)下,电磁力与流过线圈的电流强度成正比:$F=KI$。

从图Ⅰ.9.2的电磁力平衡示意图可见,在电子天平中,秤盘通过支架与线圈相连接,秤盘上被称物体的质量 m 所形成的重力 mg 通过连杆支架作用于线圈,其方向向下。当磁场线圈内有电流通过时,线圈所产生的方向向上的电磁力 F 与之相对抗。电子天平采用了电流控制电路等测量与补偿装置的设计环节,相应改变电流 I 的大小,使所产生的电磁力与被称量物体的重力相平衡,让秤盘支架的位置在弹性簧片的作用下复原,从而达到 $F=KI=mg$。

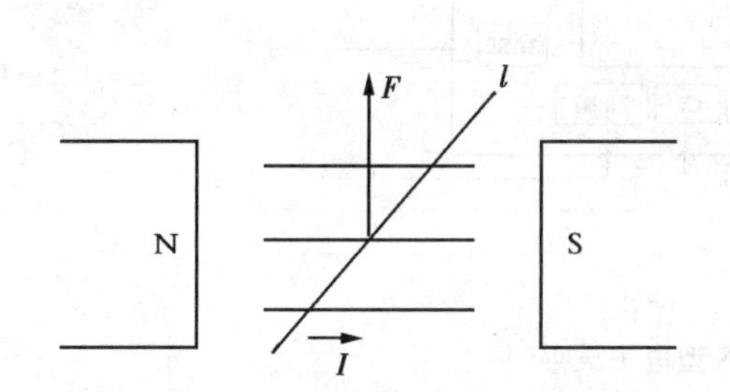

图Ⅰ.9.1　电流力效应原理示意图

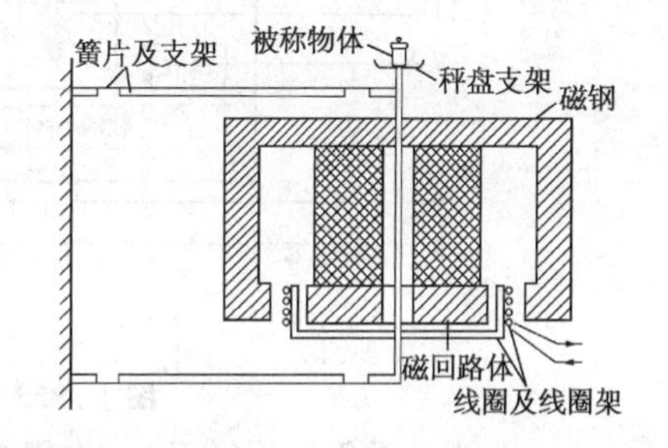

图Ⅰ.9.2　电子天平的电磁力平衡示意图

常见电子天平的结构,由载荷接受与传递装置、测量与补偿装置等部件组成,可分成顶部承载式和底部承载式两类,目前常用的多数是顶部承载式,如图Ⅰ.9.3 所示的 BS110S 型电子天平。从天平的校准方法来分,则有内校式和外校式两种。前者是标准砝码预装在天平内,启动校准键后,可自动加码进行校准,后者则需人工拿取标准砝码放置到秤盘上进行校准。

2. 控制面板各键功能简介

① ON/OFF 键:开关显示器(只对显示起作用)。按下该键关闭显示器时,天平仍处于待机状态。如天平长期不用应关断电源。每天连续使用时,可不关断电源,只关闭显示,从而可省略开机预热过程。

② TARE 键:清零去皮键。可将天平显示的数值清除为 0。如:容器置于秤盘上,显示出容器质量 x. xxxx g,然后轻按 TARE 键,显示清零,出现全零状态:0.0000 g,容器质量显

示值已去除，即去除皮重。取出容器，则显示容器质量的负值－x. xxxx g。再轻按 TARE 键，显示清零。

③ CAL 调校键：用于校准天平。

④ F 功能键：通过该键可实现量制单位转换、积分时间调整、灵敏度调整等。

⑤ CF 键：清除上述 F 功能键状态。

⑥ PRT 键：外接打印、输出数据。

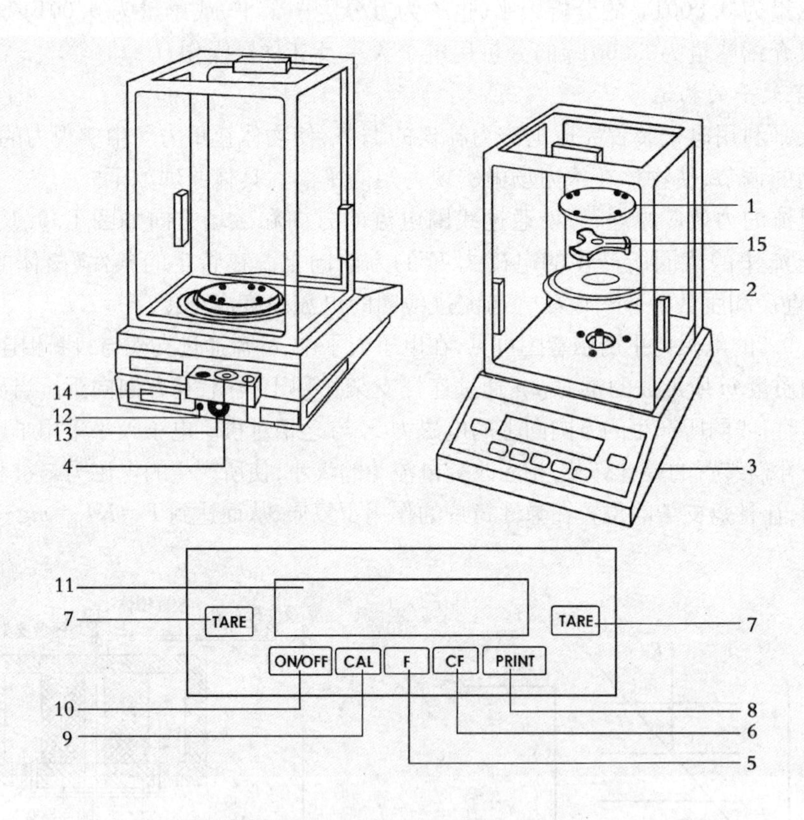

图Ⅰ.9.3　BS110S 型电子天平

1. 秤盘　2. 屏蔽环　3. 地脚螺丝　4. 水平仪　5. 功能键　6. CF 清除键
7. 清零去皮键　8. 输出打印键　9. 调校键　10. 开关键　11. 显示器
12. 去联锁开关　13. 电源接口　14. 数据接口　15. 秤盘支架

3. 称量操作

① 调节水平：查看天平背面的水平仪，如不水平，可调整地脚螺栓高度，使水平仪内空气气泡位于圆环中央。

② 预热：天平在初次接通电源或长时间断电之后，至少需要开机预热 30 min，方可进行称量。

③ 开机：轻按 ON/OFF 键，待出现 0.0000 g 称量模式后，即可称量。

④ 校准：闲置时间较长、位置移动或环境变化后，为保证称量精确，一般都应进行校准。具体方法是按调校键 CAL，天平将显示所需标准砝码重量，放上标准砝码直至出现 g，校准结束。

⑤ 称量：将称量物品轻放在秤盘上，关闭天平门，这时显示器上数字不断变化，待数字

稳定并出现质量单位 g 后,即可读数,并记录称量结果。

⑥ 关机:将天平复原,开关键 ON/OFF 关至待机状态,使天平保持通电,可延长天平使用寿命。

4. 使用注意事项

① 天平室内应保持清洁干燥,避免阳光直接照射或腐蚀气体的侵袭。分析天平须安装在稳固、不易震动的水泥台上。

② 电子天平的通电预热及校准均由实验室技术人员负责完成。学生称量时只需按 ON/OFF 键和 TARE 键就可使用。

③ 电子天平自重较轻,虽然底座装有吸盘,仍容易被碰撞移位,造成不水平,从而影响称量结果。所以使用时要特别注意动作轻、缓,并应经常查看天平的水平仪。

④ 绝不可使天平的负载超过限定的最大载荷。

⑤ 称量物的温度应与室温相同,不得将热的、冷的物品放在天平中称量。

⑥ 化学试剂不能直接置于天平托盘上称量。具有腐蚀性或易潮解的试剂也不能放在纸上称量。

⑦ 注意保持天平内外洁净、干燥。不慎洒落物品时应立即报告教师并清扫干净。

5. 称量方法

用分析天平进行准确称量时,常用的称量方法有几种。

(1) 直接称量法

将被称物直接置于天平秤盘上,称出其重量。该法适用于称量洁净干燥的器皿、不易潮解或挥发的整块固体样品,如金属条块等。

(2) 固定重量称量法

要求称取样品必须符合某一规定重量时使用,也称加量法,见图Ⅰ.9.4 所示。可先准确称量一个洁净干燥的器皿或称量纸,再在器皿中或称量纸上加试样至接近规定的重量,然后小心缓慢地添加试样,直至恰好与规定的重量一致。

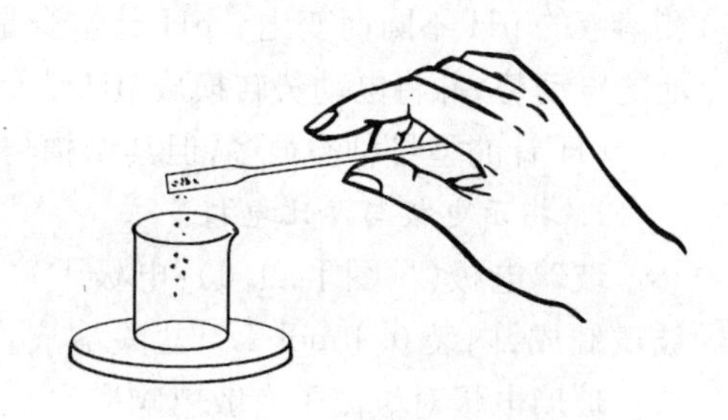

图Ⅰ.9.4 固定重量称量法

这种称量方法常常需要多次加减样品,操作速度慢,故要求试样在空气中稳定,不易吸湿,且颗粒细小。

(3) 差减称量法

也称减量法。将适量样品装入干燥洁净的容器(如称量瓶)中,准确称量后,倒出适量的样品于接收容器,然后再次准确称量,两次称量数值之差,即为所称得样品的重量。该法应用范围较广,可用于称量易吸水、易氧化、易吸收 CO_2 等的试样(颗粒、粉末或液体)。

称量瓶是以差减法称取固体样品时最常用的容器。操作时,将试样装入、盖好,用干净结实的纸条(可竖裁下练习簿一页纸的 1/3,折三折,把裁纸时毛的一边包在里面,弯曲捋顺),套住称量瓶的瓶身中部,收紧后,放到天平上,放松并拿开纸条,称得重量 W_1。再用纸条套取称量瓶,另用一小纸片包住称量瓶瓶盖尖部,在盛接试样的容器上方打开瓶盖,慢慢倾斜称量瓶,并用瓶盖轻敲称量瓶口上部,使试样缓缓地落入接收容器,见图Ⅰ.9.5 所示。注意:称量瓶切不可碰到接收容器口!

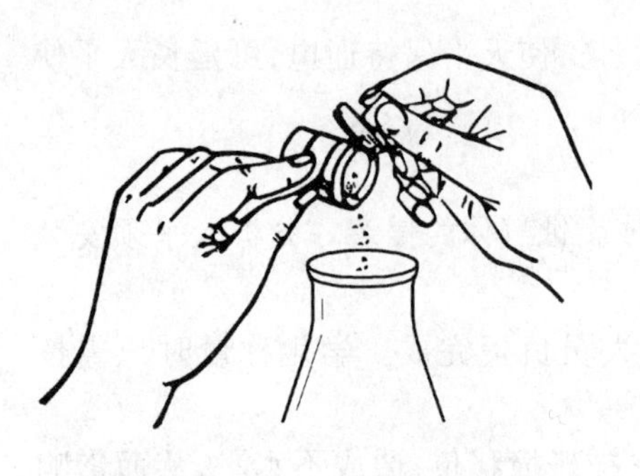

图Ⅰ.9.5 差减法倒样操作

倒样后，根据倒出试样的体积，估计已接近所需量时，边敲边慢慢竖起称量瓶，注意使附在瓶口上的试样尽量落入接收容器或回到称量瓶中。盖妥瓶盖后，方可离开接收容器上方，再放回天平，称得重量 W_2。(W_1-W_2) 即为差减法称取所得的试样量。

若第一次倒出的试样未达到所要求的称量范围，可根据已倒出量及其体积，估计需加称的量，再次取出称量瓶倒样。应该争取最多倒样三次就落入称量范围。因为多次倒取试样，不但使称量速度缓慢，而且使引进误差的几率增大，对称量不利。如果倒出试样过多，就只能作废，洗净接收容器后再重称。

采用此差减称量法可以连续称取若干份试样。

(二) pH 计

用 pH 计(酸度计)测定溶液 pH 的方法是电位测定法。测定所用指示电极(如玻璃电极)的电极电位随 pH 变化而变化，参比电极(如甘汞电极)的电极电位则为一特定值，不随 pH 变化。两支电极一起插入被测溶液中，共同组成一个原电池，该电池的电动势将随着被测溶液的 pH 不同而变化。pH 计本身是一个输入阻抗极高的电位计，它可以测量上述原电池的电动势，并将电动势转换成 pH 值而直接显示出来。

pH 计的型号种类很多，但其结构与操作是基本相同的。

1. 指示电极与参比电极

玻璃电极(见图Ⅰ.9.6)：电极下端有一个壁厚仅 0.05～0.1 mm 的玻璃球泡，由特殊玻璃制成，内装 $0.1\ mol \cdot L^{-1}$ 盐酸溶液，并插入一支银-氯化银电极作为内参比电极。

玻璃电极对氢离子有敏感响应，当它插入被测溶液时，电极电位随被测溶液中氢离子浓度的不同而变化，所以玻璃电极能指示出被测溶液的 pH 值。玻璃电极的电极电位在 25℃时可表示为

$$E_{玻}=E'_{玻}-0.0591\,pH$$

甘汞电极：通常使用的饱和甘汞电极(见图Ⅰ.9.7)由金属汞、甘汞和氯化钾溶液(一般为饱和氯化钾溶液)组成。电极反应为

$$Hg_2Cl_2+2e=\!=\!=2Hg+2Cl^-$$

它的电极电位与溶液的酸碱度无关，在温度一定时是恒定的，例如，25℃时饱和甘汞电极的电极电位为 0.242 V。

由被测溶液与两支电极组成的原电池电动势 ε 为

$$\varepsilon=E_{甘汞}-E_{玻}=0.242-E'_{玻}+0.0591\,pH$$

所以

$$pH=(\varepsilon+E'_{玻}-0.242)/0.0591$$

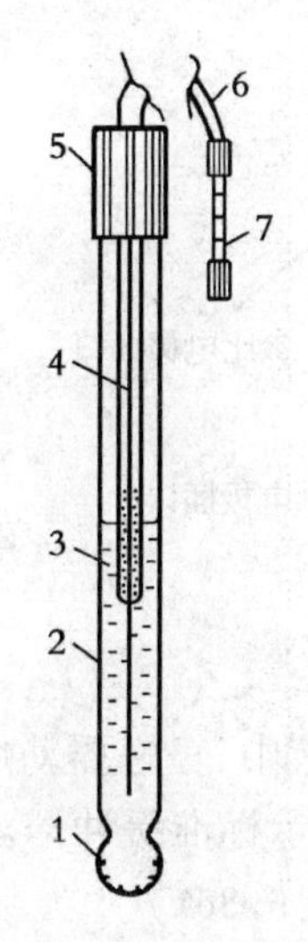

图Ⅰ.9.6 玻璃电极(231型)

1. 玻璃膜 2. 厚玻璃外壳 3. 缓冲溶液 4. 银-氯化银电极 5. 绝缘套 6. 电极引线 7. 电极插头

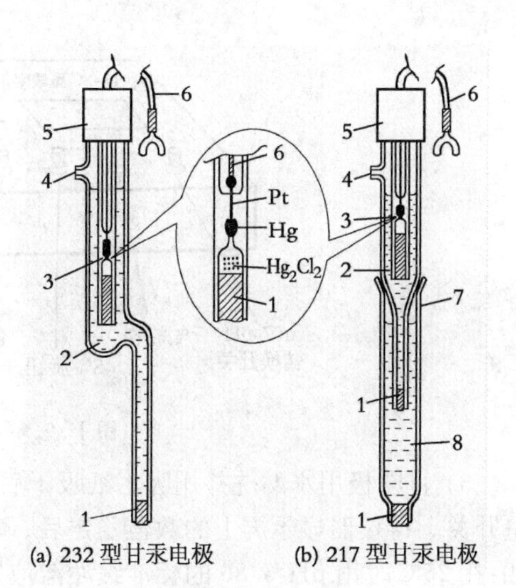

图Ⅰ.9.7 甘汞电极

1. 多孔性物质 2. 饱和氯化钾溶液 3. 内部电极 4. 加液口 5. 绝缘套 6. 电极引线 7. 可卸盐桥磨口套管 8. 可卸盐桥液接溶液

如果$E'_{玻}$值已知,就可以通过测定,求出溶液的 pH 值。但由于制造上的原因,不同的玻璃电极,其$E'_{玻}$值不同。为了消除这种差别,在 pH 测定技术中采用"定位"操作,即用已知 pH 的标准缓冲溶液和两支电极组成原电池,利用酸度计上装置的定位调节器,把 pH 读数直接调节定位在该标准缓冲溶液所具有的 pH 值上。这样,在以后测量未知溶液时,仪器所指示的读数就是被测溶液的 pH。

为了方便测试,还可将玻璃电极和参比电极组合成一个电极,称作复合电极,其结构如图Ⅰ.9.8。复合电极的使用已日见普及,但它要求所配用的 pH 计具有相应接口。

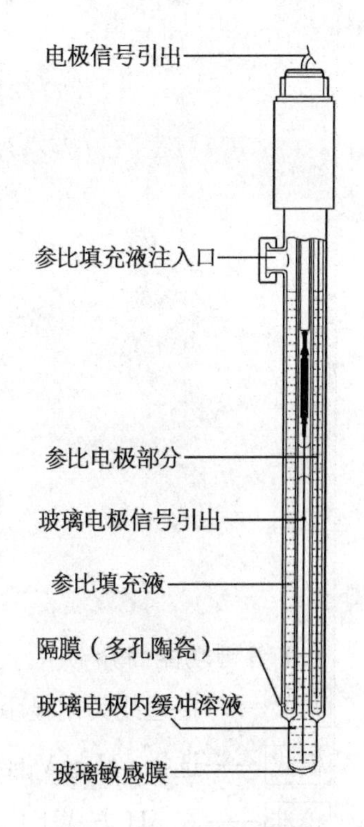

图Ⅰ.9.8 pH复合电极

2. pHS-2C 型酸度计测定溶液 pH 的操作

pHS-2C 型酸度计见图Ⅰ.9.9,测量时配用 231 型玻璃电极和 232 型饱和甘汞电极。

1) 接通电源,将转换开关转到 pH 档即显示数值 0.00。

2) 把温度旋钮调至被测溶液的温度档,斜率旋钮调在与电极斜率相应的位置上,把指示电极和参比电极分别插入右边的相应插口中。

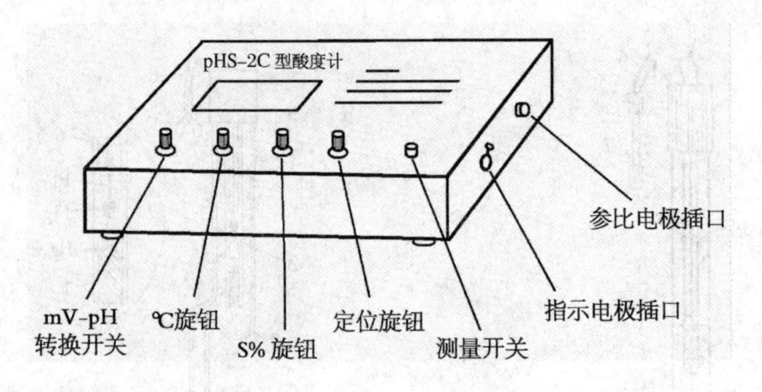

图Ⅰ.9.9 pHS-2C 型酸度计

3) 将电极用水淋洗并用吸水纸吸干后,浸入标准缓冲溶液中,轻轻摇动烧杯,再按下测量开关。待仪器显示屏上的数值稳定后,调节定位旋钮,使显示标准缓冲溶液的准确值,例如:在 25℃时用 pH 6.86 的标准缓冲溶液定位,应调节至显示 6.86。

4) 将电极移出并洗净、吸干后,插入被测溶液中,轻轻搅动溶液,待显示值稳定后,读取显示数值即为被测溶液的 pH。

5) 测毕,按下测量开关使之弹出,关闭电源开关,洗净电极。将玻璃电极浸于纯水中,饱和甘汞电极套上保护套。

3. Delta 320-S pH 计测定溶液 pH 的操作

Delta 320-S pH 计见图Ⅰ.9.10,测量时配用复合电极。

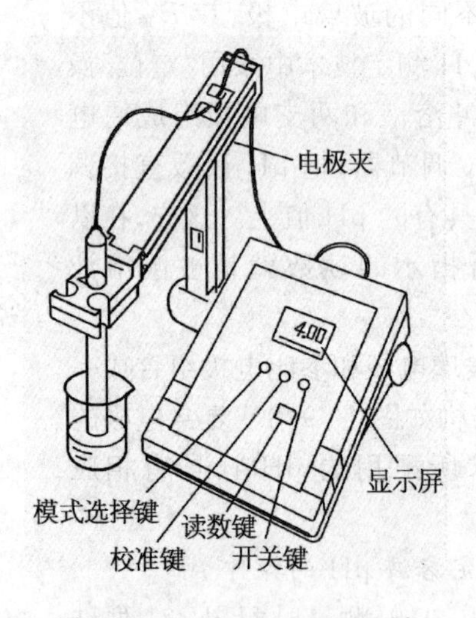

图Ⅰ.9.10 Delta 320-S pH 计

(1) 各键功能简介

[开/关]——接通或关闭显示器。通电状态下的关闭是将 pH 计设置在待机备用状态。

[模式]——选择 pH、mV 或温度方式。

[校准]——在 pH 方式下启动校准程序;在温度方式下启动温度输入程序。

[读数]——在 pH 和 mV 方式下启动样品测定过程。若再按一次该键则锁定当前值。

在温度方式下，读数键作为输入温度值时各位数间的切换键。

(2) 测量温度的设定

测定时，仪器的温度设定值应与样品的温度一致。

仪器的温度设定方法如下：

① 按模式键进入温度方式，显示屏上即有"℃"图样出现，并显示出最近一次的温度设定值，小数点闪烁。

② 按校准键，此时首先是温度值的十位数从"0"开始闪烁，每隔一段时间加"1"。当达到欲设定的数值时，按读数键，十位数固定不变，个位数开始闪烁，并且累加。当个位数达到欲设定的数值时，按读数键，个位数也固定不变，小数点后十分位开始在"0"和"5"之间变动。当达到欲设定的数值时，按读数键，温度值将锁定，且小数点停止闪烁。此时新的温度测定值已被设定。

③ 完成温度设定后，按模式键回到 pH 或 mV 方式。

(3) 测定 pH

① 电极的准备：将保湿帽从电极下端拧开移去，并将橡皮帽从填液孔上移开；

② 校准 pH 电极：

选择与被测样品 pH 值接近的标准缓冲溶液作校准液。

按开/关键关闭显示器。先按住模式键，再按开/关键。松开模式键，显示屏显示 b=3，或当前的其他设定值 b=1、b=2(相对于不同的标准缓冲溶液组合)。若需重设，可用校准键改变设置并按读数键选择保留设置。

然后将电极浸入对应的标准缓冲溶液，轻轻摇动烧杯，按下校准键。当到达相应 pH 时，按读数键，即完成校准。

③ 清洗电极，并用吸水纸将水轻轻吸干。

④ 将电极浸于待测溶液中，搅拌后静置，按读数键启动测定(小数点闪烁)。待显示屏数值趋向稳定，可按读数键将其锁定(小数点停闪)。要启动一个新的测定过程，则再按读数键。

⑤ 测量完毕后，清洗电极，将其竖直存放在填充液瓶中或套上保湿帽。

4. 注意事项

1) 玻璃电极在初次使用前，应先把球泡部分浸于蒸馏水中浸泡 24 h 以上，使电极充分活化。

2) 小心使用电极尤其是玻璃电极，切勿使其敏感膜与硬物相接触，用吸水纸吸干时切勿擦拭，以免破裂、损伤或影响其响应。也不要用手触摸敏感膜。

3) 由于玻璃电极内阻为 50～500 MΩ，输入系统的微小漏电将产生很大误差，所以电极插头必须保持清洁和干燥，不用时应将仪器所附的保护插销插入插口中，以防灰尘和潮气侵入。在环境湿度较大时，应把电极插头擦干。

4) 使用玻璃电极和甘汞电极时，必须注意内电极与球泡之间及内电极和陶瓷芯之间不可有气泡存在。

5) 复合电极和参比电极内的参比填充液不可干涸。饱和甘汞电极内部还应保留有少量氯化钾晶体,以保证氯化钾溶液是饱和的。测定时,氯化钾溶液应能浸没内部电极的小玻璃管,其液面应高于被测溶液的液面,以使电极内的氯化钾溶液借重力维持一定流速与被测溶液通路,防止被测溶液向甘汞电极内扩散。

6) 甘汞电极及复合电极在使用时,应取下电极上的保湿套(帽)和橡皮塞(帽),妥善存放,不用时则须套上,不可同玻璃电极一样浸泡在蒸馏水中。

(三) 分光光度计

各类分光光度计的结构均可由图Ⅰ.9.11 表示的几个主要部件组成。

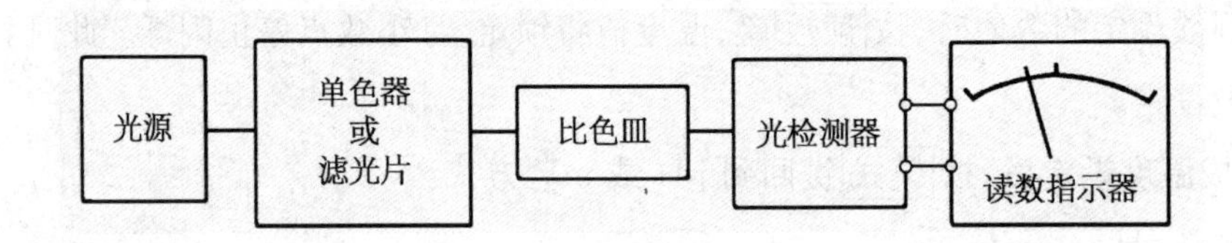

图Ⅰ.9.11 分光光度计结构图

光源提供连续辐射,经单色器获得有限波长范围的单色光辐射,被比色皿(液槽)中的待测溶液部分吸收后,透过的光到达光检测器,使光信号转换成电信号,在读数指示器上指示出测量值。许多仪器还配有微处理机进行自动控制及测量、记录。

1. 721 型分光光度计

721 型分光光度计是一种固定狭缝、单光束仪器。它主要用于波长范围为 360～800 nm 光的吸收测量。仪器的光学系统见图Ⅰ.9.12。

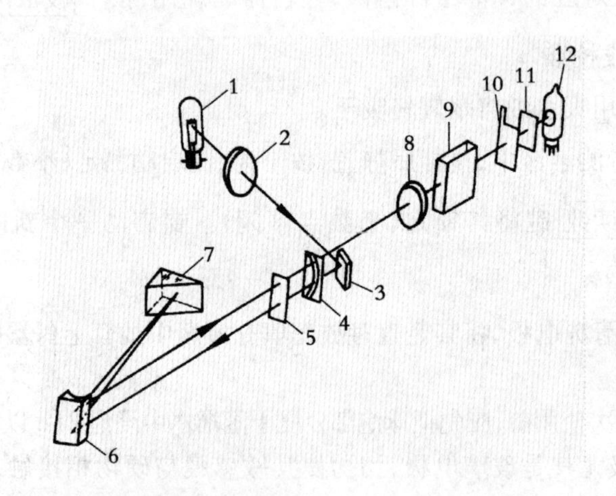

图Ⅰ.9.12 721 型分光光度计的光路系统

1. 光源灯 2. 聚光透镜 3. 反射镜 4. 狭缝 5. 保护玻璃 6. 准直镜 7. 色散棱镜 8. 聚光透镜 9. 比色皿 10. 光门板 11. 保护玻璃 12. 光电管

光源采用安装在可调节灯架上的钨丝灯,使辐射正确地射入单色器内。仪器使用多圈电位器调节灯电流，以改变光源强度，达到光量调节的目的。

仪器的单色器包括狭缝、棱镜（现已普遍改用光栅）、准直镜、凸轮及波长盘等几部分，采用立特罗光路结构。狭缝的宽度固定不变。棱镜固定在圆形活动板上，并通过杠杆与带有波长刻度盘的凸轮相连。转动波长刻度盘，棱镜相应地转动一个角度，即可选择波长。准直镜是一块圆形凹面反射镜。整个单色器密封于暗盒内。

单色器获得的单色光经透镜再一次聚光，进入比色皿，宽度约为 3 mm，使比色皿架不致挡光。比色皿架的定位装置能使比色皿正确地进入光路。

仪器使用 GD-7 型光电管，并与微电流放大器电路板一起安装在比色皿架后的暗盒内。光电管前设有一套光门部件，依靠光门板的重量自然下垂，随样品室盖的关闭与开启，光门通过杠杆作用相应地开启或关闭。光电管受光后所产生的光电流流过一组高值电阻，形成电压降。仪器使用 50 周·s^{-1}交流电，工作范围在 190～230 V。输出的稳定电压为11.5 V，供给光源灯和直流放大器工作。

仪器的外形结构见图Ⅰ.9.13。

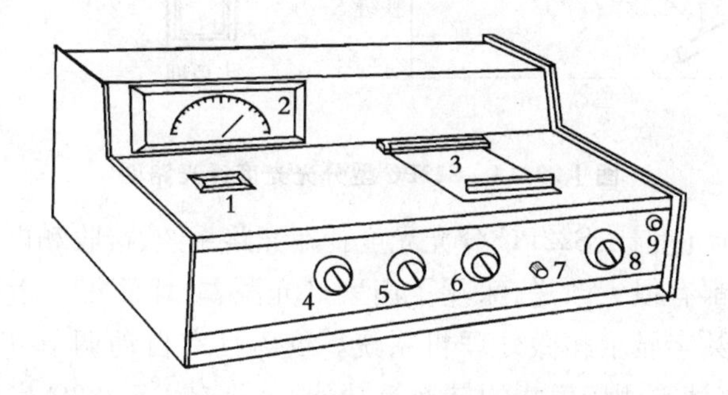

图Ⅰ.9.13　721 型分光光度计

1. 波长读数盘　2. 电表　3. 样品室盖　4. 波长调节旋钮　5. "0"透光率调节　6. "100%"透光率调节　7. 比色皿架拉杆　8. 灵敏度选择　9. 电源开关

721 型分光光度计使用方法：

1）将仪器电源开关 9 接通，开启样品室盖 3（即关闭光门）。调节"0"旋钮 5，使电表指针处于透光率"0"位。预热 20 min，再调节波长调节旋钮 4，使波长读数盘 1 的刻线对准选用单色光的波长。选择合适的灵敏度档，再用调"0"旋钮复校电表透光率"0"位。

2）合上样品室盖（即开启光门），将参比溶液推入光路，顺时针旋转"100%"旋钮，使电表指针处于透光率"100%"处。

3）按上述方式重复调整透光率"0"及"100%"，直至不变，即可进行测量。

4）将待测溶液推入光路，读取吸光度 A。

使用注意事项：

1）连续测定时间太长时光电管会疲劳，造成吸光度读数漂移。此时应将仪器稍歇，再继续使用。

2）使用参比溶液调节透光率为 100%时，应先将光量调节器调至最小，然后合上样品室盖（即开启光门），再慢慢开大光量。

3）仪器灵敏度档的选择：当参比溶液进入光路时，应能用光量调节器调至透光率

100%；各档的灵敏度范围是：第一档×1倍；第二档×10倍；第三档×100倍；第四档×200倍；第五档×400倍。一般选择在×1档。

2. S22PC型分光光度计

S22PC分光光度计是一种简洁易用的分光光度法通用仪器，可在340～1000 nm波长范围内用于光吸收测量。其光路结构见图Ⅰ.9.14。

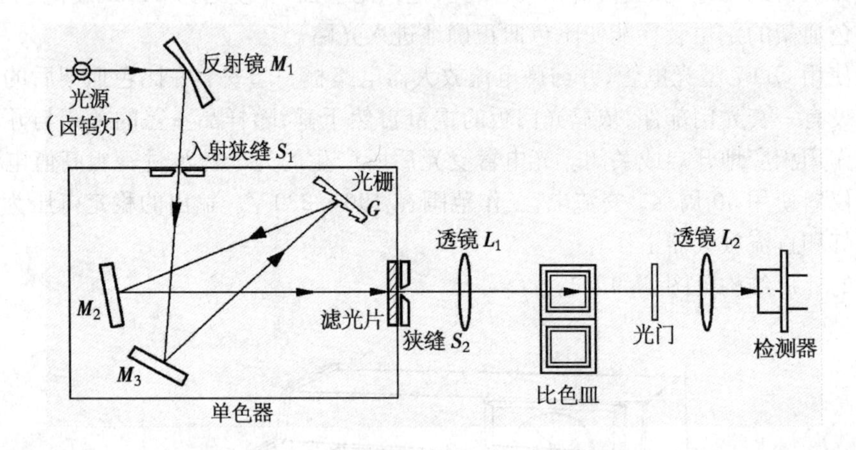

图Ⅰ.9.14　S22PC型分光光度计光路图

比起721型分光光度计，S22PC分光光度计在光路系统、接收和电子处理系统、人机接口、通讯功能等方面都有很大改进，采用了卤素灯光源、非球面集光镜光源光路、衍射光栅C-T型单色器、LED数字显示和微处理机系统。仪器具有自动调节 $T=0$ 和 $T=100\%$ 功能，以及 T、A、浓度直读等测量模式的转换等功能，还设有RS-232C串行接口，可配合打印机或PC机使用，操作十分简便。

仪器的外形结构见图Ⅰ.9.15。

S22PC分光光度计的使用方法：

1) 打开仪器电源开关13，开启样品室盖15(即关闭光门)，可见“TRANS”指示灯7亮，显示窗6有数字显示。预热30 min。

2) 调节波长旋钮17，垂直观察波长指示窗16中的波长读数，直至标线对准所选波长。按“0%*T*”键2，仪器即自动调节至透光率 $T=0$。

3) 将装有参比溶液的比色皿插入比色皿架，拉动比色皿架拉杆5，使之置于光路。盖上样品室盖，按“100%*T*”键，仪器即调节至 $T=100.0$(若未至100，加按一次)。反复调节0和100%直至稳定。

4) 将参比溶液置于光路，调节至 $T=100$ 后按“MODE”键4，选择“ABS”功能(ABS指示灯8亮)，显示吸光度 $A=0.0$。再将待测溶液推入光路，读取吸光度 A。读后即打开样品室盖，并按“MODE”键回复至“TRANS”状态。

5) 使用完毕后关闭电源。检查样品室内是否留有溶液，注意擦净。盖上样品室盖。洗净比色皿。

使用注意事项：

1) 每次改变波长时，必须重新调节 $T=0\%$ 和 $T=100\%$。

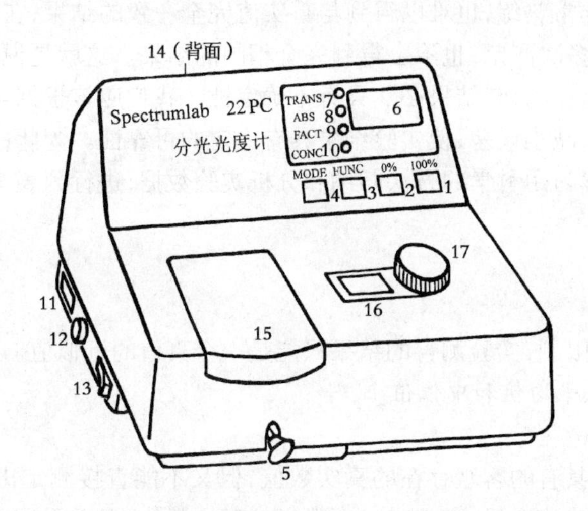

图Ⅰ.9.15　S22PC 分光光度计

1. 100%T 键　2. 0%T 键　3. Function 键（功能）　4. MODE 键（模式选择）　5. 比色皿架拉杆　6. 4 位LED 数字显示窗　7. TRANS（透光度）指示灯　8. ABS（吸光度）指示灯　9. FACT 指示灯　10. CONC 指示灯　11. 电源插座　12. 熔丝座　13. 仪器开关　14. RS232C 接口插座　15. 样品室　16. 波长指示窗　17. 波长调节旋钮

2）拉动比色皿架拉杆以改换置入光路的比色皿时，拉杆要到位（到位时有定位感）。可前后轻推一下，以保证定位正确。

3）测量读数时勿操之过急，要待跳动的显示数值稳定之后再作记录。

4）每次测定完毕，应立即打开样品室盖，按"MODE"键，使仪器处于显示"TRANS"状态。

3. 比色皿的使用

使用比色皿时的操作正确与否，对测量结果有很大影响。因此必须遵守下述规则：

1）比色皿必须干净，方可使用。

2）拿取比色皿时，手指不能接触透光面。放入比色皿架前，用吸水纸轻轻吸干外壁液滴，避免擦伤透光面。还需注意外部不能留有纸纤维，内部不得粘附细小气泡，以免影响透光率。

3）装入溶液应低于比色皿高度的 3/4，不宜过满。注入被测溶液前，比色皿要用被测溶液润洗几次，以免影响溶液浓度。实验完毕，比色皿用蒸馏水或稀盐酸等合适的溶剂洗净。切忌用碱或强氧化剂洗涤。

4）比色皿应配对使用。通常一个盛放参比溶液，另一个盛放被测溶液。同一组测量中，两者不要互换。有的比色皿带有箭头标记，每次测量按同一方向的箭头标记放入光路，并使比色皿紧靠光入射方向，透光面垂直于入射光。

十、实验数据的处理

化学实验中经常需要对实验数据作精确测定，然后进行计算处理，得到分析结果。测定与计算的结果是否可靠，直接影响到结论的正确性。但是，在实验过程中，即使是分析系统非常完善、操作技术非常熟练,也难以得到与真实值完全一致的结果;在同一条件下,用同一方法对同一实验进行多次测定,也不会得到完全相同的结果。这就是说,实验过程中的误差是客观存在的、不可避免的,其结果必然具有不确定性。我们应该根据实际情况,正确测定、记录和处理实验数据,减小误差,使实验结果具有一定的可靠性。为此,了解误差、不确定度及有效数字等概念,学习用科学的方法归纳和分析实验数据,进行列表、作图或拟合处理,是十分必要的。

(一) 误差

由于实际条件的限制,实验测得的结果只能是一个真值的近似值。

1. *真值、标准值、平均值和中位值*

(1) 真值

真值是事物本身具有的客观存在的真实数值,但又不能直接测定出来,所以难以确知。如一个物质中某一组分的含量,应该是一个确切的真实数值,但又无法直接确定。实际工作中,往往只是以国际公认的"约定真值"、权威机构认定的"标准值"、相对标准物质而测得的"相对真值"来替代作为真值。有时也将纯物质中元素的理论含量作为真值。

(2) 标准值

所谓"标准值",是运用可靠的标准化方法,由权威定值部门的不同实验室、不同分析人员对试样反复测定,然后用统计的方法加以处理所得出的具有确定准确度的标准物质特性量值。这类已确定一种或几种特性的、被法定机关确认并颁发有证书的物质被称作标准物质,可用以校准测量器具、确定其他试样的特性量值。

(3) 平均值

指算术平均值,即多次测定值的总和除以测定次数所得的商。在不存在系统误差的前提下,一组测量数据的算术平均值为其真值的最佳估计值。实际测定中,往往以可靠的方法进行多次平行实验后取其平均值来对真值加以表达。

(4) 中位值

中位值是指将一系列测定数据按大小顺序排列时处于中间位置的数值。若测定的次数是偶数,则取正中两个值的平均值。有时,为了避免测定数据中异常值对结果的影响,可采用中位数代替平均值来报告测定结果。

2. *系统误差与随机误差*

测定结果与真值之间的差值就是通常所称的误差。由各种原因造成的误差,按照性质可分为系统误差、随机误差两大类。

(1) 系统误差

系统误差是指在同样实验条件下无限多次重复测定时,所得测定结果的平均值与真值之差。

系统误差包括了实验方法不尽完善造成的方法误差,仪器不准、试剂不纯造成的仪器和试剂误差,实验者本身的一些习惯性因素造成的操作误差,温度、湿度、气压等环境因素的定向变化所引起的误差。这类误差的性质特点是:具有单向性,即测定的结果要么都偏高,要么都偏低;而且由于误差来源于某种固定的原因,因此,将会以相同的大小和正负重复出现。

在工作中,通常采用不同的实验方法或不同的实验系统进行对照实验,以确定系统误差的存在,并通过校准仪器、提高试剂纯度、完善实验方法、控制实验条件等,进一步设法将其消除或减少。

(2) 随机误差

又称偶然误差,是指测量结果与同样条件下无限多次重复测量所得的平均值之差。

随机误差是由实验条件的随机波动(如环境温度、气压的微小变化)、实验者观察能力的微小差异等等一些偶然原因造成的。这类误差的性质是:由于来源于随机因素,因此,误差数值不定,且方向也不固定,有时为正误差,有时为负误差。这类误差是无法完全避免的。从表面看,这类误差似无什么规律,但若用统计的方法去研究,可以从多次重复测量的数据中发现它的规律,即:小误差出现的机会多,大误差出现的机会少,且绝对值大小相近的正负误差出现的机会几乎均等。这说明随机误差的出现符合正态分布的统计规律。根据这一规律,在同一条件下增加平行实验的次数,所得测定结果的算术平均值将更接近于真实值。

另外,由于实验者粗枝大叶、不按操作规程办事而造成的过失,有时也被人们称作“误差”。这类错误有时并不能找到确切原因,但是完全应当通过遵守规程、认真操作来加以避免。

3. *准确度和精密度*

(1) 准确度

准确度表示测定值与真值接近的程度,反映测定的可靠性,常用误差 ε 来表示。ε 是指测定值与真值之差:

$$\varepsilon = x - x_t$$

$$\text{或}\ \varepsilon = \bar{x} - x_t$$

式中 x 为测定值,$\bar{x}$ 为一组测定值的算术平均值,x_t 为被测量的真值。误差具有与测定值相同的量纲。

相对误差则表示误差 ε 与真实值之比,一般用百分率或千分率表示,无量纲。

$$\text{相对误差} = \frac{\varepsilon}{x_t} \times 100\%$$

误差 ε 和相对误差都有正值和负值,正值表示测定结果偏高,负值则反之。

(2) 精密度

精密度表示各次测定结果相互接近的程度,反映了测定数据的重复性,常用偏差 d_i 来表示。

$$d_i = x_i - \bar{x}$$

式中 x_i 为测定值,$\bar{x}$ 为测定值 x_i 的算术平均值。偏差具有与测定值相同的量纲。

与误差相类似,相对偏差表示偏差 d_i 与平均值之比,用百分率或千分率表示。

$$\text{相对偏差} = \frac{d_i}{\bar{x}} \times 100\%$$

偏差和相对偏差只能用来衡量测定值 x_i 对平均值的偏离程度。而一组测定值的精密度可以用平均偏差 $\bar{d}$ 和相对平均偏差来衡量。

$$\text{平均偏差}\ \bar{d} = \frac{|d_1| + |d_2| + \cdots + |d_n|}{n} = \frac{\sum_{i=1}^{n} |d_i|}{n}$$

$$相对平均偏差=\frac{\overline{d}}{\overline{x}}\times 100\%$$

式中 n 为测量次数。

平均偏差是平均值,代表了一组测定值中任何一个数据的偏差。每一个测定值的偏差是有正负的,但是平均偏差并没有正负。平均偏差小,表明这一组分析结果的精密度好。本实验课程中,一般就采用相对平均偏差来表示测定结果的精密度。

在用统计方法处理数据时,常用标准偏差 S 来衡量一组测定值的精密度。与平均偏差相似,标准偏差代表一组测定值中任何一个数据的偏差。

$$标准偏差\ S=\sqrt{\frac{\sum_{i=1}^{n}(x_i-\overline{x})^2}{n-1}}=\sqrt{\frac{\sum_{i=1}^{n}d_i^2}{n-1}}$$

式中的 $n-1$ 称为自由度,表明 n 次测量中只有 $n-1$ 个独立变化的偏差。这是因为 n 个偏差之和等于零,所以只要知道 $n-1$ 个偏差就可以确定第 n 个偏差了。

标准偏差在平均值中所占的百分率或千分率称为相对标准偏差

$$相对标准偏差=\frac{S}{\overline{x}}\times 100\%$$

利用标准偏差可以更好地反映测量结果的精密度。

准确度和精密度是两个不同的概念,它们表征了实验结果的可靠与否。实验最终的要求是测定准确。而要做到准确,首先要做到精密度好;没有好的精密度,也就谈不上准确。但是,精密度好的测量结果并不一定准确度好,这是由于可能存在系统误差。控制了随机误差,就可以使测定的精密度好,而只有同时校正了系统误差,才能得到准确的实验结果。

但是,误差是测定结果与真值偏离的程度,而真值是未知的,因此,误差其实只有概念上的意义,准确度也只能是一个定性描述的概念。对于测定结果实际上所具有的不确定性,应当采用一种科学的、合理的方法即"不确定度"的评定,来进行表征。

(二) 不确定度

对于不确定度的评定,国际标准化组织(ISO)等国际组织共同研究制定了《测量不确定度表示指南》(GUM),并于 1993 年得到了包括 IUPAC 在内的七个国际组织的批准。目前,在中国及许多国家都已制定了相应的技术规范。

根据定义,不确定度是测量结果所含有的一个参数,它用以表征被测量的值的分散性。因此,它能够对测量结果的不可靠程度作出定量的表述。

不确定度通常可以分为两大类,即标准不确定度和扩展不确定度,前者是以标准偏差来表达的不确定度,后者则用来表达测定结果所可能出现的一个合理的分布区间。

1. 标准不确定度

标准不确定度可分成三类:A 类标准不确定度 u_A、B 类标准不确定度 u_B 和合成标准不确定度 $u_c(y)$。标准不确定度又可简称为不确定度。

(1) A 类标准不确定度 u_A

它是指用统计方法评定的标准不确定度,是建立在观测数据的概率分布基础上的。常用的是标准偏差法。

如:在同一条件下进行 n 次测量,获得平均值 $\bar{x}$,标准偏差为 S_i,则其 A 类标准不确定度一般可简化为

$$u_A = s_i$$

(2) B 类标准不确定度 u_B

它是指用非统计方法评定的标准不确定度,所依据的有:

① 以往所积累的观测数据;

② 对有关技术资料的了解,如生产部门提供的技术文件;

③ 对测量仪器特性的了解,如仪器检定证书提供的数据:准确度的等级、最大误差、不确定度限值等;

④ 文献资料给出的参考数据及其不确定度;

⑤ 国家标准和技术规范中对某些测量方法所规定的不确定度限值。

可以根据这些信息估计标准偏差,如估得的标准偏差为 s_j,则

$$u_B = s_j$$

例如,根据文献值进行不确定度的评定,对于阿伏加德罗常数 $N_A = (6.0221367 \pm 0.0000036) \times 10^{23}\ \text{mol}^{-1}$,即可评定为 $u_B = 0.0000036 \times 10^{23}\ \text{mol}^{-1}$。

又如:标称值为 100 g 的标准砝码,在其校准证书上给出了质量 m 为 100.000325 g,且这一值的不确定度按 3 倍标准偏差给出为 240 μg,那么该砝码的标准不确定度 $u_B(m_s)$ 即可知为 $\frac{240\ \mu g}{3} = 80\ \mu g$。

(3) 合成标准不确定度 $u_c(y)$

它是指当测定结果的不确定度由若干标准不确定度分量(如 A 类标准不确定度、B 类标准不确定度)构成时,按一定方法将各分量合成算得的标准不确定度,简记为 u_c 或 $u_c(y)$。

如:

$$u_c^2 = \sum_{i=1}^{n} u_i^2$$

$$u_c = \sqrt{\sum u_i^2}$$

所有的标准不确定度分量,均可用 $u_i(i=1,\ 2,\ 3\cdots)$ 表示,而 u_A 表示所有 A 类不确定度分量合成后的不确定度,u_B 则表示所有 B 类不确定度分量合成后的不确定度。若各类不确定度之间有一个为主而其他可忽略时,此时的 u_c 可能就是 u_A 或 u_B。

2. 扩展不确定度

扩展不确定度是一个确定测量结果区间的量,该区间可望将被测量之值分布的大部分合理地包含于内。扩展不确定度 U 是将合成不确定度 u_c 乘以包含因子 k 而得到的:

$$U = ku_c(y)$$

包含因子 k 通常取 2~3,以保证应有的置信概率。

关于不确定度的进一步表述和计算、多步测量和计算时的不确定度的传递,以及不确定度的最终报告,请参阅有关专著和国家标准(JJF-1059-1999)。

(三) 有效数字

1. 有效数字的概念

有效数字是以数字来表示有效数量,也是指在具体工作中实际能测量到的数字。它不仅表示数量的大小,也反映了测量手段的不确定程度。有效数字的位数包括了测量所得的所有确定数字和一位不确定的数字。例如,将一试样用称量误差为±0.0001 g 的分析天平称量,称得质量为 20.4267 g,这些数字都是有效数字,这六位有效数字包括了五位确定数字和一位不确定的数字。如果用称量误差为±0.1 g 的台秤称量,则称得的质量为 20.4 g,这样仅有三位有效数字,包括二位确定数字和一位不确定数字。所以有效数字是随实际测量情况而定的。

对于数字"0"在数据中的作用,则要具体分析,它可能是表示有效数字,也可能仅仅是起到定位作用。例如,20.4267 g 及 5.3200 g 中的"0"都是表示有效数字。0.0036 g 中的"0"只表示位数,不是有效数字,表明 36 中的 3 是在小数点后的第三位,它的有效数字仅有二位。在 0.00100 中,"1"左边的 3 个"0"不是有效数字,而右边的 2 个"0"是有效数字,这个数的有效数字是三位。

在计算中,如 3600、1000 以"0"结尾的正整数,它们的有效数字位数比较含糊。一般可以看成是四位有效数字,也可以看成是两位或三位有效数字,需按照实际测量的不确定程度来确定。如果是两位有效数字,则写成 3.6×10^3、1.0×10^3;如果是三位有效数字,则写成 3.60×10^3、1.00×10^3。这里,采用了科学记数法,以表达数据测量的精确度。

还有倍数或分数的情况,如 2 mol 铜的质量为 63.54×2,式中的 2 是个自然数,不是测量所得,不应看作一位有效数字,而应认为是无限多位的有效数字。

对数的有效数字的位数仅取决于小数部分(尾数)的位数,而其整数部分(首数)为 10 的幂数,不是有效数字。比如某溶液 pH 值为 11.20,其有效数字为二位,所以 $[H^+]=6.3\times10^{-12}\ mol\cdot L^{-1}$。

2. 数字的修约规则和运算规则

1) 有效数字的最后一位数字是不确定值。如上述分析天平称得 20.4257 g,这个"7"是不确定值,也即:一般情况下这个数值可以是 20.4256 g,也可以是 20.4258 g,这个不确定值差别的大小是由仪器的精确度所决定。记录数据时,只应保留一位不确定值。

2) 运算和修约时,应合理取舍数字。有以"四舍五入"为原则弃去多余的数字,更多用"四舍六入五留双"的原则,前者是当尾数≤4 时,弃去;当尾数≥5 时,进位。后者是当尾数≤4 时,弃去;当尾数≥6 时,进位;逢尾数恰为 5 时,如进位后使有效数字末位得偶数,则进位,如弃去后得偶数,则弃去。

修约时,应在确定修约位数后一次到位,如:将 15.34546 修约成三位有效数字时应为 15.3,而不能将其多次连续修约为 15.34546→15.3455→15.346→15.35→15.4。

3) 几个数值相加或相减时,和或差的有效数字保留位数,取决于这些数值中小数点后位数最少的即绝对误差最大的数值。运算时,首先确定应保留的位数,先弃去不必要的数字,然后再做加减运算。例如,35.6208、2.52 及 30.519 相加时,三个数中 2.52 的小数点后仅有两位数,其位数最少,故应以它作标准,位数对齐,取舍后是 35.62、2.52、30.52 相加。也可以直接相加后,再将所得和的保留位数与 2.52 相对应,修约为 68.66。

4) 几个数值相乘或相除时，积或商的有效数字的保留位数，应与这些数值中有效数字位数最少的即相对误差最大的数值相一致，而与小数点的位置无关。例如，0.1545×3.1，假定它们的绝对误差分别为 0.0001 和 0.1，两个数值的相对误差分别是±0.06%和±3.2%，那么第二个数值的有效数字仅两位，其相对误差最大，应以它为标准来确定其他数值的保留位数。具体计算时，也是先确定各数字的保留位数，然后再计算；或计算后，再将所得结果的保留位数与 3.1 相对应，修约为 0.48。

5) 在运算过程中，关于有效数字的不确定值位数，可适当地暂时多取一位或更多，以免过早舍入，造成不合理的结果。

(四) 实验数据的处理

1. 实验数据的表示方法

化学实验数据的表示方法主要有列表法、图解法和数学方程式表示法。

(1) 列表法

这是表达实验数据的最常用方法。把实验数据列入简明合理的表格中，使得全部数据一目了然，便于进一步的处理、运算与检查。一张完整的表格应包含表的序号、名称、项目、说明及数据来源五项内容。因此，做表格时要注意以下几点：

① 每张表格都应有序号、名称。

② 每个变量占表中一行，一般先列自变量，后列因变量，让自变量与因变量在表中一一对应。每行的第一列应写出变量的名称和量纲。

③ 数据应按自变量递增或递减的次序排列，并注意有效数字的位数。

(2) 图解法

在直角坐标系或其他坐标系中，用曲线图描述所研究变量的关系，使实验测得的各数据间的关系更为直观，并可由曲线图求得变量的中间值，确定经验方程中的常数等。例如：

① 表示变量间的定量关系：以自变量为横坐标，因变量为纵坐标，所绘得的曲线表示出了二变量间的定量关系。在曲线所示范围内，对应于任意自变量的因变量数值均可方便地读得。

② 求外推值：对于一些不能或不易直接测定的数据，在适当的条件下，可用作图外推的方法求得。所谓外推法，就是将测量数据间的函数关系外推至测量范围以外，以求得测量范围以外的函数值。但必须指出，只是在有充分理由确信外推结果可靠时，外推法才有实际价值。外推值与已有的正确经验不能相抵触。另外，被测变量间的函数关系应呈线性或可认为是线性关系，而且外推所至的区间距离测量区间不能太远。

③ 求直线的斜率和截距：对于函数式 $y=ax+b$，y 对 x 作图是一条直线，式中 a 是直线的斜率，b 是截距。如果二变量间的关系符合此式，便可用作图法求得 a 和 b。对于不符合线性关系的测量数据，只要经变换后所获新的变量函数符合线性关系，亦可用作图法求解。如反应速率常数 k 和活化能 E_a 的关系为一指数函数关系：$k=Ae^{-E_a/RT}$，若将等号两边取对数，则可使其线性化，以 $\lg k$ 对 $1/T$ 作图，由直线的斜率可求出活化能 E_a。

2. 作图技术的简单介绍

1) 一般以自变量作横轴，应变量作纵轴。

2) 坐标轴比例的选择原则为：① 从图上读出的各种量的精确度和测量所得结果的精

确度要一致,即坐标轴的最小分度与仪器的最小分度一致,要能反映全部有效数字;② 方便易读,例如用一大格表示1、2、5这样的数量比较好读,而表示3、7等则不易读取。

3) 要充分利用图纸。可以根据作图的需要来确定原点,不必把所有图的坐标原点均作为0。

4) 把测量得到的数据画到图上,就是代表点,这些点要能反映正确的数值。若在同一图纸上画几条直(曲)线时,则每条线的代表点需要用不同的符号表示。

5) 在图纸上画好对应于测量数据的代表点后,根据代表点的分布情况,作出直线或曲线。这些直线或曲线描述了代表点的变化情况,不必要求它们通过全部代表点,而是能够使各代表点均匀地分布在线的两边邻近处,即:使所有代表点离开曲线距离的平方和为最小,也就是"最小二乘法"原理。作图时尽量选用透明的直尺和曲线板,这有利于看清这些点的分布情况,以使画出的直线更为合理。

6) 在所作的图上,应写明图的名称及测量条件、日期,标明坐标轴代表的量的名称、单位和数值大小。

(五) 提高分析结果准确度的方法

1) 改进实验方法,严格控制实验条件,努力提高操作水平。

2) 增加平行测定次数,以减少随机误差。

3) 通过下述方法来消除或减少系统误差:

① 用标准方法或可靠的分析方法进行对照实验;

② 进行空白实验,必要时对试剂进行提纯;

③ 对仪器和量器进行校准;

④ 用标准加入法来测定回收率。

4) 认真规范地操作、记录和计算,避免过失。

第二部分

实验内容

实验一 氯化钠提纯

常见的物质分离和提纯的方法有重结晶、升华、蒸馏、分馏、萃取、层析、过滤和沉淀反应等物理或化学方法。

试剂级 NaCl 和医用 NaCl 都是以粗盐为原料提纯制备的。粗盐中的主要杂质有可溶性的 Ca^{2+}、Mg^{2+}、Fe^{3+}、K^{+}、SO_4^{2-}、CO_3^{2-} 等离子和少量不溶性杂质。不溶性杂质可用过滤法除去,可溶性的杂质离子则需要用化学方法将其转化为难溶性化合物除去。由于 NaCl 的溶解度随温度的变化很小,挥发性又差,很难直接用重结晶、蒸馏、升华和柱色谱等物理方法纯化,本实验采用化学除杂的方法,先在粗盐溶液中加入稍微过量的 $BaCl_2$ 溶液,使 SO_4^{2-} 生成难溶的 $BaSO_4$ 沉淀,过滤除去。

$$Ba^{2+} + SO_4^{2-} = BaSO_4 \downarrow$$

然后加入 Na_2CO_3 溶液,则

$$Ca^{2+} + CO_3^{2-} = CaCO_3 \downarrow$$

$$4Mg^{2+} + 5CO_3^{2-} + 2H_2O = Mg(OH)_2 \cdot 3MgCO_3 \downarrow + 2HCO_3^-$$

$$Fe^{3+} + 3CO_3^{2-} + 3H_2O = Fe(OH)_3 \downarrow + 3HCO_3^-$$

$$Ba^{2+} + CO_3^{2-} = BaCO_3 \downarrow$$

过滤溶液,不仅除去 Ca^{2+}、Mg^{2+}、Fe^{3+},还将前面过量的 Ba^{2+} 也一起除去。所得溶液用盐酸酸化,使过量的 CO_3^{2-} 分解,生成 CO_2 气体。

$$CO_3^{2-} + 2HCl = H_2CO_3 + 2Cl^-$$

$$H_2CO_3 \xrightarrow{\Delta} H_2O + CO_2 \uparrow$$

最后,利用 KCl 的溶解度比 NaCl 大而含量又少的特点,将溶液蒸发浓缩,则 NaCl 先结晶析出,KCl 留在母液中,从而使少量的 KCl 也得以除去,制得较纯的 NaCl 晶体。

用化学方法除杂时,试剂的选择原则是不引进新的杂质或所引进的杂质在下一步操作中易于除去。

实验用品

HCl($2\,mol \cdot L^{-1}$)

HNO_3($6\,mol \cdot L^{-1}$)

NaOH($6\,mol \cdot L^{-1}$)

Na_2CO_3(饱和溶液)

粗盐

$BaCl_2$($1\,mol \cdot L^{-1}$)

氯化钠(化学纯)

氨水($6\,mol \cdot L^{-1}$)

$Na_2C_2O_4$($0.1\,mol \cdot L^{-1}$)

NH_4SCN(25%)

镁试剂(0.01%)：0.01 g镁试剂溶解于100 mL $2\,mol \cdot L^{-1}$ NaOH溶液

广范pH试纸

离心机

实验内容

1. 粗盐提纯

(1) 粗盐的溶解

称取粗盐20 g于250 mL烧杯中，加入80 mL水，置于石棉网上小火加热、搅拌，使之溶解。

(2) 除SO_4^{2-}

用小火加热溶液近沸，边搅拌边逐滴加入$1\,mol \cdot L^{-1}$ $BaCl_2$溶液1～2 mL。继续加热5 min进行陈化。然后将烧杯取下，待沉淀沉降后，取少量溶液，离心分离，在离心液中加几滴$BaCl_2$溶液，检验沉淀是否完全。如果SO_4^{2-}尚未沉淀完全，则需要再加$BaCl_2$溶液。

将SO_4^{2-}沉淀完全的溶液过滤，弃去沉淀。

(3) 除Ca^{2+}、Mg^{2+}、Fe^{3+}、Ba^{2+}等阳离子

将上述滤液加热至近沸，边搅拌，边滴加饱和Na_2CO_3溶液，至沉淀完全。用Na_2CO_3溶液检查沉淀完全(附注1)后，再多加饱和Na_2CO_3溶液0.5 mL。将烧杯取下，静置。用倾滗法过滤，接收滤液于干净烧杯中。

(4) 调节酸度除去CO_3^{2-}

以$2\,mol \cdot L^{-1}$ HCl溶液调节滤液酸度至pH 3～4，可用pH试纸试验之(附注2)。观察溶液中发生的现象。

(5) 浓缩、结晶

将除去CO_3^{2-}后的溶液移入蒸发皿中，置于石棉网上用小火加热蒸发浓缩。当开始有晶体析出时，注意边蒸发边搅拌，防止溶液溅失，并将蒸发皿周边析出的固体及时拨入溶液中。待有大量晶体析出后，停止加热(注意切勿蒸干)。冷却，减压过滤。用少量水润洗晶体，抽气干燥。

(6) 干燥

取出NaCl晶体置于蒸发皿内，用空气浴烘干，注意搅拌，以防止溅出和结块。再用大火灼烧1～2 min。冷却后，称量，计算产率。

2. 产品纯度检验

称取提纯后的产品和原料、化学纯氯化钠各1 g，分别置于3支洁净的试管中，各加5 mL水溶解，制得试液，留待定性检验之用。

(1) SO_4^{2-}检验

取待检试液各 1 mL,分别置于 3 支试管中,各加入等量 $1\,mol \cdot L^{-1}$ $BaCl_2$ 溶液,观察各试液中白色沉淀析出的情况。

(2) Mg^{2+} 检验

取待检试液各 1 mL,分别置于 3 支试管中,各加入 $6\,mol \cdot L^{-1}$ NaOH 溶液 3 滴和镁试剂 2 滴,观察各试液中的变化及蓝色沉淀析出的情况(附注 3)。

(3) Ca^{2+} 检验

取待检试液各 1 mL,分别置于 3 支试管中,各加入 $6\,mol \cdot L^{-1}$ 氨水 1 滴,使溶液呈弱碱性,然后加入 $0.1\,mol \cdot L^{-1}$ $Na_2C_2O_4$ 溶液 5 滴,观察各试液中白色 CaC_2O_4 沉淀析出的情况。

(4) Fe^{3+} 检验

取待检试液各 1 mL,分别置于 3 支试管中,各加入 $6\,mol \cdot L^{-1}$ HNO_3 溶液 1 滴,酸化,再加入 25% NH_4SCN 溶液 5 滴,观察各试液的颜色变化(附注 4)。

由以上四种检验反应的颜色深浅和浑浊程度,定性地比较提纯产品和原料、化学纯氯化钠中各杂质离子的相对含量。

附注

1. 检验沉淀是否完全的方法:将溶液静置,待沉淀沉降后,沿杯壁滴入沉淀剂,观察上层清液中是否有浑浊出现。若有浑浊,则表示沉淀尚未完全,需继续加入沉淀剂,直至不再产生浑浊为止。

2. 测试溶液 pH 的方法:取洁净的表面皿凸面向上,将剪成小块的 pH 试纸分散置于其上,然后用玻棒蘸取溶液点在试纸中间,再将试纸的颜色与标准色板相比较。试验时不可将试纸直接投入溶液,以免玷污溶液。

3. 镁试剂(magneson Ⅰ)即对硝基苯偶氮间苯二酚,又称偶氮紫,结构式为

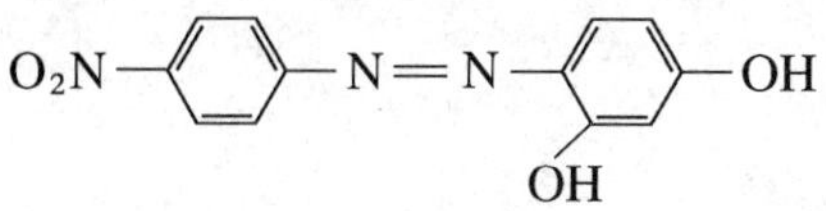

O_2N— —N═N— —OH
OH

在酸性溶液中呈黄色,在碱性溶液中呈红紫色。当它被 $Mg(OH)_2$ 沉淀吸附后呈天蓝色,可用以鉴定 Mg^{2+}。

4. Fe^{3+} 与硫氰根离子 SCN^- 可发生如下反应,生成血红色的络合物:

$$Fe^{3+} + n\,SCN^- = [Fe(SCN)_n]^{3-n} \text{(血红色)}$$

该反应可用以鉴定溶液中存在的微量 Fe^{3+}。

思考题

1. 本实验中先除 SO_4^{2-},后除 Ca^{2+}、Mg^{2+} 等离子的次序能否颠倒?为什么?
2. 去除 Ca^{2+}、Mg^{2+}、Ba^{2+} 等离子时能否用其他可溶性碳酸盐代替 Na_2CO_3?
3. 为何要用盐酸把溶液调节为 pH 3~4?能否用其他酸?
4. 蒸发浓缩过程中,为什么应将蒸发皿周边析出的固体及时拨入溶液中?

实验二　复分解法制备硝酸钾

复分解法是制备无机盐类常用的方法。通常制备难溶盐比较容易,而可溶性盐则受到诸多限制。可溶性盐类制备的可能性及其具体条件,需要根据盐类的溶解度以及温度对不同盐类溶解度的影响来确定。

本实验以 $NaNO_3$ 及 KCl 为原料,通过复分解反应制取 KNO_3。当 $NaNO_3$ 和 KCl 溶液混合时,K^+、Na^+、Cl^- 和 NO_3^- 共同存在于体系中,它们可能生成四种盐:KNO_3、NaCl、KCl 和 $NaNO_3$。比较这四种纯盐的溶解度数据,可以大致判断 KNO_3 的制备条件。

从 KNO_3、NaCl、KCl 和 $NaNO_3$ 的溶解度数据可见:KNO_3、$NaNO_3$ 的溶解度随温度升高而明显增大,KCl 受温度影响较小,NaCl 则随温度变化更小;在较高温度时,NaCl 的溶解度最小。因此,若将等摩尔的 $NaNO_3$ 和 KCl 溶液混合,在较高温度下蒸发浓缩,首先析出的是 NaCl 晶体。将 NaCl 过滤除去,冷却后就得到含有少量 NaCl 的 KNO_3 晶体。该粗产品中的 NaCl 可以用复结晶法去除。复结晶前后产品中的 NaCl 量,可通过加入 $AgNO_3$ 试剂后生成的 AgCl 沉淀量来加以比较。

KNO_3 是无色晶体,属菱方晶系。熔点 334℃,于 400℃时分解,放出氧气,反应式为

$$2KNO_3 \xlongequal{\triangle} 2KNO_2 + O_2\uparrow$$

实验用品

硝酸钠　　　　　　　　　　氯化钾

$AgNO_3$(0.1 mol·L^{-1})

实验内容

1. 硝酸钾的制备

称取 $NaNO_3$ 21 g 和 KCl 18.5 g 置于 150 mL 烧杯,加入 35 mL 水,加热溶解。用小火加热煮沸,并不断搅拌,使 NaCl 晶体析出。待溶液体积蒸发至原体积的约 1/2 时,停止加热,趁热减压过滤(过滤前预先将布氏漏斗及吸滤瓶用 70～80℃的热水淋洗),除去 NaCl。滤液转移至 150 mL 烧杯。再用少量热水淋洗吸滤瓶,以溶解瓶内析出的晶体。淋洗液与滤液合并。

将上述溶液用小火蒸发,待溶液体积约为 20～25 mL 时,停止加热。稍冷后,冰水浴冷却,使 KNO_3 晶体析出。减压过滤(尽量抽干)。将晶体转移至表面皿中,于 50～60℃烘干,称量,计算产率。

2. 复结晶提纯

称取 KNO_3 粗产品 0.5 g,留待检验。

将 KNO_3 粗产品置于 150 mL 烧杯中,加入略多于计算量(按照 KNO_3 在 100℃时的溶解度计算)的水,小火加热使固体溶解,必要时可再滴加少许水。然后用冰水浴冷却,减压过

滤，烘干，称量，计算收率。

3. 产品纯度检验及比较

称取 KNO_3 粗产品和提纯产品各 0.2 g，分别溶于 80 mL 水中。各取 1 mL 试液于试管中，加水稀释至 10 mL，加 0.1 mol·L^{-1} $AgNO_3$ 溶液 1 滴，观察有无 AgCl 白色沉淀产生，并进行纯度比较。

附注

KNO_3、NaCl、KCl、$NaNO_3$ 的溶解度/g·(100 g 水)$^{-1}$

	0℃	10℃	25℃	80℃	100℃
KNO_3	13.3	20.9	38	169	246
NaCl	35.7	35.8	36.1	38.4	39.8
KCl	27.6	31.0	35.9	51.1	56.7
$NaNO_3$	73.0	80.5	92.7	148	175

思考题

1. 请简述本实验由 KCl 和 $NaNO_3$ 制备 KNO_3 所应用的原理。

2. 根据溶解度数据，计算从 80℃冷却到 10℃时，在含 15 g 溶剂的饱和溶液中应有多少克 NaCl 析出？有多少克 KNO_3 析出？（不考虑其他盐的存在对溶解度的影响。）

3. 如果实验中所用的 KCl 或 $NaNO_3$ 量超过化学计算量，结果会怎样？应如何处理？

4. 按 KNO_3 在 100℃时的溶解度，列出提纯时溶解粗产品应用水量的计算式。

实验三　氮化镁的制备

N_2 与 Li、Mg、Ca、Ba、Sr、Zn、Cd 等电正性元素可形成离子型氮化物。氮原子得到电子形成氮离子 N^{3-}，与金属离子相结合，形成 $(Li^+)_3N^{3-}$，$(Mg^{2+})_3(N^{3-})_2$ 等，它们很容易水解成为氨和氢氧化物。

此类离子型氮化物可以由元素直接化合，也可以加热胺化合物从中放出氨来制备，例如：

$$3Ba(NH_2)_2 = Ba_3N_2 + 4NH_3\uparrow$$

本实验采用干燥的氮气和镁粉在 300℃温度下直接反应，生成晶态的 Mg_3N_2。

实验用品

NH_4Cl(饱和溶液)	$NaNO_2$(饱和溶液)
无水氯化钙	镁粉
红色石蕊试纸	蒸馏瓶
滴液漏斗	干燥管
支管试管	玻璃棉
硬质玻璃管	

实验内容

1. 氮气的发生

实验室采用 NH_4Cl 与 $NaNO_2$ 作用制得纯的氮气：

$$NH_4Cl + NaNO_2 \longrightarrow NH_4NO_2 + NaCl$$
$$NH_4NO_2 \xrightarrow{\triangle} N_2\uparrow + H_2O$$

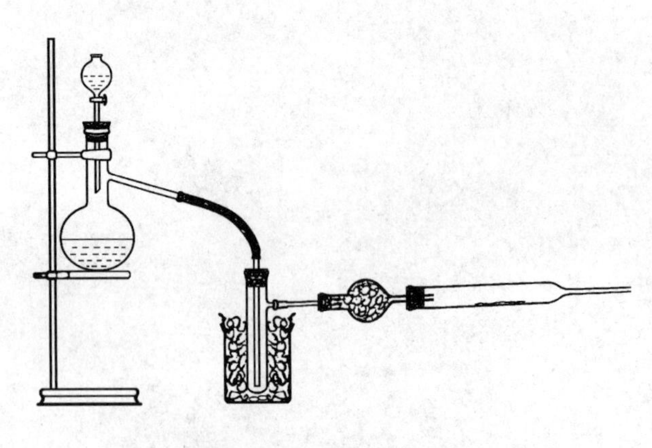

图Ⅱ.3.1　氮化镁的制备

按图Ⅱ.3.1装置，在蒸馏瓶中加入饱和 NH_4Cl 溶液 25 mL，滴液漏斗中加入 $NaNO_2$ 饱和溶液 25 mL。先将 NH_4Cl 溶液加热至约80℃，停止加热，慢慢地将 $NaNO_2$ 饱和溶液滴入蒸馏瓶中，通过调节 $NaNO_2$ 溶液的滴加速度来控制 N_2 的生成速度，使其缓慢而均匀(由于反应放热，此时勿需加热即可继续反应)。生成的气体通过冷阱(附注)，使被带出的水汽凝结而除去。

已除去部分水汽的氮气再通过无水 $CaCl_2$ 干燥管，继续除去剩余水分，所得即为纯净且干燥的氮气。

2. 氮化镁的制备

取少许镁粉置于硬质玻璃管内，将干燥的氮气通入约 2～3 min，使装置中的空气除尽。均匀地微热镁粉，然后大火加热，可观察到玻璃管中有黄色的氮化镁生成。待镁粉完全作用后，停止加热，将生成的氮化镁转入干燥的试管中，滴加 2～3 滴水，并加热，用石蕊试纸检验 NH_3 气的放出。写出反应式。

附注

本实验所用的冷阱为一浸在冰盐冷冻剂中的支管试管，试管底部置有玻璃棉，以增加冷凝效率。

思考题

1. 实验室为什么用 NH_4Cl 发生氮气，而不是直接加热亚硝酸铵来发生氮气？

2. 本实验制备氮化镁时，为什么要将氮气干燥？采用何种方法干燥？就你所知氮气还能用什么方法进行干燥？

实验四　连四硫酸钾的制备

连多硫酸盐的阴离子具有$(O_3SS_nSO_3)^{2-}$通式，$n=1\sim4$的多硫酸盐阴离子已确定存在。根据分子中硫离子的总数，可以命名为连三硫酸、连四硫酸等。这些游离酸多数并不稳定，可以迅速分解成S、SO_2，也可能分解成SO_4^{2-}。它们的酸式盐也不存在。

连多硫酸盐有多种制备方法。选择合适的方法可制得不同的连多硫酸盐，如H_2O_2与冷的饱和硫代硫酸钠反应便能得到连三硫酸盐

$$2S_2O_3^{2-}+4H_2O_2 = S_3O_6^{2-}+SO_4^{2-}+4H_2O$$

在碘的容量测定反应中，硫代硫酸根离子可以把碘还原为碘离子，生成连四硫酸盐

$$2S_2O_3^{2-}+I_2 = S_4O_6^{2-}+2I^-$$

本实验采用二价铜盐与硫代硫酸钠反应制得连四硫酸钠溶液，多余的少量铜离子用饱和碘化钾与之作用生成碘化亚铜沉淀除去，再加入过量的醋酸钾固体于连四硫酸钠溶液中，使转化为相应的钾盐，反应式如下：

$$11Na_2S_2O_3+6Cu(Ac)_2 = 3Na_2S_4O_6+12NaAc+3Cu_2S_2O_3\cdot 2Na_2S_2O_3$$

$$2Cu^{2+}+4KI = 2CuI\downarrow+I_2+4K^+$$

$$S_4O_6^{2-}+2KAc = K_2S_4O_6+2Ac^-$$

$K_2S_4O_6$晶体属单斜晶系，常温常压下很稳定，受热易分解

$$K_2S_4O_6 = K_2SO_4+SO_2\uparrow+2S\downarrow$$

$K_2S_4O_6$易溶于水，不溶于无水乙醇。其水溶液不稳定，可缓慢分解为$K_2S_3O_6$及$K_2S_5O_6$，遇酸则分解析出硫。

$$H_2S_4O_6 = H_2SO_4+SO_2\uparrow+2S\downarrow$$

实验用品

硫代硫酸钠($Na_2S_2O_3\cdot 5H_2O$)	醋酸铜($Cu(Ac)_2\cdot H_2O$)
KI(饱和溶液)	$Na_2S_2O_3$(饱和溶液)
醋酸钾	无水乙醇

实验内容

1. $K_2S_4O_6$的制备

称取$Na_2S_2O_3\cdot 5H_2O$ 9 g置于50 mL烧杯中，加15 mL水溶解。加热至40～50℃，分批加入$Cu(Ac)_2\cdot H_2O$ 4 g，充分搅拌，使其迅速溶解。加完后，保温20 min，并不时搅拌，可得到黄色沉淀物($3Cu_2S_2O_3\cdot 2Na_2S_2O_3$)。减压过滤，用3 mL水洗涤后，弃去沉淀，洗涤液与滤液合并，转入原烧杯中。

同前重复操作一次，即在滤液中加入$Na_2S_2O_3\cdot 5H_2O$ 9 g，溶解后再分批加入$Cu(Ac)_2\cdot H_2O$ 4 g，40～50℃反应20 min后，减压过滤，沉淀用3 mL水洗涤后弃去。

所得滤液若呈蓝绿色，表明滤液中还有少量Cu^{2+}，于40～50℃缓慢滴加KI饱和溶液

并剧烈搅拌使生成 CuI 沉淀,同时产生的 I_2 则可滴加 $Na_2S_2O_3$ 饱和溶液除去。过滤即得到无色透明的溶液。

于溶液中分批缓慢地加入 KAc 固体 20 g,充分搅拌后加入无水乙醇 25 mL,置于冰水浴中冷却并剧烈搅拌,使 $K_2S_4O_6$ 晶体迅速析出。减压过滤,用少量无水乙醇润洗,抽气干燥,称量,计算产率。

2. $K_2S_4O_6$ 的纯化

将 $K_2S_4O_6$ 粗产品转入烧杯中,滴加少量水,温热(<50℃)溶解,若有不溶物,则过滤除去。于溶液中加入无水乙醇 20 mL,置于冰水浴中冷却,结晶,减压过滤,用少量乙醇润洗沉淀,抽气干燥,称量,计算收率。

附注

几种化合物的溶解度/g·(100 g 水)$^{-1}$

化合物	冷水	热水
$Cu(Ac)_2·H_2O$	7.20(20℃)	20(100℃)
KAc	253(20℃)	492(52℃)
$Na_2S_2O_3$	50.2(0℃)	120.9(45℃)
$K_2S_4O_6$	12.60(0℃)	23.18(20℃)

思考题

1. 请查阅有关化学手册,了解制备 $K_2S_4O_6$ 的方法有哪些?

2. 本方法中为何采用重复的 $Na_2S_2O_3$ 与 $Cu(Ac)_2$ 反应步骤?如果按化学计量比合并为一次投料一步反应是否合理?为什么?

3. 试讨论制备和提纯 $K_2S_4O_6$ 的全过程中,为什么各步骤中的反应温度都不得高于 50℃?

4. 本实验中加入的 KAc 过量了多少倍?为什么需要如此大的加入量?

实验五　氟硼酸铵及氟硼酸钾的制备

在浓硫酸存在下，硼酸与氟化铵反应可制得氟硼酸铵 NH_4BF_4：

$$2H_3BO_3+8NH_4F+3H_2SO_4 = 2NH_4BF_4+3(NH_4)_2SO_4+6H_2O$$

NH_4BF_4 为针状晶体，属正交晶系，易溶于水。NH_4BF_4 与 KCl 反应可以制得氟硼酸钾 KBF_4：

$$NH_4BF_4+KCl = KBF_4+NH_4Cl$$

KBF_4 为角锥形晶体，透明，在水中溶解度较小，折射率与水接近。

实验用品

硫酸	硼酸
氟化铵	浓氨水
氯化钾	丙酮

实验内容

1. NH_4BF_4 的制备及提纯

于 100 mL 烧杯中加水 25 mL，小心加入浓硫酸 15 mL，在搅拌下分批加入 H_3BO_3 6 g，小火加热至完全溶解。剧烈搅拌下缓慢地分批加入 NH_4F 15 g（在通风橱中操作！），然后将反应混合物置于沸水浴中加热 30 min，当较多的 NH_4BF_4 晶体析出时，停止加热。冷却至室温，置于冰水浴中冷却 10 min，减压过滤，晶体用丙酮 2～3 mL 洗涤，抽气干燥。将晶体转移至烧杯，再加入丙酮 20 mL，充分搅拌，洗去少量残余酸，减压过滤。晶体于室温下晾干，称量，计算产率。

粗产品 NH_4BF_4 中夹杂有 $(NH_4)_2SO_4$ 及少量氟硅酸盐，可复结晶提纯。将 NH_4BF_4 粗产品溶解于略多于计算量的热水中（附注），稍冷后滴加浓氨水 2 mL，加热至溶液透明，冷却，待晶体析出后减压过滤，称量，计算收率。

2. KBF_4 的制备

称取 NH_4BF_4 5 g 溶于 50 mL 水中，另称取 KCl 5 g 溶于 20 mL 热水。在加热及搅拌下将 NH_4BF_4 溶液滴加到 KCl 溶液中，仔细观察慢慢析出的细小的 KBF_4 晶体（若停止搅拌，晶体迅速聚集于烧杯底部并呈蘑菇云状）。滴加完毕后，继续加热 5 min。待溶液冷却后即置于冰水浴中约 10 min，减压过滤，称量，计算产率。

附注

有关盐类的溶解度

温度/℃	0	20	40	60	80	100
$(NH_4)_2SO_4$/g·(100 g 水)$^{-1}$	70.6	75.4	81.0	88.0	95.3	103.3
H_3BO_3/g·(100 g 溶液)$^{-1}$		4.8	8.0	12.9	19.1	28.7

温度/℃	0	25	50	75	100
NH_4BF_4/g·(100 g 溶液)$^{-1}$	10.9	20.5	30.6	40.3	49.7

温度/℃	0	20	25	40	100
KBF_4/g·(100 g 水)$^{-1}$	0.30	0.45	0.55	1.40	6.27

思考题

1. 试根据溶解度数据说明粗产品 NH_4BF_4 中主要含有哪些杂质,如何除去?
2. 查阅相关资料,试简单叙述 H_3BO_3 及卤化硼的性质。
3. 制备 NH_4BF_4 的原料和方法有多种,你能举出另一个制备方法吗?

实验六　四碘化锡的制备

锡的四卤化物除了四氟化锡为离子型化合物外,其余的均为共价化合物。共价性由四氯化锡至四碘化锡逐渐增强,卤化物的熔点、沸点也是由氯化物到碘化物逐渐升高的。锡的四卤化物均易水解,四碘化锡的水解程度最大,不能在水溶液中制备,只能在四氯化碳、氯仿、二硫化碳、苯等溶剂中制得。

本实验是由 Sn 和 I_2 在非水溶剂醋酸和醋酸酐溶液中,经回流加热直接反应而制得四碘化锡,反应式为

$$Sn + 2I_2 = SnI_4$$

四碘化锡为亮橙色的晶体,而锡的其他四卤化物都是无色的。这是由于 SnI_4 在光线照射下发生电子瞬时转移,电子从 I 转移至 Sn(IV)上,相当于 Sn(IV)的瞬时还原。电子转移时所吸收的光的频率恰好是可见光中蓝色光的频率,因而 SnI_4 晶体呈橙红色。其他的四卤化锡虽亦会吸收光子发生电子转移,但是这些光的频率都在紫外区,所以晶体呈无色。

SnI_4 的熔点为 144.5℃,沸点为 364.5℃,能溶于乙醇、氯仿等有机溶剂。

实验用品

冰醋酸　　醋酸酐
锡箔　　碘
氯仿　　硅油
圆底烧瓶(100 mL)　　球形冷凝管
干燥管(无水氯化钙)　　砂芯漏斗($3^{\#}$)

实验内容

1. SnI_4 的制备

准备一个干燥的 100 mL 圆底烧瓶和干燥的球形冷凝管,在烧瓶中加入冰醋酸和醋酐各 25 mL。称取锡箔 0.5 g,剪成细屑后置于烧瓶中,加入碘 2.2 g。

将冷凝管竖直连接在烧瓶上,上端连接干燥管。开启冷凝水,小火加热至溶液沸腾,控制温度维持微沸状态,回流(附注 1)。待锡箔反应完全(若 90 min 后仍有少量锡箔未反应完,可在复结晶时除去),停止加热。冷却后关闭冷凝水。用砂芯漏斗和干燥的吸滤瓶减压过滤,称量,计算产率。

2. SnI_4 的复结晶

将粗产品置于小烧杯中,加入氯仿 20 mL,用热水浴温热溶解。若有不溶物,可用小漏斗过滤除去。溶液置于通风橱中冷却,待大部分氯仿挥发后,用砂芯漏斗减压过滤,并用少许氯仿润洗,抽气干燥,晾干,称量,计算收率。

3. SnI_4 的熔点测定

测定粗产品和复结晶后产品的熔点(附注 2),各重复一次,并与文献值相比较。

附注

1. 加热将液体汽化,同时将蒸气冷凝液化并使之流回原来的器皿中重新受热汽化,这样循环往复的汽化—液化过程称为回流。回流的基本装置由热源、热浴、烧瓶和回流冷凝管组成,应自下而上依次安装,各磨口对接处应连接同轴、严密、不受侧向作用力。开启冷却水(冷却水应自下而上流动),开始加热。液体沸腾后调节加热速度,控制气雾上升高度,使其稳定于冷凝管有效长度的1/3处。回流结束,先移去热源、热浴,待冷凝管中不再有冷凝液滴下时关闭冷却水,拆除装置。

2. 本实验中测熔点时采用硅油作浴液。升温至近熔点时,调整火焰,使温度每分钟上升0.2～0.3℃。

思考题

1. 写出 SnI_4 与水反应的化学反应式。
2. 能直接在冰醋酸中制备四碘化锡吗?
3. 为什么制备四碘化锡时所用仪器必须严格干燥?

实验七　氯化铜($CuCl_2 \cdot 2H_2O$)的制备

含结晶水的氯化铜为湖蓝色针状晶体，在空气中易潮解。100℃时失去结晶水，得到棕黄色的无水 $CuCl_2$

$$CuCl_2 \cdot 2H_2O = CuCl_2 + 2H_2O$$

或部分脱水生成碱式氯化铜

$$2(CuCl_2 \cdot 2H_2O) = Cu(OH)_2 \cdot CuCl_2 + 2H_2O + 2HCl \uparrow$$

高温下进一步反应，$CuCl_2$ 会分解成为白色 CuCl

$$2CuCl_2 \xlongequal{\triangle} 2CuCl + Cl_2 \uparrow$$

将 $CuCO_3$ 或 CuO 与盐酸作用可制得 $CuCl_2 \cdot 2H_2O$，也可以单质 Cu 和 Cl_2 直接反应，制得 $CuCl_2$

$$CuCO_3 + 2HCl + H_2O = CuCl_2 \cdot 2H_2O + CO_2 \uparrow$$

$$Cu + Cl_2 = CuCl_2$$

本实验是在 H_2O_2 存在下，以单质 Cu 与盐酸反应来制备 $CuCl_2 \cdot 2H_2O$。

氯化铜易溶于水，亦溶于乙醇、丙酮和乙醚。$CuCl_2$ 溶液呈黄绿色，浓溶液呈绿色，稀溶液呈蓝色。黄色是由于存在$[CuCl_4]^{2-}$配离子所致，而蓝色是由于$[Cu(H_2O)_4]^{2+}$配离子的存在，两者并存时呈绿色。

$CuCl_2 \cdot 2H_2O$ 分子呈平面形：

$$\begin{array}{c} Cl \\ | \\ H_2O - Cu - OH_2 \\ | \\ Cl \end{array}$$

实验用品

HCl($6\ mol \cdot L^{-1}$)　　　　铜片

H_2O_2(30%)　　　　乙醇(95%)

实验内容

称取铜片 5 g 于烧杯中，加入 $6\ mol \cdot L^{-1}$ HCl 溶液 30 mL，边搅拌边缓慢滴加 30% H_2O_2 溶液，直至铜片完全溶解。若溶液中出现棕色，则再滴加适量的 H_2O_2 溶液(共需 10 mL左右)。反应过程中若温度升高，可将烧杯置于冷水浴中冷却。反应结束后，得深绿色的溶液。将溶液转移至蒸发皿中，于水浴(不超过 90℃)上蒸发至溶液表面出现较多晶体，停止蒸发，盖上表面皿。冷却后，减压过滤，用少量 95%乙醇润洗晶体，抽气干燥，晾干，晶体将由绿色转变为湖蓝色。称量，计算产率。

思考题

1. 本实验的原理是什么？写出反应方程式。在铜片溶解过程中溶液有时出现棕色，为什么？

2. 从铜片制备 $CuCl_2 \cdot 2H_2O$ 还可以采用什么方法？试与本方法进行比较。

3. $CuCl_2 \cdot 2H_2O$ 加热脱水生成何物？呈何种颜色？

实验八　氯化铜钾的制备

复盐的溶解度一般比相应的单独盐的溶解度小，因此可以将相应的盐溶液混合以制备复盐。在有些情况下，各组分盐的用量可以按复盐的组成之比混合，例如：硫酸亚铁铵（俗称绿矾）$FeSO_4 \cdot (NH_4)_2SO_4 \cdot 6H_2O$ 就是由等物质的量的 $FeSO_4$ 溶液和 $(NH_4)_2SO_4$ 溶液混合后制得。但是，有些复盐的制备不能按组成之比混合而成，如氯化铜钾 $CuCl_2 \cdot 2KCl \cdot 2H_2O$，若按 $CuCl_2 : KCl = 1:2$ 混合，将有 KCl 晶体一起析出。根据 $CuCl_2$-KCl-H_2O 三组分体系的相图（附注 1），必须有适当过量的 $CuCl_2$ 存在，才能析出纯的复盐。

本实验采用 $CuCl_2$ 与 KCl 溶液以物质的量 1∶1.6 的比例混合，可得到氯化铜钾复盐 $CuCl_2 \cdot 2KCl \cdot 2H_2O$。

氯化铜钾为蓝绿色晶体，溶于水，不溶于乙醇，受热易脱水分解。

实验用品

氯化铜（由实验七制备所得）　　氯化钾
乙醇（95%）

实验内容

在 100 mL 烧杯中，加入 $CuCl_2 \cdot 2H_2O$ 4.5 g 和 KCl 3.2 g，再加水 15 mL，加热溶解。将溶液转移至蒸发皿中，于 60℃ 水浴上蒸发浓缩。待液面开始有晶体出现，停止加热，逐渐冷却结晶。减压过滤，晶体用 95% 乙醇 1 mL 洗涤 2 次，抽气干燥，称量，计算产率。

附注

$CuCl_2$-KCl-H_2O 三组分体系相图简介：

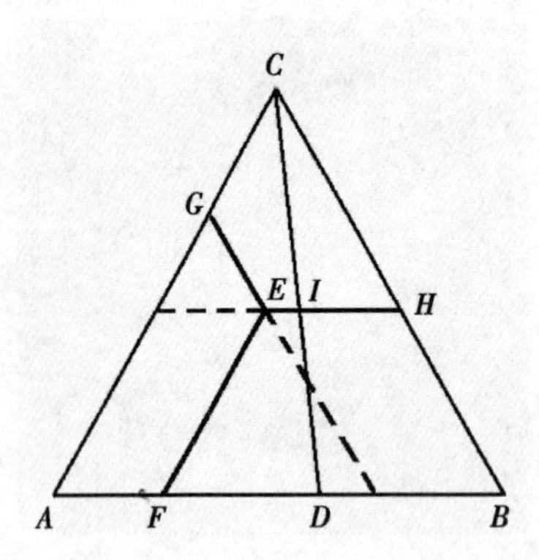

图Ⅱ.8.1　三组分水盐体系相图

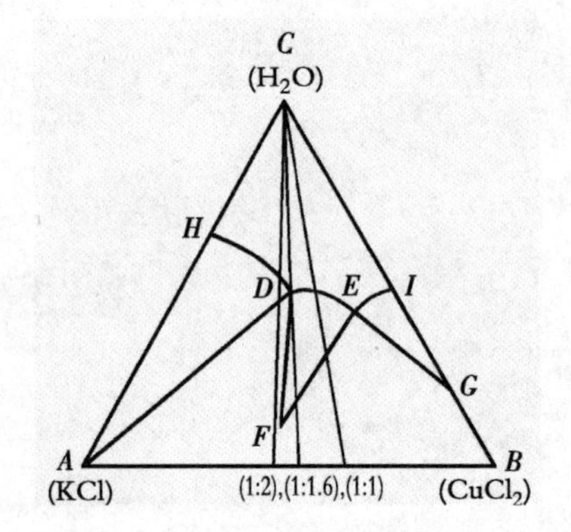

图Ⅱ.8.2　$CuCl_2$ 和 KCl 的水溶液相图

图Ⅱ.8.1是一种用正三角形坐标表示的三组分水盐体系相图。图中 A 和 B 表示两种盐,C 表示水。三角形的三个顶点分别代表三种纯物质,即 $100\%A$、$100\%B$ 和纯水。三角形的三条边分别代表三种不同的二组分体系。如 AB 线上任意一点 D 表示只含 A 和 B 的二组分体系,其中 A、B 的含量(以质量分数表示)之比 $A\%:B\%=DB:DA$(即两线段的长度之比)。D 愈靠近 A,体系中 A 的百分含量愈高;反之,愈靠近 B,则 B 的百分含量愈高。同样,AC 线上任意一点表示由 A 和水组成的二组分体系;BC 线上任意一点表示由 B 和水组成的二组分体系。三角形中任意一点表示体系中三个组分的总量百分组成,例如 E,表示一个三组分体系的组成。确定此体系组成的方法是:经 E 点作平行于三条边的直线,交三条边于 F、G、H 点。如果将三角形的每条边分为一百等分,代表100%,则 $EF+EG+EH=AB=AC=BC=100\%$,$\frac{EF}{CA}=C\%$,$\frac{EH}{AB}=A\%$,$\frac{EG}{BC}=B\%$。

从三角形的任一顶点作直线到对边,线上各点所示的其余二组分的含量比例不变。例如 CD 线上任意一点所对应的体系,其中 A 和 B 的含量之比不变(可由几何学证明)。可是,从 D 到 C,H_2O 的百分含量逐渐增大。由此也可以得知,若从三组分体系中减少某一组分的量,例如将溶液蒸发浓缩时(除去水分),代表该体系的点就向着 C 点的对边移动。图中组分 I 的溶液蒸发浓缩时,体系的组成就从 I 向着 D 移动。

图Ⅱ.8.2是50℃时 $CuCl_2$ 和 KCl 的水溶液相图的示意图。为讨论简便起见,该图忽略了 $CuCl_2\cdot KCl\cdot H_2O$ 盐的生成区域。具体可参见文献 Bull. Soc. China. [5],2,1577~1591(1935)。图中 A、B、C 分别表示纯 KCl、纯 $CuCl_2$ 和水,F 表示 $CuCl_2\cdot 2KCl\cdot 2H_2O$ 复盐,G 表示 $CuCl_2\cdot 2H_2O$,H 表示50℃时纯 KCl 饱和溶液的组成(KCl 的溶解度),I 表示纯 $CuCl_2$ 的饱和溶液组成。在 KCl 饱和溶液中加入 $CuCl_2$,KCl 的溶解度将沿 HD 线向 D 移动,即 HD 是 $CuCl_2$ 存在下的 KCl 溶解度曲线。同样,在 $CuCl_2$ 饱和溶液中加入 KCl,则 $CuCl_2$ 的溶解度将沿 IE 线向 E 移动,亦即 IE 是 KCl 存在下的 $CuCl_2$ 溶解度曲线。组成在 HD 线上的溶液蒸发时析出的晶体是纯 KCl,随着 KCl 固体的析出,饱和溶液的组分向 D 移动(因体系中 KCl 和 $CuCl_2$ 的总量不变);同样,组成为 IE 线上的溶液蒸发时析出的晶体是 $CuCl_2\cdot 2H_2O$,随着 $CuCl_2\cdot 2H_2O$ 固体的析出,饱和溶液的组分向 E 移动。DE 线是 $CuCl_2\cdot 2KCl\cdot 2H_2O$ 的溶解度曲线,只有组成为 DE 线上的溶液蒸发浓缩时,析出的才是 $CuCl_2\cdot 2KCl\cdot 2H_2O$ 复盐。随着 $CuCl_2\cdot 2KCl\cdot 2H_2O$ 晶体的析出,饱和溶液的组成向 E 点移动,这是由于析出的晶体中 KCl 的相对含量比 $CuCl_2$ 多,溶液的组成就向含 $CuCl_2$ 量多的方向移动。多边形 CHDEI 区域相当于含有 $CuCl_2$ 和 KCl 的未饱和溶液。

从上述相图,可以解释为何制备纯的 $CuCl_2\cdot 2KCl\cdot 2H_2O$ 复盐时 $CuCl_2$ 与 KCl 的物质的量配比不能是1:2。如果按 $CuCl_2$ 与 KCl 的物质的量配比为1:2的用量来配制溶液,那么这个溶液就在 CHD 三角形相区内(即在 CF 连线上靠近 C 端的液相区内)。蒸发浓缩时,该溶液的组成就落在 HD 线上,首先析出的将是 KCl,随 KCl 的逐渐析出,溶液的组成向 D 移动,待溶液组成到达 D 点,继续蒸发,这时才会有 $CuCl_2\cdot 2KCl\cdot 2H_2O$ 与 KCl 晶体同时析出。这样得到的 $CuCl_2\cdot 2KCl\cdot 2H_2O$ 产品中就杂有 KCl。要避免 KCl 的析出,必须使溶解后得到的溶液在 CDE 三角形区域内,因为组成相当于这区域内的溶液,当蒸发浓缩时体系的组成才会落在 DE 线上,得到的晶体就是 $CuCl_2\cdot 2KCl\cdot 2H_2O$。可是随着复盐的析出,溶液的组成逐渐向 E 点移动,一旦溶液的组成到达 E 点,那么,这个溶液不仅对 $CuCl_2\cdot$

$2KCl \cdot 2H_2O$是饱和的，而且对$CuCl_2 \cdot 2H_2O$也是饱和的。如果继续蒸发，$CuCl_2 \cdot 2H_2O$也会随之析出，得到的产品也不纯。所以要避免$CuCl_2 \cdot 2H_2O$的析出，必须使原始配制的溶液在蒸发时饱和溶液的组成在*DE*线的靠近*D*的那一端，且蒸发浓缩不能过量。实验中选择$CuCl_2$与KCl的摩尔配比为1∶1.6。

思考题

1. $CuCl_2$与KCl的混合液在较高温度下蒸发浓缩会出现什么现象？其产物是什么？
2. $CuCl_2 \cdot 2KCl \cdot 2H_2O$晶体是否可以在纯水中进行复结晶？它的复结晶条件是什么？

实验九 配位化合物的制备

Ⅰ. 三氯化三乙二胺合钴(Ⅲ)配合物

由中心离子(或原子)与配体按一定组成和空间构型以配位键结合所形成的化合物称为配位化合物(又称络合物)。配体可分为单齿配体和多齿配体,而由多齿配体和中心原子(或离子)配位形成的配位化合物称为螯合物。

乙二胺 $H_2N—CH_2—CH_2—NH_2$ 可简写成 en,它通过两个氮原子与金属离子配位,生成稳定的五元环螯合物。具有多元环的螯合物比简单配合物稳定。

通常二价钴盐比三价钴盐稳定,但在配合物中,钴(Ⅲ)又比钴(Ⅱ)稳定,因此氧化剂 H_2O_2 甚至空气中的氧都可以将钴(Ⅱ)配合物氧化成钴(Ⅲ)配合物。

本实验即以 $CoCl_2\cdot 6H_2O$、乙二胺(en)、H_2O,通过空气或 H_2O_2 氧化钴(Ⅱ)来制得三氯化三乙二胺合钴(Ⅲ)

$$2CoCl_2+6en+H_2O_2+2HCl \equiv 2[Co(en)_3]Cl_3+2H_2O$$

$[Co(en)_3]Cl_3$ 为橙黄色针状结晶,在水中易溶,但不溶于一般的有机溶剂如乙醇、乙醚,该螯合物在 200℃时仍能稳定存在。

实验用品

盐酸	HCl(2 mol·L^{-1})
乙二胺(30%)	$CoCl_2\cdot 6H_2O$
H_2O_2(30%)	乙醇(95%)
磁力搅拌器	

实验内容

称取 30%乙二胺溶液 30 g,加入 2 mol·L^{-1} HCl 溶液 9 mL,生成乙二胺盐酸溶液,备用。

在 150 mL 烧杯中加入 $CoCl_2\cdot 6H_2O$ 12 g,加 30 mL 水溶解。置于磁力搅拌器上搅拌,缓慢地加入乙二胺盐酸溶液,冷却至 0℃左右,再缓慢滴加 30% H_2O_2 溶液 12 mL。加热溶液至 60～70℃,保持 20 min。然后将溶液转入蒸发皿,于蒸汽浴上蒸发浓缩。当溶液表面有少量晶体出现时(溶液体积约 15 mL),停止加热,稍冷后加入浓盐酸 8 mL 和乙醇 20 mL,置于冰水浴冷却,使晶体析出。减压过滤,以乙醇洗涤晶体至洗涤液呈无色,抽气干燥。晶体置于烘箱中在 100℃下烘干,称量,计算产率。

Ⅱ. 二草酸根合锌酸钾

硫酸锌和草酸反应生成难溶的草酸锌沉淀 $ZnC_2O_4 \cdot 2H_2O$。草酸锌在加热情况下溶于草酸钾溶液生成$[Zn(C_2O_4)_2]^{2-}$,溶液冷却后析出无色结晶 $K_2[Zn(C_2O_4)_2] \cdot 5H_2O$。

实验用品

硫酸锌($ZnSO_4 \cdot 7H_2O$)　　草酸($H_2C_2O_4 \cdot 2H_2O$)
草酸钾($K_2C_2O_4 \cdot 2H_2O$)

实验内容

取 $ZnSO_4 \cdot 7H_2O$ 15 g,加 40 mL 水溶解。另取 $H_2C_2O_4 \cdot 2H_2O$ 6.6 g,加 50 mL 水,加热溶解。在不断搅拌下,将 $ZnSO_4$ 溶液缓缓加至热的 $H_2C_2O_4$ 溶液中,并继续加热数分钟。静置,待沉淀沉降后,趁热将上层清液减压过滤,沉淀留在烧杯内。再用约 40 mL 水,分 3～4 次洗涤沉淀。倾滗过滤上层清液,最后将沉淀全部转移至布氏漏斗内,抽气干燥。

取 $K_2C_2O_4 \cdot 2H_2O$ 固体 9.5 g 于 50 mL 水中加热溶解。维持小火加热,将草酸锌沉淀分批加入至草酸钾溶液中,同时不断搅拌。继续加热 10 min,适当补充少量水以维持溶液原有的体积。趁热减压过滤,除去不溶的草酸锌。滤液若因冷却而变混浊,温热溶解,再缓慢冷却。充分搅拌后放置过夜。将析出的晶体减压过滤,干燥,称量,计算产率。

思考题

1. $[Co(NH_3)_6]^{3+}$与$[Co(en)_6]^{3+}$比较,哪个稳定? 为什么?
2. 在制备三氯化三乙二胺合钴(Ⅲ)配合物过程中,滴加 H_2O_2 溶液后需要在水浴上加热 15～20 min,为什么? 能否加热至沸?
3. 三氯化三乙二胺合钴(Ⅲ)晶体析出时需加入适量的浓盐酸,为什么?

实验十 酸式磷酸盐和焦磷酸盐的制备

磷酸是三元酸，其 $Ka_1=6.9\times10^{-3}$，$Ka_2=6.2\times10^{-8}$，$Ka_3=4.8\times10^{-13}$。当它的一个氢离子或两个氢离子被碳酸钠或氢氧化钠中和时，分别得到两种酸式盐——磷酸二氢钠和磷酸氢二钠。它们的水合物($NaH_2PO_4\cdot2H_2O$ 和 $Na_2HPO_4\cdot12H_2O$)都是无色的菱形结晶，易溶于水，难溶于乙醇。

$NaH_2PO_4\cdot2H_2O$ 的熔点为 57.4℃，100℃时脱水，200℃时分解，生成焦磷酸二氢钠 $Na_2H_2P_2O_7$。$Na_2HPO_4\cdot12H_2O$ 在空气中迅速风化，失去部分结晶水，其熔点为 38℃，40℃时完全溶解于自身的结晶水中。100℃时脱水，250℃时分解，生成无色单斜晶体焦磷酸钠 $Na_4P_2O_7$。后者的熔点为 988℃，易溶于水，在水溶液中制得的是水合晶体 $Na_4P_2O_7\cdot10H_2O$。$Na_4P_2O_7$ 的水溶液呈碱性，遇酸分解，若将其水溶液加酸煮沸，即生成酸式磷酸盐。

磷酸盐(包括 NaH_2PO_4、Na_2HPO_4 和 Na_3PO_4)溶液与 $AgNO_3$ 反应均生成黄色的 Ag_3PO_4 沉淀，而焦磷酸盐生成白色的 $Ag_4P_2O_7$ 沉淀。

实验用品

磷酸	$NaOH(6\ mol\cdot L^{-1})$
无水碳酸钠	$AgNO_3(0.1\ mol\cdot L^{-1})$
乙醇(95%)	pH 试纸(广范，精密)

实验内容

1. $NaH_2PO_4\cdot2H_2O$ 的制备

取磷酸 10 mL，加 80 mL 水，搅拌均匀。缓慢地加入无水 Na_2CO_3 约 9 g，调节溶液酸度至 pH 4.2～4.6(先用广范 pH 试纸，再用精密 pH 试纸测试)。将溶液转移至蒸发皿中，于水浴上蒸发浓缩至表面有较厚的晶膜生成，停止加热，稍冷后置于冰水浴中冷却，减压过滤。晶体用少量 95%乙醇洗涤 2～3 次，每次约用 3～5 mL。抽气干燥，称量。母液保留。

取少量晶体溶于水，用精密 pH 试纸测定溶液 pH。

2. $Na_2HPO_4\cdot12H_2O$ 的制备

取磷酸 5 mL，加 50 mL 水，搅拌均匀。以 $6\ mol\cdot L^{-1}$ NaOH 溶液约 20 mL 调节溶液 pH，当升至 pH 7～8 时，改用稀的 NaOH 溶液(自配)，直至溶液 pH 为 9.2。将溶液转入蒸发皿，于水浴上蒸发浓缩至表面有少量晶体析出，停止加热，冷却至室温，不时搅拌，以防止晶体结块。减压过滤，用少量 95%乙醇润洗晶体 2～3 次，抽气干燥，称量。母液保留。

取少量晶体溶于水，测定溶液 pH。

3. $Na_4P_2O_7$ 的制备

取步骤 1 的母液，加入适量水，以 NaOH 溶液(先浓后稀)调节至 pH 9.2。然后将该溶液与步骤 2 的母液合并，置于蒸发皿中，小火加热蒸发。当蒸发至近干时，边蒸发边充分搅拌，防止溶液和固体溅失。溶液蒸干后，将蒸发皿移至泥三角上，大火直接灼烧0.5～1 h。

为检验 Na_2HPO_4 是否已完全转化为 $Na_4P_2O_7$，可挑取少量固体溶于水，加入 $AgNO_3$ 溶液，观察生成沉淀的颜色。若沉淀呈黄色或浅黄色，说明尚未转化完全，还需继续灼烧。待转化完全后，停止加热，冷却，取出固体，称量。

取少量固体溶于水，测定溶液 pH。

4. $Na_4P_2O_7 \cdot 10H_2O$ 的制备

将步骤 3 制得的 $Na_4P_2O_7$ 溶于 3～5 倍量的 60～80℃热水中，充分搅拌使溶解，若有不溶物，可过滤除去。冷至室温后，置于冰水浴中，得到有光泽的无色晶体，减压过滤，称量。

思考题

1. 一瓶无色晶体，可能是 $NaHPO_4$、Na_2HPO_4、Na_3PO_4 或 $Na_4P_2O_7$，如何鉴定？
2. 取步骤 1 的母液，不经调节 pH，能直接制得无水焦磷酸钠吗？

实验十一 重铬酸钾的制备

在熔融的强碱性介质中,三氧化二铬可以被氧化成铬酸盐,反应式为

$$2Cr_2O_3 + 4K_2CO_3 + 3O_2 = 4K_2CrO_4 + 4CO_2 \uparrow$$

或

$$2Cr_2O_3 + 8KOH + 3O_2 = 4K_2CrO_4 + 4H_2O$$

熔块用水浸取,过滤,可得到黄色的铬酸钾溶液。酸化后,即有橙红色的重铬酸钾晶体析出。

$$2K_2CrO_4 + 2H^+ = K_2Cr_2O_7 + 2K^+ + H_2O$$

铬酸与重铬酸之间的转化依赖于溶液的酸碱性,加酸,上述反应正向进行;加碱,反应则逆向进行,即

$$2CrO_4^{2-} + 2H^+ = Cr_2O_7^{2-} + H_2O$$

$$Cr_2O_7^{2-} + 2OH^- = 2CrO_4^{2-} + H_2O$$

常温时 $K_2Cr_2O_7$ 在水中的溶解度比 K_2CrO_4 小(附注 1),钠盐相反,因此重铬酸盐常制成 $K_2Cr_2O_7$ 储存。$K_2Cr_2O_7$ 为橙红色晶体,溶于水中呈橙色,溶液显微酸性,煮沸时溶液变成深红色。$K_2Cr_2O_7$ 加热时,在 395℃熔化为深橙色的液体,不分解,但若含有还原性的杂质,则易被还原成为绿色的 Cr_2O_3。

重铬酸钾是很强的氧化剂,在酸性溶液中能氧化许多物质(如 Fe^{2+}、I^-、SO_3^{2-} 等)。由于它易于纯化,组成恒定,不吸潮,因此在分析化学中,常作为氧化还原滴定的基准物质。5% $K_2Cr_2O_7$ 浓硫酸溶液可用作化学实验室中的洗涤液。

本实验以硝酸钾为氧化剂氧化三氧化二铬生成铬酸钾,比用空气中的氧气氧化速度快。氢氧化钾和碳酸钾作为碱性熔融介质,氢氧化钾还可以降低熔融温度。反应式如下:

$$Cr_2O_3 + 3KNO_3 + 2K_2CO_3 = 2K_2CrO_4 + 3KNO_2 + 2CO_2 \uparrow$$

$$2KOH + CO_2 = K_2CO_3 + H_2O$$

随后酸化剂得重铬酸钾。在酸性介质中,与铬酸钾共存的还原产物亚硝酸钾会还原重铬酸钾,酸度愈高愈有利于该还原反应,因此酸化时宜采用酸性较弱的醋酸。

实验用品

氢氧化钾　　碳酸钾
三氧化二铬　　硝酸钾
冰醋酸　　铁坩埚(30 mL)
铁棒

实验内容

称取 K_2CO_3 和 KOH 各 5 g,置于 30 mL 铁坩埚中,小火加热(附注 2)。待水分全部除去后,即得到透明的熔融液体。

分别称取 Cr_2O_3 3.5 g 和 KNO_3 5 g,研细后在表面皿上混合均匀。将此混合物分批(约

7～8次)加至K_2CO_3和KOH的熔融液体中,用铁棒搅拌,并加大火焰,使混合物维持熔融状态。待全部加完后,大火灼烧,并不断搅拌,直至熔融物热时呈红色、冷时呈黄色(取出铁棒,观察粘在铁棒上的熔块的颜色),此时铬已被氧化完全,停止加热。冷却后,将坩埚与熔块一起置于盛有50 mL水的烧杯中,加热并搅拌。待铬酸钾全部浸出后,再加热5 min,冷却,过滤。

将滤液转移至蒸发皿,在石棉网上以小火加热蒸发。蒸发过程中逐滴滴入冰醋酸酸化,同时不断搅拌。此时有大量气体放出,溶液转变成橙红色。当溶液表面有晶体析出时,停止蒸发,冷却后减压过滤,用少量水润洗2次,抽气干燥。将晶体置于红外灯下烘干,称量,计算产率。

附注

1. $K_2Cr_2O_7$与K_2CrO_4的溶解度/g·(100 g水)$^{-1}$

t/℃	K_2CrO_4	$K_2Cr_2O_7$	t/℃	K_2CrO_4	$K_2Cr_2O_7$
0	26.7	4.43	50		25.9
10	37.9	7.5	60	42	31.2
20	38.6	11.1	80	42.9	41.1
30		15.4	90		45.2
40	40.1	20.6	100	44.2	50.2

2. 由于固体中含有水分,加热开始时会发生迸溅,因此操作要格外小心。务必戴好防护眼镜。

3. 由于六价铬的毒性及对环境的严重污染,本实验应特别注意废液、废渣的回收处理。实验应在通风橱中进行。

思考题

1. KOH及KNO_3在制备重铬酸钾的过程中各起什么作用?

2. 如何计算本实验中酸化用的醋酸量?(若已知冰醋酸的百分含量为100%,比重为1.05。)

3. 已知20℃时KAc的溶解度为253 g,问在$K_2Cr_2O_7$结晶时是否有KAc析出?(不考虑HAc、KNO_2和$K_2Cr_2O_7$的存在对溶解度的影响。)

实验十二 高锰酸钾的制备

软锰矿的主要组分为二氧化锰。在熔融的碱性介质中,二氧化锰可以被氧气氧化成锰酸盐

$$2MnO_2+O_2+4KOH = 2K_2MnO_4+2H_2O$$

如果使用氧化剂,如 $KClO_3$,则氧化速度将加快。

$$3MnO_2+KClO_3+6KOH = 3K_2MnO_4+3H_2O+KCl$$

产物用水浸取,过滤,即得深绿色的锰酸钾溶液,溶液呈强碱性。在酸性、中性甚至弱碱性介质中,锰酸钾能发生自身氧化还原反应,生成高锰酸钾和二氧化锰(一般可采用 HAc 中和)

$$3K_2MnO_4+2H_2O = 2KMnO_4+MnO_2+4KOH$$

或通入 CO_2

$$3K_2MnO_4+2CO_2 = 2KMnO_4+MnO_2+2K_2CO_3$$

此方法虽简便,但在理想状态下也只能使 2/3 的 K_2MnO_4 转化为 $KMnO_4$,产率较低。

为了提高 K_2MnO_4 的转化率,可以采用电解法制备 $KMnO_4$。

阳极反应 $MnO_4^{2-}-e = MnO_4^-$

阴极反应 $H_2O+e = \frac{1}{2}H_2\uparrow + OH^-$

总反应 $K_2MnO_4+H_2O = KMnO_4+KOH+\frac{1}{2}H_2\uparrow$

本实验以 $KClO_3$ 为氧化剂,KOH 为碱性介质,在加热熔融条件下,用软锰矿制备 K_2MnO_4,再电解 K_2MnO_4 溶液制得高锰酸钾。

实验用品

氢氧化钾　　氯酸钾
软锰矿　　铁坩埚(30 mL)
铁棒　　尼龙滤布
电解装置

实验内容

1. K_2MnO_4 的制备

称取 KOH 8 g 和 $KClO_3$ 4 g 于 30 mL 铁坩埚中,小火加热,同时用铁棒缓慢搅拌,使混合物熔融(附注 1)。分批加入软锰矿 5 g,每次加入时都必须尽力搅拌(附注 2)。加完后,熔体的粘度会逐渐增加,应继续搅拌,以防结块。待反应物干涸,再用强火加热 5~10 min,其间仍应不断搅拌,使反应完全,避免在坩埚壁上结块。冷却,用铁棒铲下附在坩埚壁上的产物并压碎,或转入研钵研细,以利于 K_2MnO_4 浸出。

将产物转入 250 mL 烧杯,在铁坩埚中加入 15 mL 水,加热浸洗,浸洗液也转入烧杯。重

复浸洗数次，洗尽坩埚中的产物。最后在烧杯中加水至 100 mL，加热搅拌使产物溶解，趁热在铺有尼龙布(附注 3)的布氏漏斗上减压过滤，除去不溶残渣，得到 K_2MnO_4 滤液，即为用于制备 $KMnO_4$ 的电解液。

2. $KMnO_4$ 的制备

将电解液转移至 150 mL 烧杯中，插入两片光亮镍片作为阳极，面积约为 60 cm^2。阴极为三根直径为 2 mm 的粗铁丝，面积约为阳极的 1/10。阴阳极之间距离约为 0.5 cm(装置见图Ⅱ.12.1)。

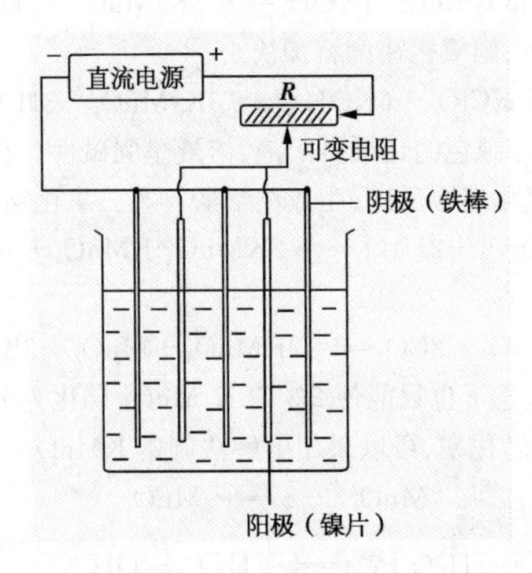

图Ⅱ.12.1 K_2MnO_4 的电解示意图

加热电解液至 60℃。在两电极间通以直流电，电解电压控制在 2.5 V 左右，电流约为 0.8 A。此时阳极电流密度为 15 $mA\cdot cm^{-2}$，阴极电流密度为 150 $mA\cdot cm^{-2}$。

电解开始后，在阴极上有氢气泡冒出，溶液逐渐由绿色转变成紫红色，阳极上析出 $KMnO_4$ 并有晶体逐渐沉积在烧杯底部。电解时间约为 2～2.5 h(时间长短与电解时的电流密度有关)。停止电解，取出电极，将电解液置于冰水浴中冷却，使 $KMnO_4$ 充分析出。用铺有尼龙布的布氏漏斗减压过滤，产物自然晾干或于烘箱中烘干(控制温度 80℃以下，产品中切勿混入纸屑等有机物，以免发生危险)，称量，计算产率。

附注

1. 由于固体中含有少量水分，加热时容易迸溅，应多加搅拌，并注意戴好防护眼镜。

2. 加入软锰矿时，如果反应剧烈以致熔体要溢出坩埚时，应速将火源移开。

3. 强碱性物质过滤时不能用滤纸、砂芯漏斗，可用耐碱性的尼龙布、涤纶布或石棉纤维等。

思考题

1. 本实验使用的是铁坩埚，而不用瓷坩埚，为什么？

2. 如需将制得的 $KMnO_4$ 重结晶提纯，根据你的产品重量，计算重结晶所需的水量，写出实验步骤。

实验十三　配位化合物的性质

由中心离子(或原子)与配体按一定组成和空间构型以配位键结合所形成的化合物称为配位化合物(简称配合物),也称为络合物。配体分成单齿和多齿两大类,而由多齿配体形成的配位化合物称为螯合物。

配合反应是分步进行的可逆反应,每一步反应都存在着配位平衡。配合物的稳定性可由各级稳定常数 $K_{稳}$ 表示,多级配位反应还可用累积常数 β_n 表示,例如:

$$Cu^{2+} + NH_3 = [Cu(NH_3)]^{2+} \qquad K_{稳,1} = \frac{[Cu(NH_3)^{2+}]}{[Cu^{2+}][NH_3]}$$

$$[Cu(NH_3)]^{2+} + NH_3 = [Cu(NH_3)_2]^{2+} \qquad K_{稳,2} = \frac{[Cu(NH_3)_2^{2+}]}{[Cu(NH_3)^{2+}][NH_3]}$$

$$[Cu(NH_3)_2]^{2+} + NH_3 = [Cu(NH_3)_3]^{2+} \qquad K_{稳,3} = \frac{[Cu(NH_3)_3^{2+}]}{[Cu(NH_3)_2^{2+}][NH_3]}$$

$$[Cu(NH_3)_3]^{2+} + NH_3 = [Cu(NH_3)_4]^{2+} \qquad K_{稳,4} = \frac{[Cu(NH_3)_4^{2+}]}{[Cu(NH_3)_3^{2+}][NH_3]}$$

$$\beta_4 = K_{稳,1} \cdot K_{稳,2} \cdot K_{稳,3} \cdot K_{稳,4} = \frac{[Cu(NH_3)_4]^{2+}}{[Cu^{2+}][NH_3]^4}$$

对于同种类型的配合物而言,$K_{稳}$ 值越大,配合物越稳定。

金属离子在形成配离子后,其一系列性质如颜色、溶解度、氧化还原性都会发生改变。利用配合物的生成及其性质的改变,不仅可以鉴定某些金属离子,还能选择性地掩蔽反应中的某些离子,消除干扰,在化合物制备、提纯和分析等方面都有重要的作用。

实验用品

$HCl(2\ mol \cdot L^{-1})$	$H_2SO_4(1\ mol \cdot L^{-1})$
$NaOH(2\ mol \cdot L^{-1})$	$Na_2CO_3(0.1\ mol \cdot L^{-1})$
$CuSO_4 \cdot 5H_2O$	氨水(浓, $6\ mol \cdot L^{-1}$, $2\ mol \cdot L^{-1}$, $0.5\ mol \cdot L^{-1}$)
$CuSO_4(0.1\ mol \cdot L^{-1})$	$BaCl_2(0.1\ mol \cdot L^{-1})$
$Na_2S(0.1\ mol \cdot L^{-1})$	$FeCl_3(0.1\ mol \cdot L^{-1})$
$K_3[Fe(CN)_6](0.1\ mol \cdot L^{-1})$	$KSCN(0.1\ mol \cdot L^{-1})$
$FeSO_4(0.1\ mol \cdot L^{-1})$	$K_4[Fe(CN)_6](0.1\ mol \cdot L^{-1})$
$FeNH_4(SO_4)_2(0.1\ mol \cdot L^{-1})$	$CaCl_2(0.1\ mol \cdot L^{-1})$
EDTA 二钠盐($0.1\ mol \cdot L^{-1}$)	$AgNO_3(0.1\ mol \cdot L^{-1})$
$NaCl(0.1\ mol \cdot L^{-1})$	$KBr(0.1\ mol \cdot L^{-1})$
$Na_2S_2O_3(0.1\ mol \cdot L^{-1})$	$KI(0.1\ mol \cdot L^{-1})$
NaF(饱和溶液)	$NiSO_4(0.1\ mol \cdot L^{-1})$
$CoCl_2(0.1\ mol \cdot L^{-1}, 1.0\ mol \cdot L^{-1})$	$NH_4SCN(25\%)$
$CrCl_3(0.1\ mol \cdot L^{-1})$	乙醇(95%)

CCl_4　　丁二酮肟(1%乙醇溶液)
邻菲罗啉(0.25%)　　丙酮
酚酞指示剂(0.1%乙醇溶液)

实验内容

1. 配合物的生成及其组成

(1) 配合物的生成

称取 1 g $CuSO_4 \cdot 5H_2O$ 于小烧杯中,加 5 mL 水溶解,逐滴加入浓氨水 2.5 mL,混匀。再加入 95%乙醇 5 mL,搅拌混匀。静置 2~3 min,减压过滤,用少量乙醇润洗晶体 1~2 次,抽气干燥,记录其外观。

(2) 配合物的组成

取 2 支试管,各加入 0.1 $mol \cdot L^{-1}$ $CuSO_4$ 溶液数滴,再分别加入 0.1 $mol \cdot L^{-1}$ $BaCl_2$ 和 0.1 $mol \cdot L^{-1}$ Na_2CO_3 溶液数滴,观察现象。

另取 2 支试管,各加入少量产品,加少量水溶解,分别加入 0.1 $mol \cdot L^{-1}$ $BaCl_2$ 和 0.1 $mol \cdot L^{-1}$ Na_2CO_3 溶液数滴,观察现象。

通过以上实验现象的比较,分析该配合物的内界和外界组成。

2. 配合物的解离平衡

(1) 取少量$[Cu(NH_3)_4]SO_4$ 产品,加水溶解,观察溶液颜色,继续加水又有何变化?

(2) 取少量$[Cu(NH_3)_4]SO_4$ 产品,加水溶解,逐滴加入 1 $mol \cdot L^{-1}$ H_2SO_4 溶液至过量,观察现象。

(3) 取少量$[Cu(NH_3)_4]SO_4$ 产品,加水溶解,加入 0.1 $mol \cdot L^{-1}$ Na_2S 溶液,观察现象。

解释以上实验现象。

3. 配离子与简单离子性质的比较

(1) 取 2 支小试管,分别滴加 0.1 $mol \cdot L^{-1}$ $FeCl_3$ 溶液和 0.1 $mol \cdot L^{-1}$ $K_3[Fe(CN)_6]$溶液 3 滴,然后各加入 0.1 $mol \cdot L^{-1}$ KSCN 溶液 1 滴,观察并解释现象。

(2) 取 2 支小试管分别加入 0.1 $mol \cdot L^{-1}$ $FeSO_4$ 溶液和 0.1 $mol \cdot L^{-1}$ $K_4[Fe(CN)_6]$溶液 3 滴,然后各加入 0.1 $mol \cdot L^{-1}$ Na_2S 溶液 2 滴,观察是否都有 FeS 沉淀生成?为什么?

(3) 设计一个实验,证明铁氰化钾是配合物,而硫酸铁铵是复盐。

4. 配位平衡与酸碱平衡

(1) 形成配合物时溶液 pH 的变化

于 2 支试管中分别加入 0.1 $mol \cdot L^{-1}$ $CaCl_2$ 溶液和 EDTA 二钠盐溶液 1 mL,各加入酚酞指示剂 1 滴,然后分别用稀氨水调至溶液呈浅红色,将两溶液混合,观察现象。写出反应式并解释之。

(2) 溶液 pH 对配合平衡的影响

取 2 支试管,各加入 0.1 $mol \cdot L^{-1}$ $FeCl_3$ 溶液 2 滴,再加入 KSCN 溶液 1 滴,然后分别加入 2 $mol \cdot L^{-1}$的 HCl 溶液和 NaOH 溶液,观察现象。比较$[Fe(SCN)_6]^{3-}$分别在酸性或碱性溶液中的稳定性。

5. 配位平衡和沉淀平衡

在离心试管中加入 0.1 $mol \cdot L^{-1}$ $AgNO_3$ 溶液和 0.1 $mol \cdot L^{-1}$ NaCl 溶液各 2 滴,离心后

弃去上层清液，然后加入 6 mol·L^{-1} 氨水至沉淀刚好溶解。

向上述溶液中加入 0.1 mol·L^{-1} NaCl 溶液 1 滴，观察是否有白色沉淀生成。再加入 0.1 mol·L^{-1} KBr 溶液 1 滴，观察沉淀颜色。继续加入 KBr 溶液，至不再产生沉淀为止，离心后弃去上层清液，向沉淀中加入 0.1 mol·L^{-1} $Na_2S_2O_3$ 溶液至沉淀刚好溶解。

向上述溶液中加入 0.1 mol·L^{-1} KBr 溶液 1 滴，观察有无 AgBr 沉淀生成。再加入 0.1 mol·L^{-1} KI 溶液 1 滴，观察有无 AgI 沉淀生成。

根据上述实验现象，讨论沉淀平衡与配合平衡的关系，并比较 AgCl、AgBr、AgI 的 K_{sp} 大小及 $[Ag(NH_3)_2]^+$、$[Ag(S_2O_3)_2]^{3-}$ 两种配合离子稳定性的相对大小。

6. 配位平衡与氧化还原平衡

取 2 支试管，各加入 0.1 mol·L^{-1} $FeCl_3$ 溶液 3 滴，向其中一支试管滴加 NaF 饱和溶液至溶液无色，向另一支试管中加入相同滴数的水，混匀后，各加入 0.1 mol·L^{-1} KI 溶液2～3 滴，观察实验现象。

再向试管中各加入 CCl_4 数滴，振荡后，观察 CCl_4 层的颜色是否有区别，并解释之。

7. 螯合物的生成和应用

(1) 在试管中加入 0.1 mol·L^{-1} $NiSO_4$ 溶液 2 滴，再加入 2 mol·L^{-1} 氨水 1～2 滴和丁二酮肟溶液 1 滴，观察现象。

此法是检验 Ni^{2+} 的灵敏反应，反应式如下：

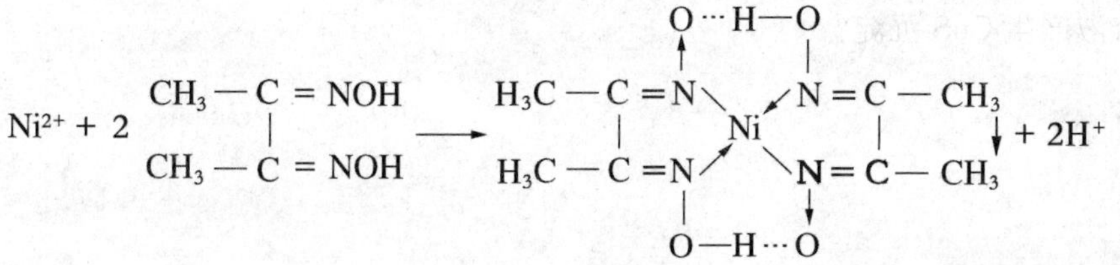

$$Ni^{2+} + 2\begin{matrix} CH_3-C=NOH \\ | \\ CH_3-C=NOH \end{matrix} \longrightarrow \begin{matrix} O\cdots H-O \\ \uparrow \qquad | \\ H_3C-C=N \quad N=C-CH_3 \\ | \qquad Ni \qquad | \\ H_3C-C=N \quad N=C-CH_3 \\ | \qquad \downarrow \\ O-H\cdots O \end{matrix} + 2H^+$$

(2) 在点滴板上滴加 0.1 mol·L^{-1} $FeSO_4$ 溶液和 0.25％邻菲罗啉溶液各 1 滴，观察现象。

此反应可作为 Fe^{2+} 离子的鉴定反应。反应式如下：

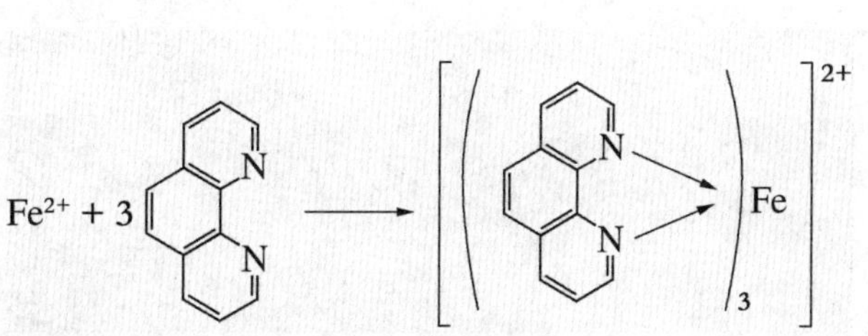

$$Fe^{2+} + 3\,(\text{phen}) \longrightarrow [Fe(\text{phen})_3]^{2+}$$

8. 配合物的掩蔽作用

在试管中加入 0.1 mol·L^{-1} $CoCl_2$ 溶液和 25％NH_4SCN 溶液各 2 滴，再加入等体积的丙酮(附注)，观察实验现象。

此反应也是检验 Co^{2+} 离子的灵敏反应，但少量 Fe^{3+} 离子的存在会干扰反应。

设计一个简单实验，在 Fe^{3+} 离子存在的情况下检验溶液中的 Co^{2+} 离子。

9. 配合物的水合异构现象

(1) 在试管中加入 0.1 mol·L^{-1}蓝色 $CrCl_3$ 溶液 0.5 mL，加热试管，观察溶液颜色的变

化,然后将溶液冷却,观察现象。反应式如下:

$$[Cr(H_2O)_6]^{3+}+2Cl^- \xlongequal{\triangle} [Cr(H_2O)_4Cl_2]^+ +2H_2O$$

(2) 在试管中加入 1.0 $mol \cdot L^{-1}$ $CoCl_2$ 粉红色溶液 0.5 mL 及 2 $mol \cdot L^{-1}$ HCl 溶液 3 滴,加热,然后冷却,观察现象。反应式如下:

$$[Co(H_2O)_6]^{2+}+4Cl^- \xlongequal{\triangle} [Co(H_2O)_2Cl_4]^{2-}+4H_2O$$

附注

该反应为

$$Co^{2+}+4SCN^- = [Co(SCN)_4]^{2-}$$

生成的蓝色配离子并不稳定,易返回为粉红色 Co^{2+}。若加入丙酮或醇-醚混合液,配离子将变得更为稳定,提高本方法检测 Co^{2+} 的灵敏度。

思考题

1. 影响配合物稳定性的主要因素有哪些?
2. 为什么有些类型的配合物在形成过程中会引起溶液 pH 的变化?
3. 用丁二酮肟鉴定 Ni^{2+} 离子时,溶液酸度过高或过低对鉴定反应有何影响?
4. 为什么硫化钠溶液不能使亚铁氰化钾溶液产生 FeS 沉淀,但却能使 $[Cu(NH_3)_4]^{2+}$ 配合物溶液产生 CuS 沉淀?

实验十四 氧化还原反应

氧化还原反应是一类以电子转移或电子对的偏移为特征的化学反应。这类反应的通式可表示为

$$Ox_1 + Red_2 \longlongequal Red_1 + Ox_2$$

式中 Ox_1、Red_1 分别表示作为氧化剂的物质 1 的氧化态和还原态，Ox_2、Red_2 分别表示作为还原剂的物质 2 的氧化态和还原态。

如果将反应设计成一个原电池，原电池的两个电极分别为电对 Ox_1/Red_1 和电对 Ox_2/Red_2，它们的电极电位(一般以还原电位表示)的相对高低决定了氧化还原反应的方向。电极电位越高(正)，电对中氧化态的氧化能力越强；电极电位越低(负)，电对中还原态的还原能力越强。只有电极电位高的氧化态物质和电极电位低的还原态物质之间才能自发地进行氧化还原反应。

通常在文献中查到的是标准电极电位。在一定浓度条件下，如果两电极的标准电位相差较大(大于 0.2 V)，仅仅根据标准电极电位就可以大致判断氧化还原反应的方向。如果两电极的标准电极电位比较接近，则必须按照 Nernst 方程式推算它们在实际浓度条件下的电位，然后作出判断。有些氧化还原反应从标准电极电位看来，似乎是不能进行的，但由于体系条件的改变，如形成了难溶盐沉淀或稳定的络合物，使参与电极反应的相关组分的浓度大大降低，导致反应方向的逆转，或发生其他氧化还原反应。还有些反应由于有 H^+ 或 OH^- 的参与，当介质的酸碱性发生变化时，亦会改变反应方向或反应产物。

某些元素的中间氧化态在一定条件下会发生歧化反应(自身氧化还原反应)。这类反应是否发生，可以从元素电位图(附注)来判断：当中间氧化态作氧化剂时的电位高于作还原剂时的电位(即元素电位图中 $E_{右} > E_{左}$)，歧化反应即能自发进行。

实验用品

HCl(6 mol·L⁻¹) → see list below

- $HCl(6\ mol \cdot L^{-1})$
- $H_2SO_4(3\ mol \cdot L^{-1})$
- $NaOH(40\%, 2\ mol \cdot L^{-1})$
- $KBr(0.1\ mol \cdot L^{-1})$
- $KI(0.1\ mol \cdot L^{-1})$
- 氯水
- $FeSO_4(0.1\ mol \cdot L^{-1})$
- $K_4[Fe(CN)_6](0.1\ mol \cdot L^{-1})$
- 溴水
- $FeCl_3(0.1\ mol \cdot L^{-1})$
- $K_3[Fe(CN)_6](0.1\ mol \cdot L^{-1})$
- 碘水
- $Na_2S_2O_3(0.1\ mol \cdot L^{-1})$
- $(NH_4)_2C_2O_4$(饱和溶液)
- $HAc(6\ mol \cdot L^{-1}, 0.5\ mol \cdot L^{-1}, 0.1\ mol \cdot L^{-1})$
- $KMnO_4(0.1\ mol \cdot L^{-1})$
- $Na_2SO_3(0.1\ mol \cdot L^{-1})$
- $MnSO_4(0.1\ mol \cdot L^{-1})$
- $H_2O_2(3\%)$
- $Na_3AsO_3(0.1\ mol \cdot L^{-1})$
- $Na_3AsO_4(0.1\ mol \cdot L^{-1})$
- $CuSO_4(0.1\ mol \cdot L^{-1})$
- $Co(NO_3)_2(0.1\ mol \cdot L^{-1})$
- $Fe(NO_3)_3(0.1\ mol \cdot L^{-1})$

氢氧化钾	氯酸钾
二氧化锰	CCl_4
乙二胺	淀粉(0.5%)
广范 pH 试纸	离心机

实验内容

1. 氧化剂、还原剂的强弱与电极电位

1) 取2支试管,分别加入 $0.1\,mol\cdot L^{-1}$ KBr 溶液1滴和 $0.1\,mol\cdot L^{-1}$ KI 溶液1滴,加5滴水,再各加入 CCl_4 5滴,然后滴加氯水,边加边振荡试管,观察 CCl_4 层的颜色。

2) 取 $0.1\,mol\cdot L^{-1}$ $FeSO_4$ 溶液1滴于试管中,振荡并加入 $0.1\,mol\cdot L^{-1}$ $K_4[Fe(CN)_6]$ 溶液1滴,观察有无变化。取 $0.1\,mol\cdot L^{-1}$ $FeSO_4$ 溶液1滴于另一试管中,先加入溴水2滴,振荡后再加入 $0.1\,mol\cdot L^{-1}$ $K_4[Fe(CN)_6]$溶液1滴,观察现象并解释之。

3) 取 $0.1\,mol\cdot L^{-1}$ $FeCl_3$ 溶液1滴于试管中,加入 $0.1\,mol\cdot L^{-1}$ $K_3[Fe(CN)_6]$溶液1滴,观察有无变化。取 $0.1\,mol\cdot L^{-1}$ $FeCl_3$ 溶液1滴于另一试管中,加入 $0.1\,mol\cdot L^{-1}$ KI 溶液2滴和 CCl_4 1 mL,振荡后再加入 $0.1\,mol\cdot L^{-1}$ $K_3[Fe(CN)_6]$溶液1滴,观察现象并解释之。

4) 取碘水2滴于试管中,加入 CCl_4 0.5 mL,再逐滴加入 $0.1\,mol\cdot L^{-1}$ $Na_2S_2O_3$ 溶液,边加边振荡,观察 CCl_4 层颜色的变化。

从以上实验结果,比较 Cl_2/Cl^-、Br_2/Br^-、I_2/I^-、Fe^{3+}/Fe^{2+} 和 $S_4O_6^{2-}/S_2O_3^{2-}$ 电对中氧化态的氧化能力强弱,并与它们的标准电极电位次序相对照。

2. 介质的酸碱性对氧化还原反应的影响

(1) 对反应速度的影响

取2支试管,各加入$(NH_4)_2C_2O_4$ 饱和溶液5滴,再分别加入 $6\,mol\cdot L^{-1}$ HAc 溶液和 $3\,mol\cdot L^{-1}$ H_2SO_4溶液5滴,摇匀后,各加入 $0.1\,mol\cdot L^{-1}$ $KMnO_4$ 溶液1滴,观察现象,比较反应速度的快慢,并解释之。

(2) 对反应产物的影响

取3支试管,分别加入 $3\,mol\cdot L^{-1}$ H_2SO_4 溶液、水和40%NaOH 溶液5滴,再各加入 $0.1\,mol\cdot L^{-1}$ $KMnO_4$溶液1滴和 $0.1\,mol\cdot L^{-1}$ Na_2SO_3 溶液数滴,观察现象,并解释之(写出反应式)。

(3) 对反应方向的影响

1) 在离心试管中依次加入 $0.1\,mol\cdot L^{-1}$ $MnSO_4$ 溶液、$2\,mol\cdot L^{-1}$ NaOH 溶液及3% H_2O_2 溶液各2滴,观察沉淀的生成。将沉淀离心分离后,用水洗涤2次。在沉淀上加 $3\,mol\cdot L^{-1}$ H_2SO_4溶液2滴和3%H_2O_2 溶液3~4滴,若沉淀不溶解,则水浴加热。观察现象,并解释之(写出反应式)。H_2O_2 在这两个反应中各起什么作用?

2) 取 $0.1\,mol\cdot L^{-1}$ Na_3AsO_3 溶液4滴于试管中,用 $0.1\,mol\cdot L^{-1}$ HAc 溶液调节酸度至 pH 8~9(用 pH 试纸检验),然后加入碘水2滴。取 $0.1\,mol\cdot L^{-1}$ Na_3AsO_4 溶液3滴于另一试管,加入 $6\,mol\cdot L^{-1}$ HCl 溶液2滴,再加入 $0.1\,mol\cdot L^{-1}$ KI 溶液2滴。观察现象,写出反应式,并用电极电位说明之。

3. 生成沉淀对氧化还原反应的影响

在离心试管中加入 0.1 mol·L^{-1} $CuSO_4$ 溶液 3 滴和 0.1 mol·L^{-1} KI 溶液 6 滴。待生成的沉淀沉降后，吸取上层溶液 1 滴转入另一试管内，稀释，并加入淀粉溶液 1 滴，观察现象。另在留有沉淀的试管内，加入 0.1 mol·L^{-1} $Na_2S_2O_3$ 溶液数滴以还原 I_2，观察沉淀的颜色。写出 $CuSO_4$ 与 KI 的反应式，并用电极电位说明之。

4. 生成配合物对氧化还原反应的影响

1) 取 0.1 mol·L^{-1} $Co(NO_3)_2$ 溶液 5 滴于试管中，加入乙二胺 2 滴；取 $Co(NO_3)_2$ 溶液 5 滴于另一试管，加水 5 滴。然后各加入 3% H_2O_2 溶液 5 滴，观察现象，并解释之。

2) 取 0.1 mol·L^{-1} $Fe(NO_3)_3$ 溶液 5 滴于试管中，加 5 滴饱和$(NH_4)_2C_2O_4$ 溶液；取 $Fe(NO_3)_3$溶液 5 滴于另一试管，加水 5 滴。再各加入 0.1 mol·L^{-1} KI 溶液 5 滴和 CCl_4 0.5 mL。振荡，观察 CCl_4 层的颜色，并解释之。

5. 歧化反应

1) 取碘水 2 滴，加入 2 mol·L^{-1} NaOH 溶液数滴，观察现象，写出反应式(附注 1)。

2) 在干燥的试管内加入少许固体 KOH、$KClO_3$ 和 MnO_2，用小火加热使之熔融。反应片刻后停止加热。待熔块冷却，加 1 mL 水浸取。取出少许该溶液，置于另一试管，用 3 mol·L^{-1} H_2SO_4溶液酸化之，观察溶液颜色的变化，并解释之(附注 2)。

附注

1. 碘在碱性溶液中的元素电位图：

$$IO_3^- \xrightarrow{0.15} IO^- \xrightarrow{0.42} I_2 \xrightarrow{0.535} I^-$$

2. 锰在酸性溶液中的元素电位图：

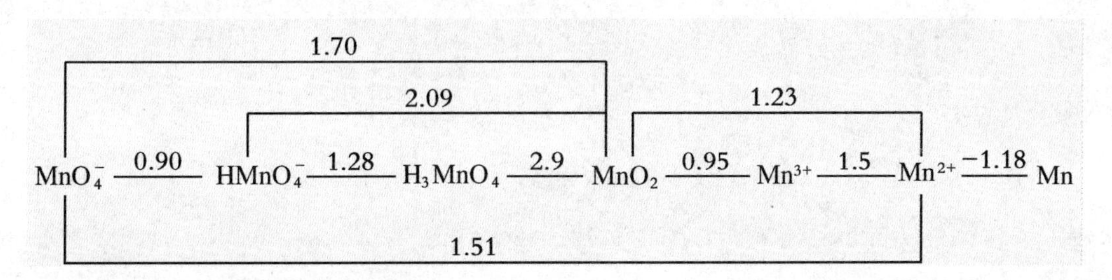

锰在碱性溶液中的元素电位图：

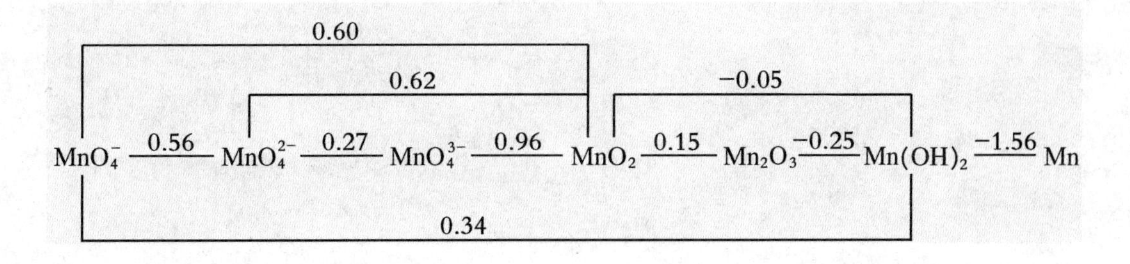

思考题

1. 如何用电极电位比较氧化剂和还原剂的强弱、判断氧化还原反应进行的方向？

2. 电极反应中，若氧化态或者还原态形成难溶沉淀或稳定络合物，将会对电极电位发生什么影响？

3. 以含氧酸作氧化剂时，它的氧化能力与溶液酸度有何关系？

4. 根据锰在酸性溶液中的元素电位图，指出除 MnO_4^{2-} 外，还有哪个中间氧化态能发生歧化反应。

5. 介质的酸碱性对哪些类型的氧化还原反应有影响？

6. H_2O_2 在什么情况下可作氧化剂、什么情况下可作还原剂？具有何种价态的物质才既可以作氧化剂又可以作还原剂？

实验十五 电动势法测定氯化银的活度积

氯化银是一个难溶盐,饱和氯化银溶液中存在如下平衡:

$$AgCl(s) \rightleftharpoons Ag^+(aq) + Cl^-(aq)$$

共活度积常数

$$K_{ap,(AgCl)} = a_{Ag^+} \cdot a_{Cl^-} \tag{Ⅱ-15-1}$$

本实验用电动势法测定氯化银的活度积。设计一个由 Ag^+/Ag 电极和 $AgCl/Ag$ 电极构成的原电池:

$$(-)\ Ag|AgCl(s),\ Cl^-(c_2\ mol\cdot L^{-1})\ \|\ Ag^+(c_1 mol\cdot L^{-1})\ |Ag(+)$$

电池的正极由浓度为 $c_1 mol\cdot L^{-1}$ $AgNO_3$ 溶液和金属银组成;负极由浓度为 $c_2 mol\cdot L^{-1}$ KCl 溶液、AgCl 固体和金属银组成。负极溶液实际上是 AgCl 在 KCl 溶液中的饱和溶液,其中的 Ag^+ 和 Cl^-、AgCl 固体处于平衡状态。

按 Nernst 方程式,在一定温度下,上述电池正、负极的电极电位如下:

正极: $$E_{(+)} = E^{\circ}_{Ag^+/Ag} + \frac{2.303RT}{F}\lg(a_{Ag^+})_1 \tag{Ⅱ-15-2}$$

式中 $(a_{Ag^+})_1$ 为 $AgNO_3$ 溶液中 Ag^+ 的活度(见附注 1),R 为摩尔气体常数,F 为法拉第常数。

负极: $$E_{(-)} = E^{\circ}_{Ag^+/Ag} + \frac{2.303RT}{F}\lg(a_{Ag^+})_2 \tag{Ⅱ-15-3}$$

式中 $(a_{Ag^+})_2$ 为负极溶液中的 Ag^+ 活度。根据(Ⅱ-15-1)式,有

$$(a_{Ag^+})_2 = \frac{K_{ap}}{a_{Cl^-}}$$

所以,

$$E_{(-)} = E^{\circ}_{Ag^+/Ag} + \frac{2.303RT}{F}\lg\frac{K_{ap}}{a_{Cl^-}} \tag{Ⅱ-15-4}$$

电池的电动势等于正、负极电极的电位差

$$\varepsilon = E_{(+)} - E_{(-)} = \frac{2.303RT}{F}\lg\frac{(a_{Ag^+})_1 \cdot a_{Cl^-}}{K_{ap}} \tag{Ⅱ-15-5}$$

$(a_{Ag^+})_1$、a_{Cl^-} 与 c_1、c_2 的关系分别是

$$(a_{Ag^+})_1 = c_1 \cdot f_{Ag^+}$$

$$a_{Cl^-} = c_2 \cdot f_{Cl^-}$$

f_{Ag^+} 和 f_{Cl^-} 分别为 $AgNO_3$ 溶液和 KCl 溶液中 Ag^+ 和 Cl^- 的活度系数(附注 1)。将上述关系式代入(Ⅱ-15-5) 式,得

$$\varepsilon = \frac{2.303RT}{F}\lg\frac{c_1 \cdot f_{Ag^+} \cdot c_2 \cdot f_{Cl^-}}{K_{ap}} \tag{Ⅱ-15-6}$$

实验中 c_1、c_2 为已知值,相应的 f_{Ag^+} 和 f_{Cl^-} 可查表获得(或通过计算求得)。只要测得电池的电动势 ε,即可求得 AgCl 的 K_{ap}。

实验中用含饱和 KNO_3 溶液的凝胶作盐桥,以沟通电池的内电路,并消除两电极溶液

之间的液接界电位。

实验用品

HNO_3(2 mol·L^{-1})	KNO_3(饱和溶液)
$AgNO_3$(0.10 mol·L^{-1},0.010 mol·L^{-1})	KCl(0.10 mol·L^{-1},0.010 mol·L^{-1})
琼脂	U型管
银电极	pH 计

实验内容

1. 制备盐桥

取 KNO_3 饱和溶液 15 mL,加入少量琼脂,小火加热搅拌,使完全溶解。趁热将溶液灌入干燥的 U 型管至与管口相平,注意勿使管内留有气泡。将 U 型管管口向上竖直放置,待溶液冷却凝结后即可。

盐桥需保存时,应将 U 型管两端浸泡于 KNO_3 饱和溶液中。

2. 活化电极

将 2 支银电极浸入 2 mol·L^{-1} HNO_3 溶液中,待电极周围有气泡产生时,取出电极,冲洗干净,用滤纸吸干后备用。

3. 测量电池电动势

1) 取 2 只 25 mL 小烧杯,分别加入 0.10 mol·L^{-1} $AgNO_3$ 溶液(附注 2)15 mL 和 0.10 mol·L^{-1} KCl 溶液 15 mL。将活化后的 2 支电极分别与 pH 计的正负极相连接,其下端分别浸入上述溶液内。在负极的 KCl 溶液中加入 0.10 mol·L^{-1} $AgNO_3$ 溶液 1～2 滴,立即产生 AgCl 沉淀。摇匀后,用盐桥连接正负极溶液,然后用 pH 计测量该原电池的电动势,并记录测量时的温度。

2) 另取 2 只烧杯,分别加入浓度均为 0.010 mol·L^{-1} 的 $AgNO_3$ 溶液和 KCl 溶液。银电极亦再次经活化处理,连接 pH 计,然后插入另一盐桥,重复上述步骤,测量该原电池的电动势,并记录温度。

附注

1. 电解质溶液中,溶质的活度 a 与其实际浓度 c 之间存在关系:$a=fc$,式中 f 为活度系数。严格地说,电化学中所有的浓度均应以质量摩尔浓度 m(mol·kg^{-1})表示。不过,在很稀的水溶液体系中,浓度mol·L^{-1}和 mol·kg^{-1}相差较小,可以近似地以mol·L^{-1}代替。

2. $AgNO_3$ 溶液回收时必须倒入指定的回收瓶内。

思考题

1. 用 pH 计测得的数据为什么是反映离子的活度而非浓度?在何种情况下可以不必考虑离子活度,而只考虑离子浓度?

2. 测量溶液改变时,烧杯中的电极及盐桥应作如何处理才能使用?

实验十六 醋酸电离常数的测定

进行酸碱滴定时，可以加入适当的指示剂，由指示剂的颜色变化来判断是否达到滴定终点，也可以用 pH 计直接测量溶液 pH 的变化来判定滴定终点，后者还适用于有颜色的甚至浑浊的溶液，如日常生活中经常接触到的各种弱酸性饮料：牛奶、啤酒、柠檬汁和可乐等。本实验以醋酸为研究对象，通过 pH 滴定法测定醋酸的电离常数。

HAc 是一元弱酸，在水溶液中存在着下列电离平衡：

$$HAc \rightleftharpoons H^+ + Ac^-$$

其电离常数的表达式为：

$$K_{HAc} = \frac{[H^+][Ac^-]}{[HAc]}$$

如果以对数式表示，则为

$$\lg K_{HAc} = \lg[H^+] + \lg\frac{[Ac^-]}{[HAc]}$$

当 $[Ac^-]=[HAc]$ 时：

$$\lg K_{HAc} = \lg[H^+] = -pH$$

测得 HAc 溶液在 $[HAc]=[Ac^-]$ 时的 pH 值，即可计算该温度下醋酸的电离常数 K_{HAc}。

强碱弱酸的滴定曲线和强碱强酸的滴定曲线不同（见图Ⅱ.16.1），其特点如下：①由于弱酸的酸性较强酸为弱，因此在化学计量点以前的各点，溶液的 pH 值都比滴定强酸时的 pH 值要大。②在化学计量点前，由于溶液中有弱酸盐生成，形成了一个缓冲体系。开始时，弱酸盐的量较少，溶液的缓冲容量较小，随着弱酸盐的含量增多，缓冲比接近 1∶1，溶液的缓冲容量增大；接近化学计量点时，弱酸的量降低，溶液的缓冲容量又变小。③化学计量点时，由于弱酸盐的水解，使溶液呈碱性，因而其滴定突跃范围也偏于碱性区域。④化学计量点后过量的碱抑制了弱酸盐的水解，因此溶液的 pH 主要由过量的碱来决定，与强碱滴定强酸时相同。

本实验用酸度计测定 NaOH 溶液滴定 HAc 溶液过程中的 pH 变化，然后以 NaOH 溶液的滴定体积(mL)或中和百分数为横坐标，以溶液 pH 为纵坐标，得到滴定过程中的 pH 变化曲线，即滴定曲线。若完全中和（取化学计量点或实际滴定中的滴定终点）时加入的 NaOH 溶液体积为 V，从滴定曲线上获得加入 NaOH 体积 $\frac{1}{2}V$ 时的溶液 pH，根据 $\lg K_{HAc} = -pH$ 的关系，即可求得 HAc 的电离常数 K_{HAc}。

实验用品

NaOH($0.10\ mol \cdot L^{-1}$)　　标准缓冲溶液（25℃，pH6.86）

HAc($0.10\ mol \cdot L^{-1}$)　　酚酞（0.1%乙醇溶液）

pH 计（附电极）　　磁力搅拌器

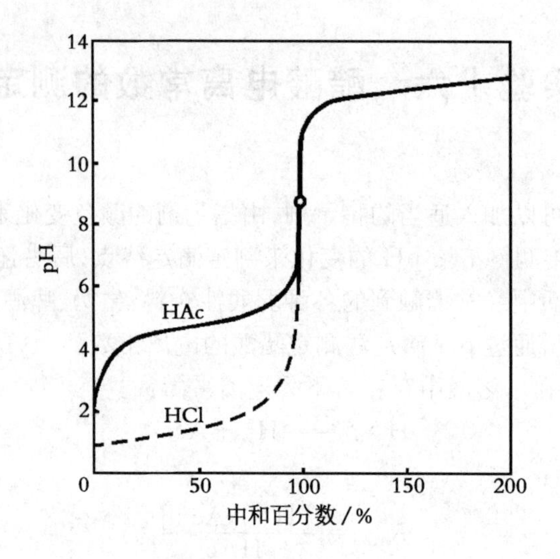

图Ⅱ.16.1 滴定曲线图

0.10 mol·L^{-1} NaOH 滴定 0.10 mol·L^{-1} HAc 和 0.10 mol·L^{-1} HCl

实验内容

1. 酸度计的校正

记录实验室室温和水温。

以标准缓冲溶液校正 pH 计。

2. 滴定

移取 0.10 mol·L^{-1} HAc 溶液 25.00 mL 于 100 mL 烧杯中，加入适量水及酚酞指示剂 2 滴，放入搅拌磁子，置于磁力搅拌器上。

将 0.10 mol·L^{-1} NaOH 溶液注入碱式滴定管，调节液面高度为 0.00 mL，将滴定管固定在烧杯的上方。

将电极小心地插入盛有 HAc 溶液的烧杯中，固定电极的位置。注意：电极的下端必须高于杯底 1 cm 左右，以免搅拌磁子搅拌时触及电极、损坏电极。

开启磁力搅拌器，调节转速，使溶液平稳地搅拌。

待酸度计读数稳定后，记录滴定开始前的溶液 pH(精确至 0.01)。

由滴定管依次加入一定体积的 NaOH 溶液。每次加入 NaOH 溶液后，读取体积(精确至 0.01 mL)，待 pH 计读数稳定后，再记录溶液此时的 pH 值。注意观察酚酞变色时溶液的 pH 值。

加入 NaOH 溶液的量依次如下：

第一次加 1 mL，然后每次加 2 mL；

当溶液 pH 上升至 5.75 后，每次加 0.5 mL；

当溶液 pH 上升至 6.2 后，每次加 0.2 mL；

当溶液 pH 上升至 6.5 后，每次加 1 滴(约 0.04～0.05 mL)；

当溶液 pH 上升至 7.5 后，每次加半滴(约 0.02～0.03 mL)；

当溶液 pH 上升至 9.5 后,每次加 0.1 mL;

当溶液 pH 超过 11.0 后,每次加 0.5 mL;

待溶液 pH 上升至 12 后,每次加 2 mL,直至 NaOH 溶液体积为 40.0 mL 止。

重复测定一次。

3. **数据处理**

以 V_{NaOH} 为横坐标,溶液 pH 为纵坐标,作滴定曲线图。

运用切线法,在图中查得 $V_{NaOH,终点}$ 及对应于 $\frac{1}{2}V_{NaOH}$ 的 pH,根据 $\lg K_{HAc}=-pH_{\frac{1}{2}V}$,计算 K_{HAc}。

思考题

1. NaOH 滴定 HAc 溶液时,化学计量点前的溶液 pH 应如何计算?

2. 为何本实验中所得到的滴定曲线在开始时 pH 上升较快(曲线较陡),后来逐渐减缓(曲线较平坦),接近化学计量点时又上升变快?

实验十七　氯化铅溶度积常数和溶解热的测定

难溶盐溶解于水中的平衡常数就是该盐的溶度积常数 K_{sp}，通过不同的方法测定溶液中组成离子的浓度可以求得 K_{sp}。

$PbCl_2$ 是一个难溶盐，其 $K_{sp}=1.7\cdot10^{-5}$(25℃)，它的饱和溶液中存在如下平衡：

$$PbCl_2(s) \rightleftharpoons Pb^{2+}(aq) + 2Cl^-(aq)$$

$$K_{sp}=c_{Pb^{2+}}\cdot c_{Cl^-}^2$$

在纯的 $PbCl_2$ 溶液中，$c_{Pb^{2+}}=\frac{1}{2}c_{Cl^-}$。所以，只要测得某温度下 $PbCl_2$ 饱和溶液中 Pb^{2+} 或 Cl^- 的浓度，就可以计算该温度下 $PbCl_2$ 的 K_{sp}。

严格地说，只有以组成离子的活度（而不是浓度）计算得到的 K_{ap} 才是常数

$$K_{ap}=a_{Pb^{2+}}\cdot a_{Cl^-}^2$$

式中的 $a_{Pb^{2+}}$ 和 a_{Cl^-} 分别表示 Pb^{2+} 和 Cl^- 的活度（即有效浓度）。离子的活度和浓度之间的关系为

$$a_i=c_i\cdot f_i$$

f_i 是 i 离子的活度系数。一般情况下，它是一个小于 1 的常数，且随着浓度的增大而逐渐减小。另外，离子的活度还与离子的价数和温度等因素有关。因而，$PbCl_2$ 的 K_{ap} 和 K_{sp} 的关系应为

$$\begin{aligned}K_{ap}&=c_{Pb^{2+}}\cdot f_{Pb^{2+}}\cdot(c_{Cl^-}\cdot f_{Cl^-})^2\\&=c_{Pb^{2+}}\cdot c_{Cl^-}^2\cdot f_{Pb^{2+}}\cdot f_{Cl^-}^2\\&=K_{sp}\cdot f_{Pb^{2+}}\cdot f_{Cl^-}^2\end{aligned}$$

对于极稀溶液，f_i 接近 1，$c_i\approx a_i$，K_{sp} 才近似等于 K_{ap}。

在低温下，$PbCl_2$ 的溶解度很小，饱和溶液中的离子浓度很低，所以近似有

$$K_{ap}=K_{sp}=c_{Pb^{2+}}\cdot c_{Cl^-}^2$$

可是在高温下，由于 $PbCl_2$ 的溶解度增大，饱和溶液中的离子浓度也增大，浓度与活度就不相等，K_{sp} 与 K_{ap} 存在一定的偏差。

化学反应的平衡常数 K 和反应热 ΔH^0（即反应的焓变）存在如下关系

$$\ln K=-\frac{\Delta H^0}{RT}+\frac{\Delta S^0}{R}$$

式中的 ΔH^0 和 ΔS^0（反应的熵变）在温度变化范围不大时，可视为常数。对溶解反应而言，上式中的 K 和 ΔH^0 相应就是溶度积常数和溶解热，即可得到

$$\lg K_{sp}=-\frac{\Delta H^0}{2.303RT}+C$$

该式表明 $\lg K_{sp}$ 与 1/T 呈线性关系。如果测得不同温度下的 K_{sp} 值，以 $\lg K_{sp}$ 对 $1/T$ 作图，可得一直线。由直线的斜率 $\left(-\frac{\Delta H^0}{2.303R}\right)$，可算得溶解热。由于本实验测得的是 K_{sp} 而不是 K_{ap}，所以求得的值偏大。

在 pH5～6 时，Pb^{2+} 与 EDTA 形成稳定的 1∶1 螯合物，其 $\lg K_{稳}$ 值为 18.04。据此，$PbCl_2$ 饱和溶液中的 Pb^{2+} 浓度可用已知浓度的 EDTA 标准溶液进行滴定后测得。由 EDTA溶液的浓度 c_{EDTA}、滴定时所耗的体积 V_{EDTA} 及饱和 $PbCl_2$ 溶液的取样体积 V_{PbCl_2}，计算可得溶液中的 Pb^{2+} 离子浓度 $c_{Pb^{2+}}$。

$$c_{Pb^{2+}} = c_{EDTA} \times \frac{V_{EDTA}}{V_{PbCl_2}}$$

滴定时选用二甲酚橙为指示剂。二甲酚橙也是一个螯合剂，在 pH<6.3 时，游离的指示剂呈黄色，而它与 Pb^{2+} 形成的螯合物呈红紫色。由于 Pb^{2+} 与 EDTA 形成的螯合物比与二甲酚橙形成的螯合物更稳定，所以，在 Pb^{2+} 离子溶液中滴入相等物质的量 EDTA 时，所有的 Pb^{2+}（包括原先与指示剂螯合的 Pb^{2+}）全部与 EDTA 螯合，从而使指示剂游离出来，溶液颜色由紫红色变为黄色，即指示了滴定终点。

为了使滴定过程中溶液酸度稳定在 pH5～6 之间，因而反应在六次甲基四胺体系中进行。

实验用品

氯化铅　　六次甲基四胺（20%）
EDTA 标准溶液（0.010 mol·L^{-1}）　　二甲酚橙指示剂（0.2%）
恒温槽　　大试管（20×200 mm）
移液管（5 mL）　　短乳胶管
短玻管　　锥形瓶（125 mL）
酸式滴定管（25 mL）

实验内容

准备 3 个恒温槽，温度分别控制在 0℃、10℃和 20℃左右。

称取 1 g $PbCl_2$ 于 150 mL 烧杯中，加 60 mL 水，加热至 70～80℃，搅拌，使完全溶解。趁热将溶液分置于 3 个大试管中，试管内的溶液量大致相等。将它们分别置于三个恒温槽中，用铁夹固定。溶液恒温 45 min，起始 30 min 不断振摇试管，使之达到平衡，然后静置 15 min，使 $PbCl_2$ 晶体沉降。

取 3 支干燥的 5 mL 移液管，下端用乳胶管连接一根管口塞有一小团棉花的短玻管，以避免取样时晶体进入移液管内。

移取各试管内的 $PbCl_2$ 饱和溶液（附注 1）于锥形瓶中，加 25 mL 水，若有 $PbCl_2$ 晶体析出，振摇使溶解。再加入六次甲基四胺溶液 10 mL 及二甲酚橙指示剂 2～3 滴，用EDTA标准溶液滴定至溶液由紫红色变为亮黄色，即为终点。

根据滴定时所耗 EDTA 溶液的体积，计算饱和溶液中 Pb^{2+} 的浓度（表Ⅱ.17.1）。

表Ⅱ.17.1 数据记录和结果处理

	1	2	3
溶液温度/℃			
$PbCl_2$ 饱和溶液体积/mL			
EDTA 溶液浓度/$mol \cdot L^{-1}$			
滴定管初读数/mL			
滴定管终读数/mL			
EDTA 溶液的体积/mL			
$\frac{1}{T}$计算值			
平衡时 Pb^{2+} 的浓度/$mol \cdot L^{-1}$			
平衡时 Cl^- 的浓度/$mol \cdot L^{-1}$			
K_{sp}计算值			
$\lg K_{sp}$计算值			

以 $\lg K_{sp}$对$\frac{1}{T}$作图,求得斜率,计算 $PbCl_2$ 的溶解热 ΔH^0。

附注

1. 取样时,待溶液吸入移液管后,要先取下移液管前端的乳胶管和短玻管,再调整移液管内的液面至标线,然后,将溶液转入已编号的锥形瓶中。移取高于室温的溶液时,操作要迅速,以免晶体在移液管内析出。每移取一份样品后,应立即记下取样时的溶液温度。在取样和测量温度的过程中,试管不能离开恒温槽。

2. $PbCl_2$ 的溶解度

温度/℃	0	15	20	25	35
溶解度/$mol \cdot L^{-1}$	2.4×10^{-2}	3.26×10^{-2}	3.56×10^{-2}	3.74×10^{-2}	4.73×10^{-2}

思考题

1. 本实验测得的 $PbCl_2$ 的溶度积与文献值相比,何者较大? 为什么?(不考虑实验操作中引入的误差。)

2. 本实验计算得到的溶解热为何比文献值大? 试说明之。(提示:a. 不同温度下由于 $PbCl_2$ 溶解度的不同而引起的活度系数的变化。b. K_{sp}与 K_{ap}的差异。)

3. 取样时,如果晶体吸入移液管内,或在移取高于室温的溶液时,移液管内有晶体析出,对实验结果有何影响?

实验十八 晶体结构与分子模型

如果组成固态物质的质点(离子、原子或分子)在空间呈有规则的周期性排列,这类固态物质称为晶体。任何晶体都可以找出它在空间重复的最小单位,即晶胞。将晶体的空间重复最小单位抽象为几何点(结点),那么晶体可以看成是一组平行六面体在三维空间堆砌整齐而成。这一平行六面体就是晶格。晶格的几何特征可以用平行六面体的三边之长 a、b、c 和三边之间的夹角 α、β、γ 等六个参数来表示。

自然界存在的晶体有无数种,它们的外观也各不相同。可是它们的晶格一共只有十四种。这十四种格子按照其对称性特征又分属于七个晶系。具体分布为:

立方晶系:简单立方、体心立方和面心立方

四方晶系:简单四方、体心立方

正交晶系:简单正交、底心正交、体心正交和面心正交

单斜晶系:简单单斜、底心单斜

三斜晶系

六方晶系

菱方晶系

上述七个晶系的十四种格子可以用晶胞的三边之长 a、b、c 和三边之间的夹角 α、β、γ 等六个晶胞参数来表示。

在金属晶体中呈现有规则排列的是金属原子及离子,它们的大小相等,因而可以用半径相等的圆球的密堆积来描述金属的结构。所谓"密堆积"是指半径相同的圆球在一定的空间中堆积时,球体所占的空间最大或较大的堆积方式。金属的晶体结构大多数属于以下三种密堆积结构:六方、面心立方、体心立方,见图Ⅱ.18.1。前两种是最密堆积,空间利用率为74.1%,配位数达12;第三种密堆积的空间利用率为68.1%,配位数为8。

球的密堆积结构不仅可用于讨论金属晶体的结构,而且也可以用来讨论一些离子化合物的晶体结构,在面心立方和六方密堆积中,有两种不同的空隙位置,即四面体空隙位置和八面体空隙位置(图Ⅱ.18.2)。一些离子化合物的晶体可以看作是其中某一种离子组成密堆积结构,而另一种离子占据密堆积中的空隙位置而构成,如 NaCl 的结构可以看作是 Cl^- 离子成面心立方密堆积,而 Na^+ 离子位于其中的八面体空隙位置,见图Ⅱ.18.3。

根据价层电子对互斥理论,共价分子的空间结构主要取决于中心原子的价电子对数目。若中心原子以 A 表示,配位体以 X 表示,中心原子上的孤对电子以 E 表示,则分子的几何结构见表Ⅱ.18.1。

如果分子中存在双键或叁键,可以不考虑 π 电子的作用,而认为它们的空间结构仅由 σ 电子的空间排列所决定。

配合物的空间结构取决于中心离子的配位数:配位数为 2 的配合物呈直线形;配位数为 4 的配合物呈平面正方形或四面体;配位数为 6 的配合物呈八面体结构。对于具有平面正方形和八面体结构的配合物,如果存在两种以上的配位体,就可能会因配位体的空间排列不同而产生性质有差异的几何异构体。

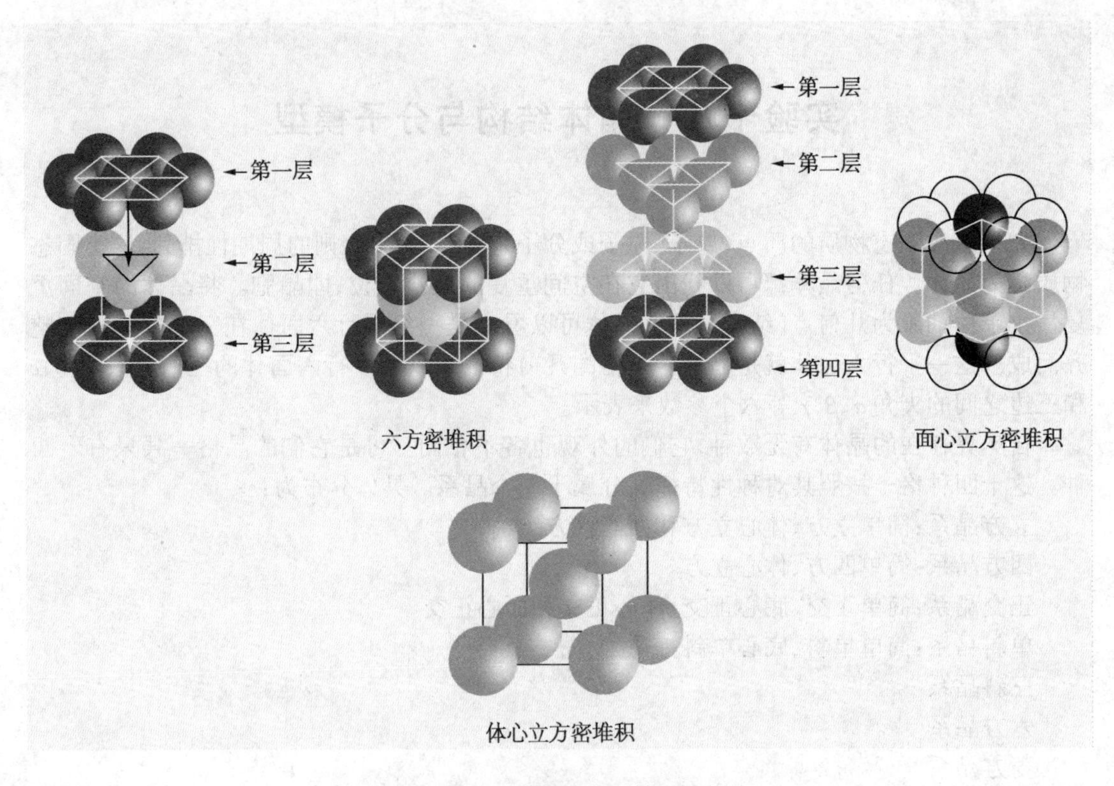

图Ⅱ.18.1　三种不同的球密堆积结构

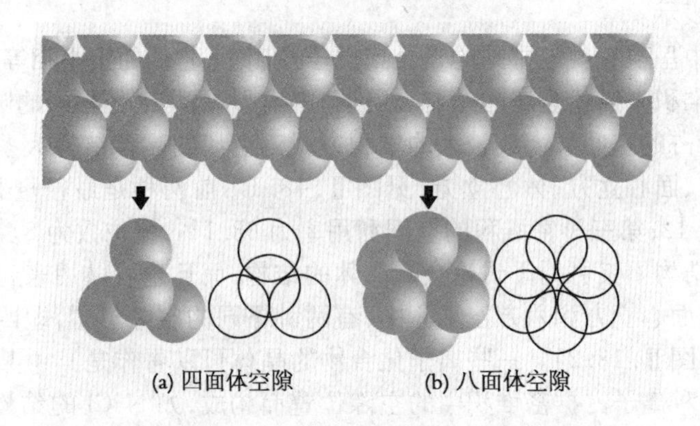

图Ⅱ.18.2　球密堆积结构中的四面体空隙和八面体空隙

图Ⅱ.18.3　NaCl 的晶胞

表Ⅱ.18.1　分子的几何结构

中心原子价电子层的电子对数	电子对的空间排布	中心原子的电子结构类型	分子构型
2	直线形	AX_2	直线形
3	平面三角形	AX_3 AX_2E	平面三角形 V形
4	正四面体	AX_4 AX_3E AX_2E_2	正四面体 三角锥体 V形
5	三角双锥	AX_5 AX_4E AX_3E_2 AX_2E_3	三角锥体 变形四面体 T形 直线形
6	正八面体	AX_6 AX_5E AX_4E_2	正八面体 四角锥体 平面正方形

实验内容

1. 对实验室放置着的各种空间格子模型逐个认识、命名,并计算一下每种晶格的晶胞中所含结点数,填充下表。

晶系名称	晶格名称	图形	晶胞参数		所含结点数
			轴长	轴角	
立方	简单立方				
四方					
正交					
单斜					
三斜					
六方					
菱方					

2. 对实验室放置着的几种典型晶体模型 ZnS、CaF_2、NaCl、CsCl、TiO_2、石墨等,逐个熟悉认识,指出每种晶体的晶胞中所含原子数,填充下表。

名称	图形	所属晶体	空间格子	每个晶胞中的原子数
CsCl		立方	简单立方	2(阴阳离子数 1:1)
CaF_2				
NaCl				
ZnS				
TiO_2				
石墨				

3. 用乒乓球(红白)练习几种球的最密堆积方式(除注明用红球的外,其他均用白球)。

1) 用毛笔蘸取丙酮,涂于欲被粘结的两球之间,按图堆积。

2) 找出面心立方密堆积中的八面体空隙位置和四面体空隙位置,与前面的 NaCl 和 ZnS 晶体模型相对照。设 Cl^- 与 S^{2-} 离子处于面心立方密堆积的球体位置,找出 Na^+ 和 Zn^{2+} 离子分别位于何种空隙位置。

4. 用分子骨架模型搭出中心原子的价电子层电子对数分别为 2、3、4、5、6 的十三种共价分子的空间构型,这十三种分子分别是:$CdCl_2$ (AX_2)、BCl_3 (AX_3)、PbI_2 (AX_2E)、CCl_4 (AX_4)、NH_3 (AX_3E)、H_2O (AX_2E_2)、$SbCl_5$ (AX_5)、SF_4 (AX_4E)、BrF_3 (AX_3E_2)、XeF_2 (AX_2E_3)、TeF_6 (AX_6)、BrF_5 (AX_5E)、XeF_4 (AX_4E_2)。画出上述十三种分子的空间结构。

5. 用分子骨架模型搭出下列配合物的结构:

1) $[Zn(NH_3)_4]^{2+}$ 配离子,四面体结构。如果其中 2 个 NH_3 分子换成另一种配位体,是否会有几何异构体存在?

2) $[Pt(NH_3)_4]^{2+}$ 配离子,平面正方形结构。如果其中 2 个 NH_3 分子换成 Cl^- 离子,即 $Pt(NH_3)_2Cl_2$,是否有几何异构体存在?

3) $[Co(NH_3)_4Cl_2]^-$ 配离子,正八面体结构。搭出该配离子的不同的几何异构体,并画出它们的空间结构。

实验十九 常见阳离子的分离与鉴定

离子的分离与鉴定是化学实验中的一个重要组成,通过实验有助于更好地掌握化学基础理论与基础知识,更充分地认识科学工作中的逻辑性。

离子的分离与鉴定可分为阳离子和阴离子两部分。阳离子分离鉴定的系统性比阴离子更为鲜明和完善,逻辑性较严密,能够进行系统分析。

常见阳离子的分离与鉴定实验,也称为阳离子定性分析。这些阳离子是:Ag^+、Hg_2^{2+}、Hg^{2+}、Pb^{2+}、Cu^{2+}、Bi^{3+}、Cd^{2+}、As(Ⅲ,Ⅴ)、Sb^{3+}、Sn^{4+}、Fe^{3+}、Fe^{2+}、Co^{2+}、Ni^{2+}、Mn^{2+}、Cr^{3+}、Zn^{2+}、Al^{3+}、Ba^{2+}、Sr^{2+}、Ca^{2+}、Mg^{2+}、K^+、Na^+和NH_4^+。

定性分析中应用的化学反应包括两大类型,一类用来分离或掩蔽某些离子,以消除鉴定中受到的干扰;另一类用来鉴定离子,称为鉴定反应。鉴定反应要求反应完全、迅速,而且要有明显的外观特征,如:沉淀的生成与溶解、颜色的明显改变、气体的逸出及可被检测等。

鉴定反应和其他化学反应一样,只有在一定条件下才能进行,否则不能发生反应或者得不到预期的效果,使鉴定结果不明确或不正确。最重要的反应条件是溶液的酸度、反应物的浓度、溶液的温度、催化剂和溶剂的影响等,以及确信反应中没有干扰离子存在。若有干扰离子存在,则必须采取掩蔽或分离等措施消除干扰,以确保鉴定反应的进行。

另外,鉴定反应能检出的待测离子的量或浓度都有一个限度,离子的量或浓度低于此限度就不能被检出。因而,有时鉴定反应得到否定结果,并不一定说明该离子不存在,而只能称"未检出"。一般来讲,在以化学方法进行半微量定性分析中,当某种离子的浓度小于10^{-5} mol·L^{-1}时,可认为不能被"检出"。

在多种共存离子中欲检出某种离子或某几种离子时,还需要考虑鉴定反应的选择性问题。鉴定时能够与加入的试剂发生反应的离子越少,该鉴定反应的选择性就越高。如果加入的试剂只与为数不多的离子反应,则被称为选择性反应;若只与一种离子反应,就被称为该离子的特效反应。但是,实际上特效反应很少见,应用较多的是选择性反应,因而需要注意控制一定的反应条件,或者进行必要的分离以消除干扰,提高鉴定反应的选择性。

在实际工作中,常遇到的是复杂物质或多种离子混合溶液,直接检出其中某种离子或少数几种离子可能相当困难。此时可采用系统分析法。所谓系统分析法是指:按一定的先后顺序,用几种试剂将试液中性质相似的离子分离成若干组,然后在某一组中用适宜的鉴定反应来鉴定某一离子是否存在。有时,还需要在各组内作进一步的分离以后再鉴定。对试液组成已有大致了解、干扰的共存离子又可被掩蔽时,就不必进行系统分组,可以直接检出待鉴定的离子。

将混合离子分离成为若干组的试剂称为组试剂。采用组试剂,可将性质相似的离子整组分出,使复杂的任务系统化。选择组试剂的一般要求是:

① 各组离子分离完全;

② 反应迅速;

③ 沉淀与溶液容易分开;

④ 组内离子种类不宜过多,以便于鉴定。

在阳离子系统分析中,利用不同的组试剂,可以提出许多种分组方案,其中应用最广泛的分组方案是硫化氢系统和“二酸二碱”系统。在“二酸二碱”系统中,以 HCl、H_2SO_4、NaOH、NH_3 为组试剂,主要以氢氧化物的沉淀与溶解性质作为分组的基础。但是一般氢氧化物不易分离与洗净,并且由于两性、共沉淀和生成配合物等原因,使各组阳离子难以彻底分离。而硫化氢系统主要是以硫化物的不同溶解度为基础的系统分析,它的优点是分组严格,分离完全,理论严谨。

在硫化氢系统定性分析中,根据各离子形成难溶化合物的性质不同,以 HCl、H_2S、$(NH_4)_2S$、$(NH_4)_2CO_3$ 为组试剂,将常见的 25 种阳离子分为Ⅰ、Ⅱ、Ⅲ、Ⅳ、Ⅴ五个组,分组方案见表Ⅱ.19.1。

表Ⅱ.19.1　常见阳离子的硫化氢系统分组方案

<table>
<tr><th>组别及名称</th><th>组试剂</th><th colspan="2">各组包括的离子</th><th colspan="4">分组根据的特性</th></tr>
<tr><td>Ⅰ组
(银组,盐酸组)</td><td>稀 HCl</td><td colspan="2">Ag^+、Hg_2^{2+}、Pb^{2+} *</td><td colspan="2">氯化物不溶于水</td><td rowspan="3">在稀酸中生成硫化物沉淀</td><td rowspan="4">硫化物不溶于水</td></tr>
<tr><td rowspan="2">Ⅱ组
(铜锡组,
硫化氢组)</td><td rowspan="2">H_2S
(0.3 mol·L^{-1}
HCl)</td><td>ⅡA组</td><td>Pb^{2+} *、Cu^{2+}、Bi^{3+}、Cd^{2+}</td><td>硫化物不溶于硫化钠</td><td rowspan="2">氯化物溶于热水</td></tr>
<tr><td>ⅡB组</td><td>Hg^{2+}、As(Ⅲ,Ⅴ)、Sb(Ⅲ,Ⅴ)、Sn(Ⅱ,Ⅳ)</td><td>硫化物溶于硫化钠</td></tr>
<tr><td>Ⅲ组
(铁组,硫化铵组)</td><td>$(NH_4)_2S$
(NH_3+NH_4Cl)</td><td colspan="2">Fe^{3+}、Al^{3+}、Cr^{3+}、Fe^{2+}、Mn^{2+}、Zn^{2+}、Co^{2+}、Ni^{2+}</td><td colspan="3">在稀酸中不生成硫化物沉淀</td></tr>
<tr><td>Ⅳ组
(钙组,碳酸铵组)</td><td>$(NH_4)_2CO_3$
(NH_3+NH_4Cl)</td><td colspan="2">Ba^{2+}、Sr^{2+}、Ca^{2+}</td><td colspan="3">碳酸盐不溶于水</td><td rowspan="2">硫化物溶于水</td></tr>
<tr><td>Ⅴ组
(钠组,易溶组)</td><td>—</td><td colspan="2">Mg^{2+}、K^+、Na^+、NH_4^+ **</td><td colspan="3">碳酸盐溶于水</td></tr>
</table>

* 由于 $PbCl_2$ 的溶度积还不够小,所以 $PbCl_2$ 沉淀不完全,当 Pb^{2+} 离子浓度较大时部分生成 $PbCl_2$ 沉淀,进入第Ⅰ组;而部分 Pb^{2+} 离子留在溶液中,进入第Ⅱ组。

** 系统分析时需要加入铵盐,故 NH_4^+ 离子需另行鉴定。

但是,硫化氢系统分析中所用的组试剂 H_2S 气体具有毒性和臭味,制备也不方便,所以一般多以硫代乙酰胺(CH_3CSNH_2,简称 TAA)的水溶液代替 H_2S 作沉淀剂。TAA 的优点是:可以减少 H_2S 气体逸出;可使金属硫化物沉淀以均相沉淀的方式生成,不易形成胶体,沉淀比较纯净,共沉淀少,便于分离。

硫代乙酰胺在不同的介质中加热时,发生不同的水解作用,分别产生 H_2S、S^{2-} 和 HS^-。在酸性溶液中,硫代乙酰胺水解产生 H_2S,可以代替 H_2S 沉淀分离第Ⅱ组阳离子。水解反应如下:

$$CH_3CSNH_2 + H^+ + 2H_2O \longrightarrow CH_3COOH + NH_4^+ + H_2S\uparrow$$

在碱性溶液中加热,硫代乙酰胺水解生成 S^{2-},可以代替 Na_2S 使第Ⅱ组阳离子中的ⅡA组与ⅡB组分离。水解反应如下:

$$CH_3CSNH_2 + 3OH^- \longrightarrow CH_3COO^- + NH_3 + H_2O + S^{2-}$$

在氨性溶液中加热水解生成 HS^-，可代替 $(NH_4)_2S$ 沉淀分离第Ⅲ组阳离子。水解反应如下：

$$CH_3CSNH_2 + 2NH_3 \longrightarrow CH_3C(NH_2)NH + NH_4^+ + HS^-$$

本实验采用 H_2S 系统，对常见阳离子进行分离与鉴定，目的在于熟悉这些阳离子的性质和相关反应。首先是沉淀反应，它不仅用于不同组离子之间的分离，而且也用于同一组内离子的分离，或某些个别离子的鉴定。其次是络合反应、酸碱反应及氧化还原反应，这些反应主要用于同一组内离子的分离与鉴定。而在许多沉淀反应、络合反应和氧化还原反应中，溶液的 pH 有着很大的影响，因而，在进行分离与鉴定时，还必须注意这些反应进行所需的条件。

第Ⅰ组阳离子的分离与鉴定

第Ⅰ组阳离子包括 Ag^+、Hg_2^{2+}、Pb^{2+} 离子，它们的特点是氯化物难溶于水。在阳离子的混合溶液中加入盐酸，可以使这些离子生成氯化物沉淀而与其他阳离子分离。但是，其中 $PbCl_2$ 的溶解度较大，所以 $PbCl_2$ 沉淀不完全，尚有部分 Pb^{2+} 离子留在溶液中。

实验用品

银盐溶液（含 5 mg·mL^{-1} Ag^+ 离子的硝酸盐溶液）

铅盐溶液（含 5 mg·mL^{-1} Pb^{2+} 离子的硝酸盐溶液）

亚汞盐溶液（含 5 mg·mL^{-1} Hg_2^{2+} 离子的硝酸盐溶液）

汞盐溶液（含 5 mg·mL^{-1} Hg^{2+} 离子的硝酸盐溶液）

盐酸　　HCl（6 mol·L^{-1}，2 mol·L^{-1}，1 mol·L^{-1}）

硝酸　　HNO_3（6 mol·L^{-1}）

氨水（6 mol·L^{-1}，2 mol·L^{-1}）　　K_2CrO_4（0.5 mol·L^{-1}）

KI（0.1 mol·L^{-1}）　　$SnCl_2$（0.5 mol·L^{-1}的 6 mol·L^{-1} HCl 溶液）

离心机

实验内容

1. 第Ⅰ组阳离子与盐酸的作用

(1) Ag^+ 离子与盐酸的作用

在离心试管中加入银盐溶液 3 滴及 2 mol·L^{-1} HCl 溶液 2 滴，生成白色 AgCl 沉淀，加热搅拌，离心分离，在沉淀上滴加 6 mol·L^{-1}氨水，观察 AgCl 沉淀的溶解情况。

(2) Pb^{2+} 离子与盐酸的作用

取 2 支离心试管，各加铅盐溶液 3 滴，再加 2 mol·L^{-1} HCl 溶液 2 滴，不断搅拌，生成白色 $PbCl_2$ 沉淀。离心分离后，在一试管中加 10 滴水，另一试管中滴加 6 mol·L^{-1} HCl 溶液，均置于水浴中加热，观察 $PbCl_2$ 沉淀的溶解情况。

(3) Hg_2^{2+} 离子与盐酸的作用

取 2 支离心试管，各加亚汞盐溶液 3 滴，再各加 2 mol·L^{-1} HCl 溶液 2 滴，立即生成白

色 Hg_2Cl_2 沉淀。离心分离后，在一试管中加 2 mol·L^{-1}氨水 5 滴，另一试管中加6 mol·L^{-1} HCl 溶液 10 滴，观察 Hg_2Cl_2 沉淀的溶解情况。

2. 第Ⅰ组阳离子的鉴定反应

(1) Ag^+ 离子的鉴定反应

在小试管中加入银盐溶液和 K_2CrO_4 试剂各 1 滴，即生成砖红色 Ag_2CrO_4 沉淀。该沉淀稍溶于 HAc，易溶于 HNO_3 及氨水。

反应条件：

1) 反应需在近中性溶液中进行；

2) Pb^{2+}、Ba^{2+}、Hg^{2+} 和 Bi^{3+} 等离子干扰 Ag^+ 离子的鉴定(附注 1)。

(2) Pb^{2+} 离子的鉴定反应

a. 以 K_2CrO_4 试剂鉴定 Pb^{2+} 离子

在小试管中加入铅盐溶液和 K_2CrO_4 试剂各 1 滴，即生成黄色 $PbCrO_4$ 沉淀。沉淀溶于 NaOH 和 HNO_3，不溶于 HAc。

反应条件：

1) 反应需在中性或弱酸性溶液中进行；

2) Ag^+、Ba^{2+}、Bi^{3+}、Hg^{2+} 和 Hg_2^{2+} 等离子干扰 Pb^{2+} 离子的鉴定。

b. 以 KI 试剂鉴定 Pb^{2+} 离子

取铅盐溶液 1 滴，加 KI 试剂 1～2 滴，生成黄色沉淀。水浴加热，沉淀溶解。吸取上层清液至另一试管，冷却后析出特征的黄色片状 PbI_2 晶体(附注 2)。

反应条件：

1) KI 试剂用量不能过多，以防 PbI_2 沉淀溶解；

2) Ag^+、Cu^{2+}、Bi^{3+}、Hg^{2+} 和 Hg_2^{2+} 等离子干扰 Pb^{2+} 离子的鉴定。

(3) Hg_2^{2+} 离子的鉴定反应

鉴定 Hg_2^{2+} 离子的反应，均为将 Hg_2^{2+} 离子氧化成 Hg^{2+} 离子后所进行的反应，所以下列方法为 Hg^{2+} 离子的鉴定反应。

a. 以 $SnCl_2$ 试剂鉴定 Hg^{2+} 离子

在小试管中加汞盐溶液 1 滴及 $SnCl_2$ 试剂 1～2 滴，生成白色沉淀，随后立即转化为灰黑色。

反应条件：

1) 反应需在酸性溶液中进行。在中性与碱性溶液中，$SnCl_2$ 试剂会产生白色的 $Sn(OH)_2$沉淀，而 Hg^{2+} 离子在碱性溶液中则生成黄色的 HgO 沉淀；

2) 反应体系中应无强氧化剂存在；

3) Ag^+、Hg_2^{2+}、Pb^{2+} 等离子干扰 Hg^{2+} 离子的鉴定。

b. 以 KI 试剂鉴定 Hg^{2+} 离子

在小试管中加汞盐溶液 4 滴，然后加入 KI 试剂 1～2 滴，观察亮红色 HgI_2 沉淀的生成；继续逐滴加入 KI 试剂，观察 HgI_2 沉淀溶于过量的 KI 试剂中。

反应条件：

1) 反应需在酸性溶液中进行；

2) KI 试剂应逐滴缓慢加入，若试液中 Hg^{2+} 较少，可将 KI 试剂适当稀释；

3) Ag^+、Cu^{2+}、Bi^{3+}、Pb^{2+}等离子干扰Hg^{2+}离子的鉴定。

3. 第Ⅰ组阳离子的分离和鉴定

(1) 沉淀分离第Ⅰ组阳离子

取阳离子混合试液1.5 mL于离心试管中，滴加6 mol·L^{-1} HCl溶液2滴后，置于水浴上加热2～3 min，冷却并充分搅拌(附注3)，离心。在上层清液中再加2 mol·L^{-1}HCl溶液1滴，以检验沉淀是否完全。若仍有沉淀，则继续滴加HCl至沉淀完全。离心分离。分离得到的溶液中含有Ⅱ、Ⅲ、Ⅳ、Ⅴ组阳离子，保留待用。

(2) 分离Pb^{2+}离子

取上一步骤分离得到的沉淀，用1 mol·L^{-1} HCl溶液洗涤2次，每次约用3滴。然后加10滴水，置于水浴上加热，并不断搅拌。趁热离心分离，立即用吸管将溶液转移至另一试管以鉴定Pb^{2+}离子。沉淀再用热水洗涤2～3次，每次约用3～5滴水。弃去洗涤液，保留沉淀待用。

(3) Pb^{2+}离子的鉴定

用K_2CrO_4试剂和KI试剂鉴定步骤(2)分离所得溶液中的Pb^{2+}离子。

(4) 分离并鉴定Hg_2^{2+}

取步骤(2)分离得到的沉淀，加6 mol·L^{-1}氨水3滴，充分搅拌1～2 min，离心分离。保留离心所得溶液以待鉴定Ag^+。

此时，所得沉淀如呈黑色($Hg+HgNH_2Cl$)，已可初步确认含有汞。如需进一步验证Hg_2^{2+}的存在，可将沉淀用2 mol·L^{-1}氨水洗涤1～2次后，加浓盐酸5滴和浓硝酸3滴，于水浴上加热溶解。然后将溶液转入5 mL烧杯中，小火加热蒸发至溶液只剩下2～3滴(切勿蒸干，以防$HgCl_2$升华)。冷却，加10滴水再蒸发一次，蒸至剩余2～3滴后，加4滴水，若还有沉淀，离心分离弃去(附注4)。

用$SnCl_2$试剂检验溶液中的Hg^{2+}离子。

(5) Ag^+离子的鉴定

在步骤(4)所得到的离心液中，加入6 mol·L^{-1} HNO_3溶液数滴，即有白色的AgCl沉淀析出，或用KI试剂检验溶液中的Ag^+离子。

附注

1. Pb^{2+}、Ba^{2+}、Ag^+、Hg^{2+}、Bi^{3+}等离子生成的铬酸盐的颜色和性质有下面几点差异，可用于鉴别：

铬酸盐	颜色	在不同溶剂中的溶解性质		
		HAc	NaOH	氨水
$PbCrO_4$	黄色	不溶	溶	不溶
$BaCrO_4$	黄色	不溶	不溶	不溶
Ag_2CrO_4	砖红色	不溶	不溶	易溶
$HgCrO_4$	黄色	溶	不溶	不溶
Hg_2CrO_4	红色	溶	不溶	不溶
$(BiO)_2CrO_4$	黄色	稍溶	不溶	不溶

2. 因 PbI_2 溶解度比 $PbCl_2$ 小得多，所以可用此反应检验 $PbCl_2$ 溶液中的 Pb^{2+} 离子。

3. 盐酸是分离第Ⅰ组阳离子的组试剂。用盐酸沉淀分离第Ⅰ组阳离子时，盐酸不能过浓，用量不能过多，以防第Ⅰ组阳离子的氯化物生成可溶性的络离子。沉淀时应加热，防止 Hg_2Cl_2、$PbCl_2$ 成为胶体沉淀，使其易于凝聚。分离时应冷却并不断搅拌，防止 $PbCl_2$ 过饱和。

4. 若试液中含 Hg_2^{2+} 离子很多，则在 AgCl 与 Hg_2Cl_2 分离时，生成的金属 Hg 将与 AgCl 作用生成金属 Ag，Ag 进一步与 Hg 生成汞齐，从而不被氨水溶解。但 Ag 能溶于王水，稀释后析出 AgCl 沉淀。

思考题

1. 沉淀第Ⅰ组阳离子的组试剂为盐酸，为什么使用的组试剂不能过浓？

2. 为什么用 K_2CrO_4 鉴定 Pb^{2+} 的反应必须在中性或弱酸性条件（HAc 条件）下进行，而不能在强酸或碱性条件下进行？

3. 写出 Hg_2Cl_2 与氨水反应的反应式。

4. 在鉴定 Hg^{2+} 前，为什么需要将过量的 HNO_3 完全驱除？

第Ⅱ组阳离子的分离与鉴定

Cu^{2+}、Bi^{3+}、Cd^{2+}、Hg^{2+}、As(Ⅲ，Ⅴ)、Sb^{3+}、Sn^{4+} 以及第Ⅰ组阳离子沉淀以后留在溶液中的 Pb^{2+}，同属于第Ⅱ组阳离子。这些阳离子的硫化物溶度积很小，可以在酸性溶液（$[H^+]$ 约为 $0.3\ mol \cdot L^{-1}$）中沉淀完全。根据本组硫化物的酸碱性不同，可再予以分离：Cu^{2+}、Bi^{3+}、Cd^{2+}、Pb^{2+} 的硫化物难溶于 Na_2S，称为铜组（ⅡA 组）；Hg^{2+}、As^{3+}、Sb^{3+}、Sn^{4+} 的硫化物能溶于 Na_2S，称为锡组（ⅡB 组）。

实验用品

铜盐溶液（含 $5\ mg \cdot mL^{-1}$ Cu^{2+} 离子的硝酸盐溶液）

铋盐溶液（含 $5\ mg \cdot mL^{-1}$ Bi^{3+} 离子的硝酸盐溶液）

锑盐溶液（含 $5\ mg \cdot mL^{-1}$ Sb^{3+} 离子的氯化物溶液）

亚锡离子溶液（含 $5\ mg \cdot mL^{-1}$ Sn^{2+} 离子的氯化物溶液）

锡盐溶液（含 $5\ mg \cdot mL^{-1}$ Sn^{4+} 离子的氯化物溶液）

镉盐溶液（含 $5\ mg \cdot mL^{-1}$ Cd^{2+} 离子的硝酸盐溶液）

铅盐溶液（含 $5\ mg \cdot mL^{-1}$ Pb^{2+} 离子的硝酸盐溶液）

汞盐溶液（含 $5\ mg \cdot mL^{-1}$ Hg^{2+} 离子的硝酸盐溶液）

盐酸	$HCl(6\ mol \cdot L^{-1}, 2\ mol \cdot L^{-1})$
硫酸	$HNO_3(6\ mol \cdot L^{-1})$
$NaOH(6\ mol \cdot L^{-1})$	硫代乙酰胺（5%）
Na_2S（$2\ mol \cdot L^{-1}$ 的 $1\ mol \cdot L^{-1}$ NaOH 溶液）	$K_4[Fe(CN)_6](0.5\ mol \cdot L^{-1})$
氨水（浓，$2\ mol \cdot L^{-1}$）	$SnCl_2(0.5\ mol \cdot L^{-1})$
$KI(0.1\ mol \cdot L^{-1})$	锡片

$HgCl_2$(0.1 mol·L^{-1})
亚甲基蓝(0.1%)
NH_4NO_3(5%)
镁片
NH_4Ac(3 mol·L^{-1})
NaAc(3 mol·L^{-1})
石蕊试纸
蓝色石蕊试纸
刚果红试纸
甲基紫试纸
广范 pH 试纸
离心机

实验内容

1. 第Ⅱ组阳离子与硫代乙酰胺的作用

取 7 支离心试管,分别加入 Pb^{2+}、Cu^{2+}、Bi^{3+}、Cd^{2+}、Hg^{2+}、Sb^{3+}、Sn^{4+}离子溶液 6 滴,然后各加入 2 mol·L^{-1} HCl 溶液 1 滴及 5%硫代乙酰胺溶液 10 滴,置于沸水浴上加热,注意观察沉淀过程中的颜色变化。离心分离,弃去清液。

在 PbS、CuS、CdS 和 Bi_2S_3 沉淀上各加 6 mol·L^{-1} HNO_3 溶液 3 滴,而在 HgS、Sb_2S_3 和 SnS_2 沉淀上各加 Na_2S 试剂 3～4 滴,置于水浴上加热,观察这些硫化物沉淀的溶解情况。

2. 第Ⅱ组阳离子的鉴定反应

(1) Cu^{2+}离子的鉴定反应

a. 以 $K_4[Fe(CN)_6]$试剂鉴定 Cu^{2+}离子

在点滴板上滴加铜盐溶液及 $K_4[Fe(CN)_6]$试剂各 1 滴,搅拌,立即生成红棕色的 $Cu_2[Fe(CN)_6]$沉淀。

反应条件:反应需在中性或弱酸性溶液中进行。

b. Cu^{2+}离子与氨的特征反应

在小试管中加入铜盐溶液 6 滴,然后逐滴加入 2 mol·L^{-1} 氨水溶液至生成的沉淀溶解,得到特征的深蓝色透明溶液。

反应条件:

1) 反应需在碱性(pH>9)溶液中进行;

2) Ni^{2+}离子与氨水反应亦生成蓝色溶液,干扰 Cu^{2+}离子的鉴定。

(2) Bi^{3+}离子的鉴定反应

a. 以 Na_2SnO_2 试剂鉴定 Bi^{3+}离子

在点滴板上滴加 $SnCl_2$ 溶液 1 滴及 6 mol·L^{-1} NaOH 溶液 2 滴,即生成 $Sn(OH)_2$ 沉淀,并进一步溶于过量碱中生成 Na_2SnO_2。然后加入铋盐溶液 1 滴,立即生成黑色沉淀。

$$3Na_2SnO_2 + 2Bi(OH)_3 \longrightarrow 3Na_2SnO_3 + 2Bi + 3H_2O$$

反应条件:

1) 反应需在强碱性溶液中进行;

2) 反应时不可加热(附注 1)。

b. 以 KI 试剂鉴定 Bi^{3+}离子

在小试管中加入铋盐溶液 3 滴,逐滴加入 KI 试剂,先生成棕黑色 BiI_3 沉淀,再溶于过量 KI,生成橘黄色 $KBiI_4$ 溶液。

反应条件:

1) 反应需在酸性溶液中进行;

2）体系中应无强氧化剂。

(3) Cd^{2+}离子的鉴定反应

即步骤1中所述Cd^{2+}与硫代乙酰胺生成黄色CdS沉淀的特征反应。

(4) Sb^{3+}离子的鉴定反应

在一片光亮的锡片上滴加锑盐溶液1滴，放置后，观察锡片表面生成的金属锑黑色斑点。

反应条件：

1）砷酸或亚砷酸盐亦能在锡片上产生黑色斑点，但斑点能被NaBrO试剂(2滴溴水加2 mol·L^{-1}NaOH溶液至褪色)氧化褪色，而锑斑点不能被氧化；

2) Bi^{3+}、Ag^{+}、Pb^{2+}和Hg^{2+}等离子都能与锡片反应，干扰锑的鉴定。

(5) Sn^{2+}离子的鉴定反应

a. 以$HgCl_2$试剂鉴定Sn^{2+}离子

在小试管中加入$HgCl_2$试剂2滴，然后加入$SnCl_2$溶液2滴，即生成白色Hg_2Cl_2沉淀，并逐渐变成灰色。

反应条件：与$SnCl_2$试剂鉴定Hg^{2+}离子条件相同。

b. 以亚甲基蓝试剂鉴定Sn^{2+}离子

在小试管中加入亚甲基蓝试剂(附注2)2滴及浓盐酸1滴，然后加入亚锡离子溶液2滴，由于亚锡将亚甲基蓝试剂还原，使溶液蓝色褪去。

反应条件：

1）反应需在强酸性溶液中进行；

2）除Fe^{2+}离子在H_3PO_4溶液中可还原亚甲基蓝试剂外，其他离子与亚甲基蓝试剂均不反应，不干扰亚锡的鉴定。

3. 第Ⅱ组阳离子的分离和鉴定

(1) 调节pH

为了使第Ⅱ组阳离子和第Ⅲ、Ⅳ、Ⅴ组阳离子分离，须严格控制溶液的酸度。

取分离掉第Ⅰ组阳离子所留下的混合试液，加入浓氨水，每加1滴都要充分搅拌直至呈弱碱性(用石蕊试纸检验)。然后滴加2 mol·L^{-1} HCl溶液，每加1滴也要充分搅拌，直至溶液呈微弱的酸性(蓝色石蕊试纸变红，刚果红试纸不变蓝)。再滴加约为溶液总体积1/6的2 mol·L^{-1} HCl溶液，使溶液的[H^{+}]约为0.3 mol·L^{-1}(pH=0.5)，此时甲基紫试纸呈蓝绿色。若溶液的酸度不够，可再用2 mol·L^{-1} HCl溶液调节。

(2) 沉淀分离第Ⅱ组阳离子

取调节好酸度的溶液，滴加硫代乙酰胺试剂25滴，将试管置于沸水浴中加热10 min。取出稍冷，加水将体积稀释一倍。继续加热5 min，冷却，离心。在清液上滴加硫代乙酰胺数滴并加热，检查沉淀是否完全。沉淀完全后，离心分离，保留清液待用。

(3) Sn^{4+}、Sb^{3+}离子与Cu^{2+}、Bi^{3+}、Pb^{2+}、Cd^{2+}离子分离

将步骤(2)所得沉淀用5% NH_4NO_3溶液洗涤2次后，在沉淀上滴加2 mol·L^{-1} Na_2S溶液10滴，于水浴上加热2～3 min并充分搅拌。趁热离心分离，保留溶液。沉淀再用数滴Na_2S处理1次，将两次离心所得溶液合并。此时锡与锑转化为络离子SnS_3^{2-}和SbS_3^{3-}进入溶液，而CuS、PbS、CdS和Bi_2S_3则不溶。

(4) SnS_2和Sb_2S_3的重沉淀

在上述含 SnS_3^{2-} 和 SbS_3^{3-} 的溶液中逐滴加入 6 mol·L^{-1} HCl 溶液，直至溶液呈酸性(用石蕊试纸检验)，这时锡与锑又生成硫化物沉淀。为使沉淀完全，再滴加硫代乙酰胺试剂 5 滴，于沸水浴上加热，离心分离，将溶液弃去。

(5) SnS_2 和 Sb_2S_3 的溶解

用滤纸条将步骤(4)得到的沉淀吸干，在沉淀上滴加浓盐酸 10～15 滴，于沸水浴上加热 5 min，使沉淀溶解，然后转移至小烧杯中，煮沸，除去 H_2S。若溶液中有硫残渣，离心分离除去。

(6) Sn^{4+} 离子的鉴定

取步骤(5) 所得的溶液 4 滴，加入 6 mol·L^{-1} HCl 溶液 10 滴，并加入一小片镁片，使 Sn^{4+} 还原，然后取清液，用 $HgCl_2$ 试剂或亚甲基蓝试剂检验 Sn^{2+} 。

(7) Sb^{3+} 离子的鉴定

取步骤(5) 所得的溶液，按前述鉴定方法直接用锡片检验 Sb^{3+} 。

(8) CuS、PbS、CdS 和 Bi_2S_3 的溶解

取步骤(3) 得到的沉淀，用 5% NH_4NO_3 溶液洗涤 1 次后，加 6 mol·L^{-1} HNO_3 溶液 10 滴，加热 2～3 min，并不断搅拌。若溶液上浮有黑色不溶物，离心弃去。

(9) Pb^{2+} 离子的分离及鉴定

将步骤(8) 得到的溶液转入 5 mL 烧杯中，小心加入浓硫酸 4 滴，小火加热蒸发至冒白烟($SO_3\uparrow$)。冷却后加入 6 滴水，搅拌后放置(防止 $PbSO_4$ 过饱和)。然后将沉淀连同溶液一起转入离心试管，用 3 滴水淋洗烧杯，洗涤液并入离心试管中，离心分离，溶液转移至另一试管以检验 Cu^{2+} 、Cd^{2+} 与 Bi^{3+} 。

将沉淀用水洗涤 2 次，每次用水 3 滴。在沉淀(附注 3) 上加 3 mol·L^{-1} NH_4Ac 溶液 4 滴，于水浴上加热以溶解 $PbSO_4$，按 Pb^{2+} 的鉴定方法检验 Pb^{2+} 。

(10) Cd^{2+} 、Cu^{2+} 与 Bi^{3+} 离子的分离及 Cu^{2+} 离子的鉴定

在步骤(9)所得的溶液中，逐滴加入浓氨水，直至对石蕊试纸呈碱性后，再多加几滴。这时溶液若呈 $[Cu(NH_3)_4]^{2+}$ 的深蓝色，即可证明有 Cu^{2+}，也可以 $K_4[Fe(CN)_6]$ 试剂进一步确证。

将溶液离心分离，溶液中含 $[Cu(NH_3)_4]^{2+}$ 和 $[Cd(NH_3)_4]^{2+}$，沉淀则为白色的 $Bi(OH)_3$。

(11) Cd^{2+} 离子的分离及鉴定

将上述分离后的溶液用 2 mol·L^{-1} HCl 溶液和 2 mol·L^{-1} 氨水调节至溶液呈弱酸性，加入相当于溶液体积 1/2 的 6 mol·L^{-1} HCl 溶液，再加硫代乙酰胺 4～5 滴，于水浴上加热，使 CuS 沉淀完全。离心分离后，在溶液中滴加 3 mol·L^{-1} NaAc 溶液数滴和硫代乙酰胺试剂 2 滴，加热，得到黄色的 CdS 沉淀，此即 Cd^{2+} 的确证反应。

(12) Bi^{3+} 离子的鉴定

将上述步骤(10)得到的白色 $Bi(OH)_3$ 沉淀用水洗涤 2 次，加 2～3 滴 2 mol·L^{-1} HCl 溶液，溶解沉淀，按前述 Bi^{3+} 离子的鉴定方法检验 Bi^{3+} 。

附注

1. Na_2SnO_2 溶液受热时易发生下面两个反应，均产生深色沉淀，干扰 Bi^{3+} 离子的鉴定：

$$Na_2SnO_2 + H_2O \longrightarrow SnO\downarrow(黑) + 2NaOH$$

$$2Na_2SnO_2 + H_2O \longrightarrow Na_2SnO_3 + 2NaOH + Sn\downarrow(黑)$$

2. 亚甲基蓝(methylene blue)

$$\left[(CH_3)_2N\text{-}C_{12}H_6N\overset{+}{S}\text{-}N(CH_3)_2 \right] Cl^-$$

又名次甲基蓝、品蓝,分子式 $C_{16}H_{18}ClN_3S \cdot 3H_2O$,绿色晶体,易溶于水。易被亚锡离子等还原剂还原而褪色,可用以鉴定亚锡离子。

3. 此步所得的白色沉淀也可能是 $(BiO)_2SO_4$,故需进一步确证之。

思考题

1. 请写出硫代乙酰胺在酸性和碱性条件下的水解产物(用反应式表示)。

2. 简述在第Ⅱ组阳离子中,将 Sn^{4+}、Sb^{3+} 离子与 Cu^{2+}、Bi^{3+}、Pb^{2+}、Cd^{2+} 离子分离所用的试剂及条件。

3. 用硫代乙酰胺从混合试液中沉淀出第Ⅱ组阳离子时,溶液的酸度应调节为 $[H^+]=0.3\,mol \cdot L^{-1}$,能否用 HNO_3 或 H_2SO_4 来代替调节酸度用的盐酸?在沉淀过程中,为什么还要用水将溶液稀释一倍?

4. Sn^{2+} 也属于第Ⅱ组,但 SnS 不溶于 Na_2S 溶液中。在铜组和锡组的分离中,若欲使其进入锡组,应先作何处理?

第Ⅲ组阳离子的分离与鉴定

Fe^{3+}、Fe^{2+}、Co^{2+}、Ni^{2+}、Mn^{2+}、Cr^{3+}、Zn^{2+}、Al^{3+} 离子属于第Ⅲ组阳离子。它们在酸性溶液中不生成硫化物沉淀,但却可以在氨碱性溶液中沉淀完全。其中 Cr^{3+} 和 Al^{3+} 离子虽然在水溶液中不能生成硫化物,但在氨碱性溶液中可生成 $Cr(OH)_3$ 和 $Al(OH)_3$ 沉淀,与 NiS、FeS、MnS、ZnS、CoS 一起沉淀下来。利用这个性质可以将第Ⅲ组阳离子与碱金属、碱土金属离子分离,再逐一予以鉴定。

实验用品

铝盐溶液(含 $5\,mg \cdot mL^{-1}$ Al^{3+} 离子的硝酸盐溶液)
锰盐溶液(含 $5\,mg \cdot mL^{-1}$ Mn^{2+} 离子的硝酸盐溶液)
镍盐溶液(含 $5\,mg \cdot mL^{-1}$ Ni^{2+} 离子的硝酸盐溶液)
锌盐溶液(含 $5\,mg \cdot mL^{-1}$ Zn^{2+} 离子的硝酸盐溶液)
钴盐溶液(含 $5\,mg \cdot mL^{-1}$ Co^{2+} 离子的硝酸盐溶液)
三价铬盐溶液(含 $5\,mg \cdot mL^{-1}$ Cr^{3+} 离子的硝酸盐溶液)
三价铁盐溶液(含 $5\,mg \cdot mL^{-1}$ Fe^{3+} 离子的硝酸盐溶液)
二价铁盐溶液(含 $5\,mg \cdot mL^{-1}$ Fe^{2+} 离子的硫酸盐溶液)

盐酸	$HCl(2\,mol \cdot L^{-1})$
$H_2SO_4(2\,mol \cdot L^{-1}, 1\,mol \cdot L^{-1})$	硝酸
$HNO_3(6\,mol \cdot L^{-1})$	$NaOH(40\%, 6\,mol \cdot L^{-1}, 2\,mol \cdot L^{-1})$

氨水(浓，6 mol·L^{-1}，2 mol·L^{-1})	硫代乙酰胺(5%)
H_2O_2(3%)	HAc(6 mol·L^{-1}，2 mol·L^{-1})
$(NH_4)_2CO_3$(2 mol·L^{-1})	$Pb(NO_3)_2$(0.5 mol·L^{-1})
K_2CrO_4(或 $K_2Cr_2O_7$)(0.5 mol·L^{-1})	铋酸钠(或氧化高铅)
$K_4[Fe(CN)_6]$(0.5 mol·L^{-1})	KSCN(10%)
$K_3[Fe(CN)_6]$(0.5 mol·L^{-1})	
$(NH_4)_2[Hg(SCN)_4]$(8 g $HgCl_2$ 和 9 g NH_4SCN 溶于 100 mL 水)	
$CoCl_2$(0.02%)	NH_4SCN(25%)
KNO_2(6 mol·L^{-1})	NH_4Cl(2 mol·L^{-1})
氟化钠	铝试剂(0.1%)
茜素试剂(饱和乙醇溶液)	乙醚
丁二酮肟(1%乙醇溶液)	丙酮
石蕊试纸	离心机
显微镜、载玻片	广范 pH 试纸

实验内容

1. Fe^{3+}、Ni^{2+}、Mn^{2+}、Zn^{2+}、Co^{2+} 在氨性溶液中与硫代乙酰胺的作用

取 5 支离心试管，分别滴加 Fe^{3+}、Ni^{2+}、Mn^{2+}、Zn^{2+}、Co^{2+} 离子溶液 2 滴，加入浓氨水至碱性，再各加硫代乙酰胺 2 滴，于沸水浴中加热，观察生成沉淀的颜色。

2. 第Ⅲ组阳离子与氨水的反应

取 6 支试管，分别加入 Fe^{3+}、Ni^{2+}、Cr^{3+}、Zn^{2+}、Co^{2+}、Al^{3+} 离子溶液 4 滴，滴加2 mol·L^{-1}氨水 1 滴，观察生成沉淀的颜色。再滴加6 mol·L^{-1}氨水，观察沉淀的溶解情况。

3. 第Ⅲ组阳离子与 NaOH 和 H_2O_2 的反应

取 7 支试管，分别加入 Fe^{3+}、Ni^{2+}、Mn^{2+}、Cr^{3+}、Zn^{2+}、Co^{2+}、Al^{3+} 离子溶液 4 滴，加入 2 mol·L^{-1} NaOH 溶液 1 滴，观察生成沉淀的颜色。再滴加 6 mol·L^{-1} NaOH 溶液，观察沉淀的溶解情况。然后在各试管中再加入 3% H_2O_2 溶液 2 滴，于水浴中加热，观察有何变化。

4. 第Ⅲ组阳离子的鉴定反应

(1) Al^{3+} 离子的鉴定反应

a. 以铝试剂鉴定 Al^{3+} 离子

在小试管中滴加铝盐溶液 2 滴及 2 mol·L^{-1} HAc 溶液 4 滴，然后滴加铝试剂(附注 1) 4 滴。于沸水浴中加热后，滴加 2 mol·L^{-1} 氨水，至溶液对石蕊试纸呈碱性。再滴加 2 mol·L^{-1} $(NH_4)_2CO_3$ 溶液 3 滴，即生成鲜红色沉淀。若铝的含量很少，将无沉淀，仅溶液呈红色。

反应条件：

1) 反应需在弱碱性溶液中进行；

2) Ca^{2+}、Fe^{3+} 离子将干扰 Al^{3+} 离子的鉴定。

b. 以茜素试剂鉴定 Al^{3+} 离子

按图Ⅱ.19.1 所示，进行纸上点滴反应。分别取茜素试剂(附注 2)及铝盐溶液点样，使两斑点相交。然后将滤纸在氨水瓶口熏 1～2 min，茜素试剂

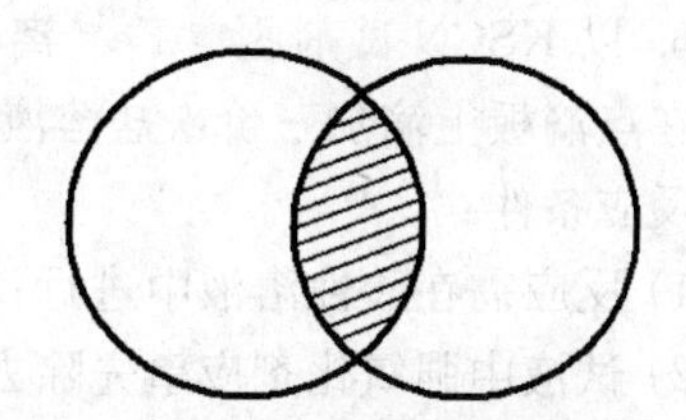

图Ⅱ.19.1 茜素试剂与铝盐溶液斑点相交

浸润的斑点呈紫色,铝盐溶液浸润的斑点无色,两斑点相交处则为红色。将滤纸烘干,使氨气挥发,则紫红色变淡,而红色不褪。注意紫色与红色的区别。

反应条件:

1) 反应需在弱碱性条件下进行。生成的红色内络盐不溶于醋酸;

2) Bi^{3+}、Fe^{3+}、Cu^{2+} 离子干扰 Al^{3+} 离子的鉴定。

(2) Cr^{3+} 离子的鉴定反应

定性分析中,一般是将三价铬氧化成铬酸盐,再进行鉴定铬酸盐。

a. Cr^{3+} 离子氧化成为铬酸盐

在小试管中加入三价铬盐溶液 2 滴,滴加 2 mol·L^{-1} NaOH 溶液至生成沉淀后又溶解。再滴加 3% H_2O_2 溶液 3 滴,水浴加热,溶液渐渐变成黄色,即生成铬酸盐。

b. 以 $Pb(NO_3)_2$ 试剂鉴定铬酸盐

取铬酸盐溶液 1 滴,滴加 $Pb(NO_3)_2$ 试剂 1 滴,即得到黄色 $PbCrO_4$ 沉淀。

反应条件:与 K_2CrO_4 试剂鉴定 Pb^{2+} 离子的条件相同。

c. 过铬酸法鉴定铬酸及重铬酸盐

在试管中滴加乙醚、1 mol·L^{-1} H_2SO_4 溶液及 3% H_2O_2 溶液各 7 滴,混匀后再滴加 K_2CrO_4 或 $K_2Cr_2O_7$ 溶液 1 滴,振摇试管,则上层乙醚将生成特征的蓝色。反应式为

$$CrO_4^{2-} + 2H_2O_2 + 2H^+ = H_2CrO_6 + 2H_2O$$

$$Cr_2O_7^{2-} + 4H_2O_2 + 2H^+ = 2H_2CrO_6 + 3H_2O$$

反应条件:

1) 反应需在酸性溶液中进行;

2) 反应时应有乙醚存在,因为过铬酸在乙醚中较为稳定。

(3) Mn^{2+} 离子的鉴定反应

在小试管中加入少许 $NaBiO_3$ 或 PbO_2 粉末,然后滴加 6 mol·L^{-1} HNO_3 溶液 10 滴及锰盐溶液 1 滴,水浴加热,即可生成紫色的高锰酸盐。

反应条件:

1) 反应需在强酸性溶液中进行;

2) 试液中应除去 Cl^-、H_2O_2 等还原剂;

3) 锰盐溶液用量较少时,现象将比较明显,否则易生成 MnO_2 沉淀。

(4) Fe^{3+} 离子的鉴定反应

a. 以 $K_4[Fe(CN)_6]$ 试剂鉴定 Fe^{3+} 离子

在点滴板上滴加三价铁盐溶液及 $K_4[Fe(CN)_6]$ 试剂各 1 滴,立即生成蓝色沉淀。

反应条件:

反应需在酸性溶液中进行。

b. 以 KSCN 试剂鉴定 Fe^{3+} 离子

在点滴板上滴加三价铁盐溶液及 KSCN 试剂各 1 滴,溶液立即变成深红色。

反应条件:

1) 反应需在酸性溶液中进行;

2) 试液中强氧化剂应事先除去;

3) NO_2^- 与 KSCN 试剂反应生成红色 NOSCN,干扰 Fe^{3+} 离子的鉴定。

(5) Fe^{2+}离子的鉴定反应

在点滴板上滴加二价铁盐溶液及$K_3[Fe(CN)_6]$试剂各1滴,立即生成蓝色沉淀。

反应条件:

反应需在酸性溶液中进行。

(6) Ni^{2+}离子的鉴定反应

在点滴板上滴加镍盐溶液及2 mol·L^{-1} 氨水各1滴,然后滴加丁二酮肟试剂(附注3) 1滴,生成鲜红色沉淀。

反应条件:

1) 反应需在有氨存在的碱性溶液中进行;

2) Fe^{2+}离子与丁二酮肟试剂也生成红色沉淀,应在鉴定前将Fe^{2+}氧化成Fe^{3+}离子,并加入NaF将Fe^{3+}离子掩蔽。

(7) Zn^{2+}离子的鉴定反应

a. 以$(NH_4)_2[Hg(SCN)_4]$试剂鉴定Zn^{2+}离子(显微结晶反应)

在载玻片上滴加锌盐溶液1滴,然后滴加6 mol·L^{-1} HAc溶液及$(NH_4)_2[Hg(SCN)_4]$试剂各1滴,即可观察到特征形状的$Zn[Hg(SCN)_4]$晶体生成(见图Ⅱ.19.2)。

反应条件:

1) 反应需在弱酸性溶液中进行。

2) Cu^{2+}、Fe^{3+}、Co^{2+}等离子干扰Zn^{2+}离子的鉴定(附注4)。

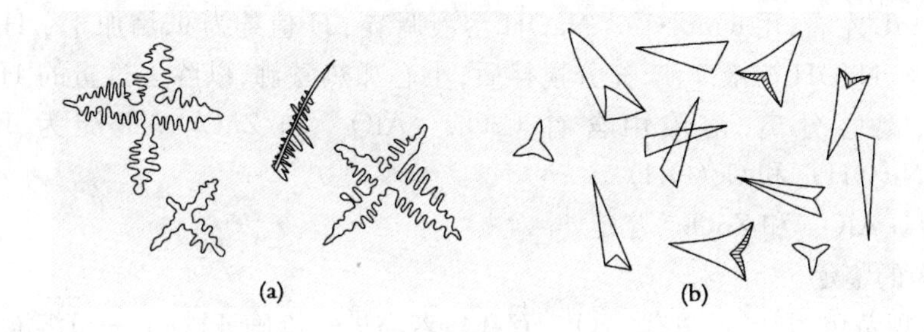

图Ⅱ.19.2 $Zn[Hg(SCN)_4]$晶体

(a) 通常情况下 (b) 在无机酸存在下或从很稀溶液中

b. 以$(NH_4)_2[Hg(SCN)_4]$+0.02%$CoCl_2$混合试剂鉴定Zn^{2+}离子

在点滴板上滴加0.02% $CoCl_2$溶液及$(NH_4)_2[Hg(SCN)_4]$试剂各1滴,搅拌混匀,不生成沉淀。滴加锌盐溶液1滴后,立即析出蓝色沉淀(附注5)。

反应条件:

反应需在弱酸性溶液中进行。

(8) Co^{2+}离子的鉴定反应

a. 以NH_4SCN试剂鉴定Co^{2+}离子

在点滴板上滴加钴盐溶液及NH_4SCN试剂各1滴,然后滴加丙酮2滴,溶液即呈现天蓝色。

b. 以KNO_2试剂鉴定Co^{2+}离子

在小试管中滴加钴盐溶液 2 滴,用 6 mol·L^{-1} HAc 溶液酸化后,滴加 6 mol·L^{-1} KNO_2 试剂 2 滴,水浴加热,立即析出黄色的 $K_3[Co(NO_2)_6]$沉淀。

反应条件:

1) 反应需在弱酸性溶液中进行(附注 6);

2) 需用 KNO_2 的浓溶液或直接加固体 KNO_2 进行反应;

3) 反应需要加热。

5. 第Ⅲ组阳离子的分离与鉴定

(1) 第Ⅲ组阳离子与第Ⅳ、Ⅴ组阳离子的分离

取分离掉第Ⅰ、Ⅱ组阳离子的混合试液,于小烧杯中加热浓缩至 2 mL 左右,转移至离心试管,加入 2 mol·L^{-1} NH_4Cl 溶液 10 ～ 15 滴,再以氨水调节至 pH 8～9。加入 5%硫代乙酰胺试剂 25 滴,置于沸水浴上加热,离心,检验沉淀是否完全。沉淀完全后,离心分离,溶液为第Ⅳ和第Ⅴ组阳离子混合溶液。吸取上层清液置于 25 mL 小烧杯中,滴加浓盐酸 5 滴,煮沸以除去 H_2S。保留待用。

沉淀为第 Ⅲ 组阳离子的硫化物或氢氧化物,用 0.5 mol·L^{-1} NH_4Cl 溶液洗涤数次,然后在沉淀上滴加浓盐酸 5 滴、浓硝酸 2 滴,置于水浴上加热搅拌,使沉淀溶解。离心分离,将白色残渣弃去,溶液即为第Ⅲ组阳离子试液。若残渣仍为黑色,则在残渣上再加浓盐酸 3 滴、浓硝酸 1 滴,重复处理直至残渣变为白色为止。弃去残渣,溶液合并。

(2) Cr^{3+}、Al^{3+}、Zn^{2+}离子与 Fe^{3+}、Mn^{2+}、Ni^{2+}、Co^{2+}离子的分离

取第Ⅲ组阳离子试液,置于 25 mL 小烧杯中,滴加浓盐酸 5 滴,煮沸除去 H_2S,,蒸发浓缩至体积为 1 mL 左右,用 6 mol·L^{-1} NaOH 溶液调节 pH 值约为 9,滴加 3% H_2O_2 溶液 5 滴,再加入 40% NaOH 溶液 5 滴,充分搅拌后,小心加热煮沸,以除去过量的 H_2O_2。转移至离心试管,离心分离,溶液中含有 CrO_4^{2-}、AlO_2^- 和 ZnO_2^{2-},沉淀为 $Fe(OH)_3$、$MnO(OH)_2$、$Ni(OH)_2$ 和 $Co(OH)_3$。

(3) CrO_4^{2-}、AlO_2^- 和 ZnO_2^{2-} 鉴定

a. CrO_4^{2-} 的鉴定

若溶液呈现黄色,则已表明有 CrO_4^{2-} 存在。若需进一步确证,则取一份溶液,按 Cr^{3+} 离子的鉴定方法检验即可。

b. Al^{3+}和 Zn^{2+}的鉴定

另取 2 份溶液,分别鉴定 Al^{3+}及 Zn^{2+}离子。

(4) Mn^{2+}离子的分离与鉴定

将步骤(2) 得到的沉淀用热水洗涤 3 次,洗涤时充分搅拌,然后离心分离。在沉淀上滴加 2 mol·L^{-1} H_2SO_4 溶液 6～8 滴。此时 Fe^{3+}、Ni^{2+}、Co^{2+}离子转入溶液,而 $MnO(OH)_2$ 不溶。离心分离,在沉淀上滴加 3% H_2O_2 溶液 3 滴,再滴加 2 mol·L^{-1} H_2SO_4 溶液 2 滴,加热使沉淀溶解,并赶尽 H_2O_2,按 Mn^{2+}离子的鉴定方法检验 Mn^{2+}。

(5) Fe^{3+}和 Ni^{2+}、Co^{2+}离子的分离及 Ni^{2+}、Co^{2+}离子的鉴定

在步骤(4) 所得含 Fe^{3+}、Ni^{2+}、Co^{2+}离子的溶液中,加入 2 mol·$L^{-1}$$NH_4Cl$ 溶液 5 滴,并逐滴加入浓氨水至溶液呈碱性后,再多加浓氨水 4 滴,此时 Fe^{3+}离子生成了 $Fe(OH)_3$ 沉淀,而 Ni^{2+}和 Co^{2+}离子则生成 $[Ni(NH_3)_6]^{2+}$和$[Co(NH_3)_6]^{2+}$络离子留在溶液中。离心分离,取溶液分别进行 Ni^{2+}、Co^{2+}离子的鉴定。

Ni^{2+} 离子的鉴定需加入 NaF 后，用丁二酮肟试剂进行。

Co^{2+} 离子的鉴定需经 $6\ mol \cdot L^{-1}$ HAc 溶液酸化，再滴加 $6\ mol \cdot L^{-1}$ KNO_2 试剂 2 滴，水浴加热，鉴定 Co^{2+} 离子；或在 NaF 存在下，用 NH_4SCN 和丙酮试剂鉴定。

(6) Fe^{3+} 离子的鉴定

将步骤(5) 所得沉淀用 $2\ mol \cdot L^{-1}$ HCl 溶液溶解，然后按 Fe^{3+} 离子的鉴定方法检验 Fe^{3+}。

附注

1. 铝试剂(aluminon)

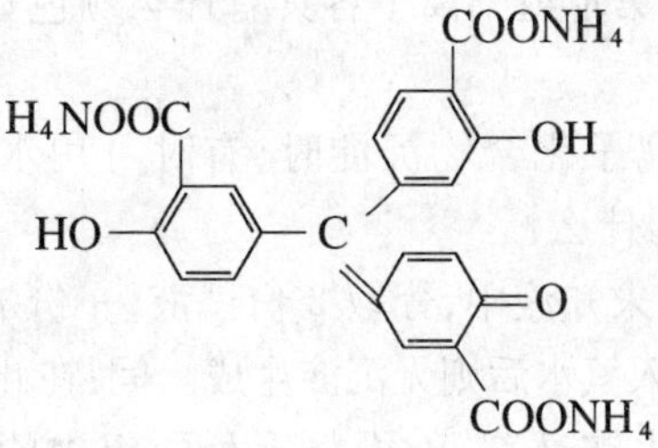

又名玫红三羧酸铵，分子式为 $C_{22}H_{23}N_3O_9$。棕红色粉末，易溶于水。在氨存在下与铝、铬、锂离子反应生成红色沉淀，用以鉴定 Al^{3+} 离子。

2. 茜素(alizarine)

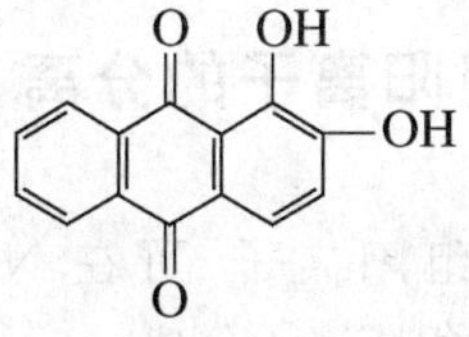

又名 1,2-二羟基蒽醌，分子式为 $C_{14}H_8O_4$，红色针状晶体。微溶于水，可溶于碱性水溶液以及甲醇、乙醚、苯、冰醋酸等。茜素试剂与铝、镓、铟阳离子和铌、钽、钼、钨、铀的阴离子生成红到紫红色配合物，可用以鉴定 Al^{3+} 离子。

3. 丁二酮肟(butanedionedioxime)

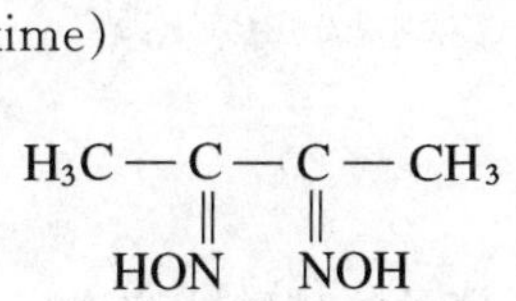

$$H_3C-\underset{\underset{HON}{\|}}{C}-\underset{\underset{NOH}{\|}}{C}-CH_3$$

俗称丁二肟，又名二甲基乙二醛肟，分子式为 $C_4H_8N_2O_2$，白色晶体。难溶于水，溶于乙醇、乙醚、丙酮等。丁二肟与 Ni^{2+} 离子生成鲜红色沉淀，且干扰很少，是鉴定 Ni^{2+} 离子的选择性试剂。

4. 除 Zn^{2+} 离子外，还有很多离子能与 $(NH_4)_2[Hg(SCN)_4]$ 试剂生成有色沉淀，如 $Cu[Hg(SCN)_4]$(黄色)、$Fe_2[Hg(SCN)_6]$(绿色) 等等，而且时常由两种离子生成特征颜色的共晶，如 $Cu[Hg(SCN)_4] \cdot Zn[Hg(SCN)_4]$(紫色)。

5. Co^{2+} 与 $(NH_4)_2[Hg(SCN)_4]$ 试剂能生成蓝色 $Co[Hg(SCN)_4]$。$CoCl_2$ 溶液过稀时，不能与 $(NH_4)_2[Hg(SCN)_4]$ 试剂立即作用生成蓝色沉淀，若搅拌时间过长会有

沉淀生成；但有 Zn^{2+} 离子存在时，Co^{2+} 离子就容易与之生成蓝色结晶 $Co[Hg(SCN)_4]\cdot Zn[Hg(SCN)_4]$，即可鉴定 Zn^{2+} 离子。

6．在强酸性溶液中，$K_3[Co(NO_2)_6]$ 沉淀将分解生成 Co^{2+} 离子：

$$2[Co(NO_2)_6]^{3-} + 10H^+ \longrightarrow 2Co^{2+} + 5NO + 7NO_2 + 5H_2O$$

而在碱性溶液中，$K_3[Co(NO_2)_6]$ 沉淀将生成 $Co(OH)_3$ 沉淀

$$[Co(NO_2)_6]^{3-} + 3OH^- \longrightarrow 6NO_2^- + Co(OH)_3 \downarrow$$

思考题

1．将第Ⅲ组阳离子沉淀为硫化物或氢氧化物时的反应条件是什么？组试剂是什么？

2．在弱酸性的水溶液中，第Ⅲ组阳离子各具有什么颜色？能否根据试液的颜色来初步判断有哪些离子可能存在？

3．洗涤第Ⅰ、Ⅱ、Ⅲ组阳离子化合物沉淀时，有时可用水，有时要用稀酸，有时又要用 NH_4Cl 或 NH_4NO_3 稀溶液，为什么？

4．从一含第Ⅲ组阳离子的未知液中，分取 2 份试液，一份加入过量的 NaOH 仍有沉淀存在；另一份在 NH_4Cl 存在下加入氨水后则无沉淀生成。问：在此未知液中可能存在哪些离子？

5．若不采用硫化氢或硫化铵试剂，能否将下列两组中的各个离子分离？试写出分离步骤。

1）Al^{3+}、Zn^{2+}、Fe^{3+}、Co^{2+}；

2）Mn^{2+}、Ni^{2+}、Al^{3+}。

第Ⅳ组阳离子的分离与鉴定

Ba^{2+}、Sr^{2+}、Ca^{2+} 属于第 IV 组阳离子，可在 NH_3 和 NH_4Cl 存在下，用组试剂 $(NH_4)_2CO_3$ 完全沉淀，由此与第 V 组阳离子分离。

Ba^{2+}、Sr^{2+}、Ca^{2+} 离子的碳酸盐、草酸盐、磷酸盐在水中的溶解度比较小，而其他各种盐的溶解度不同，尤其是在溶液酸度不同时，溶解度的差异更大，例如，在 HAc-NaAc 缓冲溶液中，$BaCrO_4$ 难溶，而 $CaCrO_4$、$SrCrO_4$ 能溶解。根据溶解度的差异，可将 Ba^{2+}、Sr^{2+}、Ca^{2+} 离子逐一分离，予以鉴定。

实验用品

钙盐溶液（含 5 $mg\cdot mL^{-1}$ Ca^{2+} 离子的硝酸盐溶液）

锶盐溶液（含 5 $mg\cdot mL^{-1}$ Sr^{2+} 离子的硝酸盐溶液）

钡盐溶液（含 5 $mg\cdot mL^{-1}$ Ba^{2+} 离子的硝酸盐溶液）

HCl（2 $mol\cdot L^{-1}$）　　H_2SO_4（1 $mol\cdot L^{-1}$）

NH_4Cl（2 $mol\cdot L^{-1}$）　　氨水（2 $mol\cdot L^{-1}$，6 $mol\cdot L^{-1}$）

$(NH_4)_2CO_3$（2 $mol\cdot L^{-1}$）　　HAc（2 $mol\cdot L^{-1}$，6 $mol\cdot L^{-1}$）

$(NH_4)_2C_2O_4$（0.2 $mol\cdot L^{-1}$）　　玫瑰红酸钠（0.1%）

K_2CrO_4（1 $mol\cdot L^{-1}$）　　NaAc（2 $mol\cdot L^{-1}$）

$(NH_4)_2SO_4$（饱和溶液）　　显微镜，载玻片

铂金丝　　　　　　　　　　　　　离心机

实验内容

1. 第 IV 组阳离子与$(NH_4)_2CO_3$的作用

取 3 支离心试管,分别滴加钙盐、锶盐和钡盐溶液 3 滴,各加入 2 mol·L^{-1} NH_4Cl溶液 1 滴、2 mol·L^{-1}氨水 1 滴和$(NH_4)_2CO_3$试剂(附注 1) 2 滴,置于水浴上加热,观察沉淀的颜色和形状,离心分离,试验沉淀在 2 mol·L^{-1} HAc 中的溶解度。

2. 第Ⅳ组阳离子的鉴定反应

(1) Ca^{2+}离子的鉴定反应

a. $(NH_4)_2C_2O_4$试剂

滴加钙盐溶液和$(NH_4)_2C_2O_4$试剂各 2 滴,混匀后加热,立即生成白色的草酸钙沉淀$CaC_2O_4 \cdot H_2O$。

反应条件:

1) 反应需在弱碱性、中性或弱酸性溶液中进行,草酸钙溶于一般的无机酸,而不易溶于醋酸;

2) 加热可促进沉淀的生成;

3) Ba^{2+}、Sr^{2+}与试剂亦生成难溶性草酸盐,但较易溶于醋酸。

b. H_2SO_4试剂(显微结晶反应)

在载玻片上滴加钙盐溶液及 1 mol·L^{-1} H_2SO_4试剂各 1 滴,几分钟后即析出$CaSO_4 \cdot 2H_2O$晶体(图Ⅱ.19.3)。

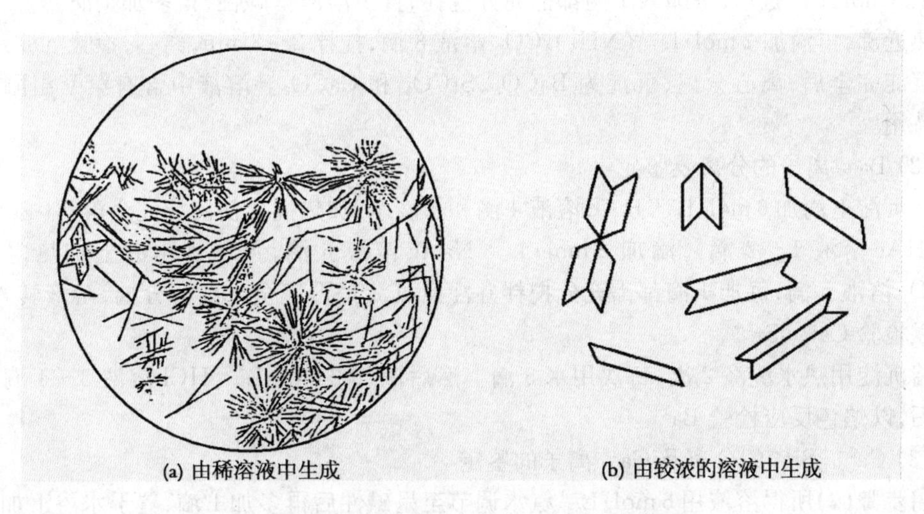

图Ⅱ.19.3　不同浓度下生成的$CaSO_4 \cdot 2H_2O$晶体

若无晶体,可稍微加热浓缩(附注 2)。

c. 焰色反应

钙盐的火焰颜色呈砖红色。

(2) Sr^{2+}离子的鉴定反应

a. 玫瑰红酸钠试剂(纸上点滴反应)

取中性锶盐溶液及0.1%玫瑰红酸钠试剂(附注3)于滤纸上点样,生成棕红色的斑点,滴加2 mol·L^{-1}HCl溶液后,斑点即褪去。

反应条件:

1) 反应需在中性溶液中进行;

2) Ba^{2+}与玫瑰红酸钠试剂反应生成同样颜色的沉淀,干扰Sr^{2+}离子的鉴定(附注4),重金属离子也有干扰。

b. 焰色反应

锶盐的火焰颜色呈猩红色。

(3) Ba^{2+}离子的鉴定反应

a. K_2CrO_4试剂

滴加钡盐溶液及K_2CrO_4试剂各1滴于小试管中,生成黄色的$BaCrO_4$沉淀。沉淀溶于HCl,不溶于HAc。

反应条件:

1) 反应在pH 3~5的弱酸性溶液中进行最为合适,此时Ca^{2+}、Sr^{2+}离子不生成沉淀;

2) 加热可促进沉淀的生成。

b. 焰色反应

钡盐的火焰颜色呈黄绿色。

3. 第Ⅳ组阳离子的分离与鉴定

(1) 第Ⅳ组阳离子与第Ⅴ组阳离子的分离

取分离掉第Ⅰ、Ⅱ、Ⅲ组阳离子的混合试液,滴加2 mol·L^{-1} NH_4Cl溶液8滴,搅拌,逐滴加入6 mol·L^{-1}氨水,每加入1滴都需充分搅拌,直至溶液呈碱性,再多加1滴。置于水浴中加热近沸,再滴加2 mol·L^{-1}$(NH_4)_2CO_3$溶液8滴,搅拌2~3 min,离心,检验沉淀是否完全。沉淀完全后,离心分离,沉淀为$BaCO_3$、$SrCO_3$和$CaCO_3$。溶液中含有第Ⅴ组阳离子,保留待用。

(2) Ba^{2+}离子的分离及鉴定

在沉淀上滴加6 mol·L^{-1} HAc溶液4滴和5滴水,加热搅拌使沉淀完全溶解(必要时可多加HAc溶液1~2滴),滴加2 mol·L^{-1} NaAc溶液6滴,置于沸水浴上加热,再滴加K_2CrO_4溶液5滴,每加1滴都需充分搅拌并注意沉淀是否完全。离心分离,溶液转入另一试管以检验Ca^{2+}、Sr^{2+}。

将沉淀用热水洗涤2次,每次用水5滴。然后滴加2 mol·L^{-1} HCl溶液3~4滴,沉淀溶解后,以焰色反应检验Ba^{2+}。

(3) Ca^{2+}、Sr^{2+}的分离及Ca^{2+}离子的鉴定

将步骤(2)所得溶液用6 mol·L^{-1}氨水调节至呈碱性后再多加1滴,置于水浴上加热,滴加2 mol·L^{-1}$(NH_4)_2CO_3$溶液8滴,搅拌,离心分离,弃去清液,沉淀用热水洗涤2次,每次用水2~3滴。在沉淀上滴加2 mol·L^{-1} HAc溶液4滴,加热溶解,除去CO_2,再滴加饱和$(NH_4)_2SO_4$溶液4滴并不断搅拌(附注5),生成白色的$SrSO_4$沉淀。离心分离,溶液用显微结晶反应或$(NH_4)_2C_2O_4$试剂检验Ca^{2+}。

(4) Sr^{2+}离子的鉴定

将步骤(3)所得沉淀用4滴热水洗涤1次,用铂丝蘸取少量沉淀,在火焰旁烘干后,用少

许盐酸润湿,以焰色反应检验 Sr^{2+}。

附注

1. 用$(NH_4)_2CO_3$ 溶液沉淀第Ⅳ组阳离子,进行第Ⅳ、Ⅴ组阳离子的分离时,有两个条件:

1) 溶液中应有约等量的 NH_3 与 NH_4Cl 同时存在,使溶液在 pH 9 左右,以减少 HCO_3^-,增加 CO_3^{2-},使第 IV 组阳离子的碳酸盐沉淀完全;同时铵盐的存在,可以使溶液碱性较弱,防止生成镁的碱式碳酸盐沉淀。

2) 水浴加热至 80℃左右,可以使碳酸盐转化为晶形沉淀而易于分离,同时也可使$(NH_4)_2CO_3$ 试剂中由于分解而生成的 NH_2COONH_4(氨基甲酸铵)转化为$(NH_4)_2CO_3$

$$H_2NC(=O)-ONH_4 + H_2O = (NH_4)_2CO_3$$

但应当避免过热而使$(NH_4)_2CO_3$ 分解生成 CO_2

$$(NH_4)_2CO_3 \xlongequal{\triangle} 2NH_3 + H_2O + CO_2\uparrow$$

2. H_2SO_4 与 Ca^{2+} 生成特征的 $CaSO_4\cdot 2H_2O$ 晶体是鉴定 Ca^{2+} 十分灵敏的反应。

Ba^{2+}、Sr^{2+} 与 H_2SO_4 反应也生成晶形沉淀,但晶体较小,都不如 $CaSO_4\cdot 2H_2O$ 特征明显,因此有 Ba^{2+}、Sr^{2+} 存在时,只要它们的浓度不超过 Ca^{2+} 浓度的 10 倍,仍可用 $CaSO_4\cdot 2H_2O$结晶反应检验 Ca^{2+}。

$CaSO_4\cdot 2H_2O$ 晶体的形状有两种:由浓溶液中析出的晶体呈小的斜方形,由稀溶液中析出的晶体呈针状。

3. 玫瑰红酸钠试剂是玫瑰红酸的钠盐,它与 Sr^{2+} 的反应为

$$C_6O_4(ONa)_2 + Sr^{2+} = C_6O_4(O_2Sr) + 2Na^+$$

玫瑰红酸钠溶液需临用时配制,配制 4 h 后即失效。

4. 玫瑰红酸钠与 Ba^{2+} 也有相同的反应,反应所得的棕红色斑点滴加 $2\,mol\cdot L^{-1}$ HCl 溶液后变成亮红色。

在系统分析中,常常在第 IV 组阳离子中除去 Ba^{2+} 以后用此试剂鉴定 Sr^{2+},Ca^{2+} 不干扰。若有 Ba^{2+} 存在可用下面的方法:

在滤纸上先滴加 K_2CrO_4 溶液 1 滴,再滴加试液,Ba^{2+} 与 K_2CrO_4 生成 $BaCrO_4$ 沉淀并沉积于中间,Sr^{2+} 向四周扩散,此时再滴加玫瑰红酸钠试剂,则在 $BaCrO_4$ 沉淀周围生成红棕色环。

5. 加入$(NH_4)_2SO_4$ 溶液后,大部分 Ca^{2+} 生成 $Ca(SO_4)_2^{2-}$ 而与 $SrSO_4$ 沉淀分离。

$$2(NH_4)_2SO_4 + Ca^{2+} = Ca(SO_4)_2^{2-} + 4NH_4^+$$

思考题

1. 试述选择$(NH_4)_2CO_3$ 为第Ⅳ组阳离子组试剂的优点。

2. 第Ⅳ组阳离子的各种盐的溶解度有差异,利用此性质请再设计一个分离分析第Ⅳ组

阳离子的方法。

第Ⅴ组阳离子的鉴定

第Ⅴ组阳离子包括 K^+、Na^+、NH_4^+、Mg^{2+} 离子。它们的常见盐都易溶,故又称易溶阳离子组。

在分离第Ⅳ组阳离子时,由于 NH_4Cl 的大量存在,Mg^{2+} 离子不能被 $(NH_4)_2CO_3$ 沉淀,故 Mg^{2+} 离子不与 Ba^{2+}、Sr^{2+}、Ca^{2+} 离子一起组成第Ⅳ组,而留在第Ⅴ组。

第Ⅴ组阳离子不用分离即可用某些特殊试剂进行分别鉴定。NH_4^+ 离子的存在对 K^+ 离子的鉴定有干扰,量大时对 Mg^{2+} 离子的检出也有影响,所以应先将 NH_4^+ 离子除去。其他离子在检出时相互干扰并不严重。

实验用品

钾盐溶液(含 5 mg·mL^{-1} K^+ 离子的硝酸盐溶液)

钠盐溶液(含 5 mg·mL^{-1} Na^+ 离子的硝酸盐溶液)

铵盐溶液(含 5 mg·mL^{-1} NH_4^+ 离子的硝酸盐溶液)

镁盐溶液(含 5 mg·mL^{-1} Mg^{2+} 离子的硝酸盐溶液)

硝酸　　NaOH(6 mol·L^{-1},2 mol·L^{-1})

NH_4Cl(2 mol·L^{-1})　　氨水(2 mol·L^{-1})

Na_2HPO_4(0.5 mol·L^{-1})

镁试剂(0.01%):0.01 g 镁试剂溶解于 100 mL 2 mol·L^{-1} NaOH 溶液

红色石蕊试纸

$Na_3[Co(NO_2)_6]$:溶解 23 g $NaNO_2$ 于 50 mL 水中,加入 16.5 mL 6 mol·L^{-1} HAc 溶液及 3 g $Co(NO_3)_2 \cdot 6H_2O$,静置过夜,取溶液稀释至 160 mL,贮于棕色瓶中。溶液若由棕色变为红色,表示已经分解失效。

钾试剂 $Na_2Pb[Cu(NO_2)_6]$:临用时配制,取 150 mL 水以 2 mL 6 mol·L^{-1} HAc 酸化,加入 20 g 不含 K^+ 的 $NaNO_2$、9 g $Cu(Ac)_2 \cdot H_2O$ 及 16 g $Pb(Ac)_2 \cdot 3H_2O$ 溶解。

醋酸铀酰锌:溶解 10 g $UO_2(Ac)_2 \cdot 2H_2O$ 于 15 mL 6 mol·L^{-1} HAc 溶液中,微热溶解后稀释至 100 mL,另取 30 g $Zn(Ac)_2 \cdot 2H_2O$ 溶解于 15 mL 6 mol·L^{-1} HAc 溶液中,再稀释至100 mL;二溶液加热至 70℃后混合,放置过夜,取清液贮于棕色瓶。

奈氏试剂(Nessler 试剂):3.5 g KI 和 1.3 g $HgCl_2$ 溶解于 70 mL 水中,加入 30 mL 4 mol·L^{-1} NaOH(或 KOH) 溶液,必要时过滤,贮于棕色瓶。

离心机　　微坩埚

实验内容

1. 第Ⅴ组阳离子的鉴定反应

(1) K^+ 离子的鉴定反应

a. $Na_3[Co(NO_2)_6]$试剂

在试管中滴加钾盐溶液 2 滴和 $Na_3[Co(NO_2)_6]$试剂 1～2 滴,搅拌,立即生成黄色的

$K_2Na[Co(NO_2)_6]$沉淀。

$$2K^+ + Na^+ + [Co(NO_2)_6]^{3-} = K_2Na[Co(NO_2)_6] \downarrow$$

反应条件：

1) 反应需在中性或弱酸性溶液中进行，在强酸及碱性溶液中试剂将被分解(附注 1)；

2) 试液中应无强的氧化剂与还原剂；

3) NH_4^+ 与试剂生成相同颜色的$(NH_4)_2Na[Co(NO_2)_6]$沉淀，因此在鉴定 K^+ 离子之前，必须除去 NH_4^+。

b. $Na_2Pb[Cu(NO_2)_6]$试剂(显微结晶反应)

在载玻片上滴加钾盐溶液 1 滴，置于石棉网上小火加热(不要蒸干)，冷却后在残液上滴加 $Na_2Pb[Cu(NO_2)_6]$试剂 1 滴。1～2 min 后，用显微镜观察生成的 $K_2Pb[Cu(NO_2)_6]$晶体形状(图Ⅱ.19.4)。

$$2K^+ + Pb^{2+} + [Cu(NO_2)_6]^{4-} = K_2Pb[Cu(NO_2)_6] \downarrow$$

图Ⅱ.19.4 $K_2Pb[Cu(NO_2)_6]$结晶

反应条件：

1) 反应适宜于在中性溶液中进行；

2) 溶液冷却时晶体容易析出；

3) NH_4^+ 与试剂有同样反应，鉴定前应除去。

c. 焰色反应

钾盐的火焰颜色为特征的紫色。为便于观察，可用钴玻璃(蓝色)滤去钠盐的黄光。

(2) Na^+ 离子的鉴定反应

a. 醋酸铀酰锌 $Zn(UO_2)_3(CH_3COO)_8$ 试剂(显微结晶反应)

在载玻片上滴加钠盐溶液 1 滴，蒸发近干。然后在旁边滴加 $Zn(UO_2)_3(CH_3COO)_8$ 试剂 1 滴，用细玻棒将试剂引至残液，生成亮黄色的 $NaZn(UO_2)_3(CH_3COO)_9 \cdot 6H_2O$ 晶体(图Ⅱ.19.5)。

反应条件：

1) 钠盐含量少时需要先浓缩；

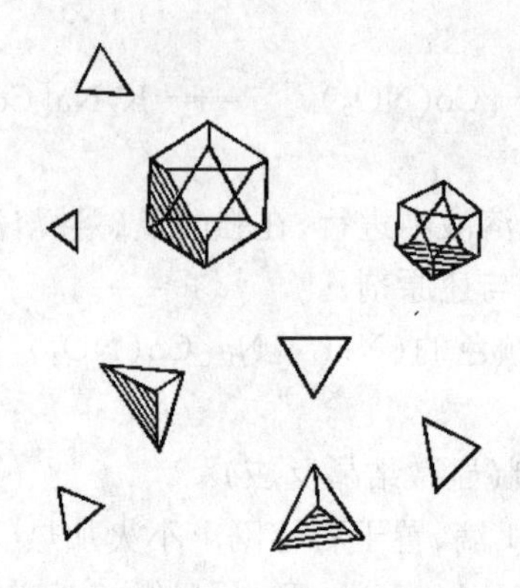

图Ⅱ.19.5 $NaZn(UO_2)_3(CH_3COO)_9 \cdot 6H_2O$ 结晶

2）反应需在中性或弱酸性溶液中进行；

3）K^+、NH_4^+、Mg^{2+} 等离子不干扰 Na^+ 的鉴定。

b. 焰色反应

钠盐的火焰呈黄色(附注 2)，反应十分灵敏。

(3) Mg^{2+} 离子的鉴定反应

a. 镁试剂

在点滴板上滴加镁盐溶液和 6 $mol \cdot L^{-1}$ NaOH 溶液各 1 滴，再滴加镁试剂 1 滴，即产生蓝色沉淀。

反应条件：

1）在碱性溶液中试剂与 $Mg(OH)_2$ 生成蓝色沉淀；

2）溶液中的过量铵盐会妨碍 $Mg(OH)_2$ 沉淀，影响鉴定；

3）碱金属及碱土金属离子均不干扰本反应。

b. Na_2HPO_4 试剂(显微结晶反应)

在载玻片上滴加镁盐溶液和 2 $mol \cdot L^{-1}$ NH_4Cl 溶液各 1 滴，将载玻片小心地倒转后置于 2 $mol \cdot L^{-1}$ 氨水的试剂瓶口，熏 1 min，然后滴加 Na_2HPO_4 试剂 1 滴，即生成特征的 $MgNH_4PO_4 \cdot 6H_2O$ 晶体，见图Ⅱ.19.6。若镁盐溶液很稀，则结晶很慢，可能得到如图Ⅱ.19.7所示的晶体。

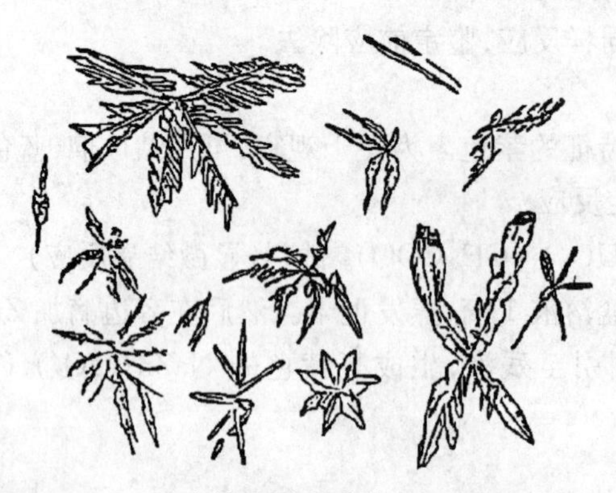

图Ⅱ.19.6 迅速结晶时生成的 $MgNH_4PO_4 \cdot 6H_2O$

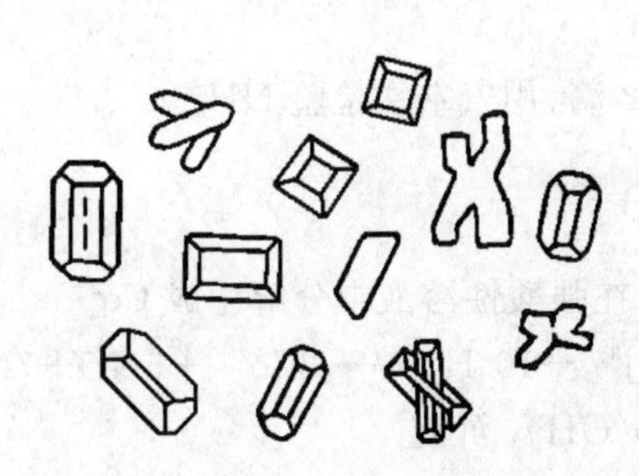

图Ⅱ.19.7 缓慢结晶时生成的 $MgNH_4PO_4 \cdot 6H_2O$

反应条件：

1) 反应需在 NH_4Cl 和 NH_3 同时存在的弱碱性溶液中进行(附注 3)；

2) 除 Na^+、K^+、NH_4^+ 离子外，多数离子在本反应的条件下均生成难溶性磷酸盐，干扰 Mg^{2+} 的鉴定。

(4) NH_4^+ 离子的鉴定反应

a. 奈氏试剂

在小试管中滴加铵盐溶液和奈氏试剂各 1 滴，立即生成红棕色的沉淀，反应式为

$$NH_4^+ + 2HgI_4^{2-} + 4OH^- \longrightarrow O\begin{matrix} \diagup Hg \diagdown \\ \diagdown Hg \diagup \end{matrix} NH_2I\downarrow + 7I^- + 3H_2O$$

反应条件：

1) 反应需在强碱性溶液中进行；

2) 在强碱性溶液中，多数金属离子生成沉淀妨碍 NH_4^+ 的鉴定(附注 4)。

b. 气室法

在表面皿上滴加铵盐溶液 1 滴及 2 $mol \cdot L^{-1}$ NaOH 溶液 2 滴，在另一表面皿凹面处贴一片湿润的红色石蕊试纸，合放在滴有溶液的表面皿上，置于水浴上加热。铵盐即分解放出氨气，使红色石蕊试纸变成蓝色。

也可以用一小片滴有奈氏试剂的滤纸代替红色石蕊试纸来检验放出的氨气。

反应条件：

1) 反应需在较强的碱性溶液中进行；

2) 反应混合物应缓慢加热以防碱液溅至试纸。

2. 第Ⅴ组阳离子的鉴定

取分离掉第Ⅰ、Ⅱ、Ⅲ、Ⅳ组阳离子的混合试液，进行下述鉴定。

(1) Mg^{2+} 离子的鉴定

取试液 1 滴，按 Mg^{2+} 的鉴定方法检验 Mg^{2+}。

(2) K^+ 和 Na^+ 离子的分离与鉴定

取试液 5 滴，置于微坩埚中蒸发近干，冷却后滴加浓硝酸 5 滴，再次蒸干，并加热至无白色气体产生(附注 5)。冷却，滴加 8～10 滴水溶解残渣，取出溶液 1 滴置于点滴板上用奈氏试剂检验 NH_4^+ 是否已除尽，若未除尽，则重复上述操作，直至除尽为止。若残渣不完全溶解(可能是镁的碱式盐)，可进行离心分离，取其清液按 K^+、Na^+ 的鉴定方法分别检验

K^+、Na^+。

(3) NH_4^+ 离子的鉴定

直接取阳离子混合试液 2 滴,用气室法检验 NH_4^+。

附注

1. $Na_3[Co(NO_2)_6]$试剂在强酸性溶液中分解生成 Co^{2+}

$$2[Co(NO_2)_6]^{3-} + 10\ H^+ \longrightarrow 2Co^{2+} + 5NO + 7NO_2 + 5H_2O$$

在强碱性溶液中分解生成 $Co(OH)_3$ 沉淀

$$[Co(NO_2)_6]^{3-} + 3OH^- \longrightarrow 6NO_2^- + Co(OH)_3 \downarrow$$

2. 盛放于普通玻璃皿中的溶液因含少量钠离子亦可使火焰呈黄色,所以用焰色反应检验钠时,应注意焰色是否持久。

3. $MgNH_4PO_4 \cdot 6H_2O$ 晶体在酸性溶液中溶解,在强碱性溶液中生成 $Mg(OH)_2$ 沉淀,所以反应必须在弱碱性溶液中进行。

4. 奈氏试剂为 K_2HgI_4 的 NaOH 溶液,与多数重金属离子生成有色沉淀,如 $Fe(OH)_3$ 沉淀,与奈氏试剂检验铵离子时所生成的沉淀颜色相近,所以在这些金属离子被分离前,不能将试剂直接加入试液来检验 NH_4^+。多种离子的混合溶液中 NH_4^+ 的鉴定可用气室法直接检验。

5. 为除尽 NH_4^+,须使生成的 NH_4NO_3 受热分解

$$NH_4NO_3 \xlongequal{} 2H_2O + N_2O$$

思考题

1. 本组中的 NH_4^+ 对哪些离子的鉴定有干扰?为防止此干扰,本实验采用何方法除尽 NH_4^+,并用何方法检验 NH_4^+ 已除尽?

2. 在含较多种类的阳离子混合液中能否直接用奈氏试剂检测 NH_4^+?此时可用何法?

实验二十 未知阳离子试液的分析鉴定

分析未知试液,是根据已学过的常见阳离子的 H_2S 系统分析方法,进行分离与鉴定,确定试液中存在何种离子。这种实验的目的,一方面是复习和巩固各种离子的分离和鉴定方法,另一方面是培养和训练独立的实验工作能力,培养分析现象、判断结果的思辨能力。

未知试液的分析可分为两步,第一步是初步试验。初步试验的内容包括检验试液的酸碱性,观察试液的颜色,用特效的或干扰离子较少的试剂初步鉴定某些离子是否存在。初步试验的结果有的是可靠的,但多数只供参考,不能作为肯定结论。第二步是系统分析,系统分析时可根据初步试验中可靠的结果对分析步骤进行合理的简化。分析时所用试剂的用量,可以根据具体情况按分析已知液的用量适当增减。

分析结果的最后确定,应该从整个分析过程中所观察到的现象,加以分析判断,得出正确的结论。

实验内容

1. 初步试验

1) 观察溶液的颜色,试验溶液的酸碱性。若有沉淀,应观察沉淀的颜色,估量沉淀的多少。

2) 气室法检验 NH_4^+ 离子。

3) 由焰色反应估计是否有具特征焰色的离子存在。

4) 用 Na_2SnO_2 试剂检验 Bi^{3+}、Hg^{2+} 及 Ag^+(附注 1)。

5) 加 KI 试剂,观察未知溶液与适量 KI 及过量 KI 试剂的作用情况,估计有哪些离子存在。

6) 用 $K_4[Fe(CN)_6]$或 KSCN 检验 Fe^{3+} 离子。

7) 用 $NaBiO_3$ 试剂检验 Mn^{2+} 离子。

8) 用丁二酮肟试剂检验 Ni^{2+} 离子(Fe^{3+} 离子用 NaF 掩蔽)。

9) 在强碱性溶液中加 H_2O_2 检验 Cr^{3+} 离子。

2. 未知试液系统分析

取未知试液 20 滴(若未知液有沉淀,应将沉淀与溶液混匀后吸取),滴加 6 $mol \cdot L^{-1}$ HCl 溶液 2 滴。若无沉淀生成,则表示未知液中无第Ⅰ组阳离子,或第Ⅰ组阳离子已以沉淀形式存在。若滴加 HCl 溶液后有沉淀生成,则应按分离第Ⅰ组阳离子的步骤使沉淀完全,离心分离。溶液为第Ⅱ、Ⅲ、Ⅳ、Ⅴ组阳离子。沉淀用 1 $mol \cdot L^{-1}$ HCl 溶液洗涤 3 次,每次 3 滴,洗涤液并入第Ⅱ、Ⅲ、Ⅳ、Ⅴ组阳离子溶液中。

沉淀按第Ⅰ组阳离子的系统分析的步骤分析(附注 2)。

取第Ⅱ、Ⅲ、Ⅳ、Ⅴ组阳离子溶液,按第Ⅱ组阳离子系统分析方法沉淀第Ⅱ组阳离子,离心分离。溶液为第Ⅲ、Ⅳ、Ⅴ组阳离子。沉淀用 NH_4NO_3 溶液洗涤 2 次,每次 5 滴,洗涤液并入第Ⅲ、Ⅳ、Ⅴ组阳离子溶液。

沉淀按第Ⅱ组阳离子的系统分析的步骤分析。

取第Ⅲ、Ⅳ、Ⅴ组阳离子溶液。按第Ⅲ组阳离子系统分析方法沉淀第Ⅲ组阳离子，离心分离。溶液为第Ⅳ、Ⅴ组阳离子。沉淀用 0.05 mol·L^{-1} NH_4Cl 溶液洗涤数次，洗涤液并入第Ⅳ、Ⅴ组阳离子溶液。

沉淀按第Ⅲ阳离子的系统分析的步骤分析。

取第Ⅳ、Ⅴ组阳离子溶液，按第Ⅳ组阳离子系统分析步骤沉淀第Ⅳ组阳离子，离心分离，溶液为第Ⅴ组阳离子，沉淀为第Ⅳ组阳离子的碳酸盐。沉淀用洗涤液(10 滴水＋2 mol·L^{-1} $(NH_4)_2CO_3$ 溶液 2 滴＋6 mol·L^{-1}氨水 2 滴) 洗涤 2 次，洗涤液并入第Ⅴ组阳离子溶液。

沉淀按第Ⅳ组阳离子混合溶液的系统分析的步骤分析。

溶液按第Ⅴ组阳离子混合溶液的分析步骤分析。

附注

1. Ag^+ 离子遇 Na_2SnO_2 试剂可被还原生成金属银，也为黑色沉淀。

2. 若沉淀不溶于热水，也不溶于氨水，并且与氨作用也不变成黑色，则表明分组未完全，沉淀可能是第Ⅱ组阳离子 Bi^{3+}、Sn^{2+}、Sb^{3+} 的水解物，应在沉淀中检验这些离子。可取沉淀用浓盐酸或 6 mol·L^{-1}NaOH 溶液加热溶解，然后设法分离和鉴定。

3. 各组阳离子的系统分析程序可参见附录。

实验二十一 常见阴离子的鉴定

常见阴离子的分离与鉴定是化学实验的重要内容之一。

多种阴离子共存时,一般情况下可直接用鉴定反应分别检出各离子。如果遇到有干扰现象,只需利用生成化合物的性质差异或适当地采用一些简单的分离方法,就可将阴离子逐一检出。

当然,众多阴离子也和阳离子一样,可以利用组试剂将阴离子分成若干组,然后进行鉴定。

本实验只介绍常见阴离子的特征鉴定方法。

实验用品

$HCl(2\,mol\cdot L^{-1})$	硫酸
$H_2SO_4(0.1\,mol\cdot L^{-1}, 2\,mol\cdot L^{-1}, 6\,mol\cdot L^{-1})$	
$HNO_3(2\,mol\cdot L^{-1}, 6\,mol\cdot L^{-1})$	
Na_2CO_3(饱和溶液)	$Na_2S(0.1\,mol\cdot L^{-1})$
$Na_2S_2O_3(0.5\,mol\cdot L^{-1})$	$Na_2SO_3(0.1\,mol\cdot L^{-1})$
$BaCl_2(0.1\,mol\cdot L^{-1})$	$KSCN(0.5\,mol\cdot L^{-1})$
$HAc(6\,mol\cdot L^{-1})$	$Fe(NO_3)_3(0.1\,mol\cdot L^{-1})$
$KCl(0.1\,mol\cdot L^{-1})$	$AgNO_3(0.1\,mol\cdot L^{-1})$
氨水$(2\,mol\cdot L^{-1})$	$KBr(0.1\,mol\cdot L^{-1})$
氯水	$KI(0.1\,mol\cdot L^{-1})$
$NaNO_2(0.5\,mol\cdot L^{-1})$	$FeSO_4$(饱和溶液)
$NaNO_3(0.5\,mol\cdot L^{-1})$	冰醋酸
$Na_2HPO_4(0.5\,mol\cdot L^{-1})$	$(NH_4)_2MoO_4(0.1\,mol\cdot L^{-1})$
$Na_3AsO_4(0.5\,mol\cdot L^{-1})$	无砷锌
澄清石灰水	苯
淀粉(0.5%)	醋酸铅试纸
铂丝	

实验内容

1. S^{2-}、$S_2O_3^{2-}$、SO_3^{2-}、SO_4^{2-}、SCN^-离子的鉴定

(1) S^{2-}离子的鉴定

气室法:在表面皿上滴加$0.1\,mol\cdot L^{-1}$ Na_2S溶液与$2\,mol\cdot L^{-1}$ HCl溶液各2滴。在另一表面皿的凹面上贴一片湿润的$Pb(Ac)_2$试纸。将贴有试纸的表面皿合放在滴有溶液的表面皿上,一起置于水浴上加热,观察$Pb(Ac)_2$试纸变黑。反应式为

$$Na_2S + 2HCl \longrightarrow 2NaCl + H_2S\uparrow$$

$$Pb(Ac)_2 + H_2S \longrightarrow \underset{\text{黑色}}{PbS}\downarrow + 2HAc$$

(2) $S_2O_3^{2-}$ 离子的鉴定

在试管中滴加 0.5 mol·L^{-1} $Na_2S_2O_3$ 溶液和 2 mol·L^{-1} HCl 溶液各 2 滴，观察由于硫的析出而使溶液混浊。反应式为

$$S_2O_3^{2-} + H^+ \longrightarrow S\downarrow + HSO_3^-$$

(3) SO_3^{2-} 离子的鉴定

取 0.1 mol·L^{-1} Na_2SO_3 溶液 2 滴于试管中，加入 0.1 mol·L^{-1} $BaCl_2$ 溶液 2 滴，观察有白色的 $BaSO_3$ 沉淀生成。再加入 2 mol·L^{-1} HCl 溶液数滴，观察沉淀的溶解。

$BaSO_3$ 沉淀溶解于酸。

(4) SO_4^{2-} 离子的鉴定

在试管中加入 0.1 mol·L^{-1} H_2SO_4 溶液和 0.1 mol·L^{-1} $BaCl_2$ 溶液各 2 滴，观察有白色 $BaSO_4$ 沉淀的生成。在沉淀上加 2 mol·L^{-1} HCl 溶液数滴，沉淀不溶。这是区分、鉴别 SO_3^{2-} 与 SO_4^{2-} 离子的方法之一。

(5) SCN^- 离子的鉴定

取 0.5 mol·L^{-1} KSCN 溶液 2 滴于试管中，加 6 mol·L^{-1} HAc 溶液 2 滴，然后加 0.1 mol·L^{-1} $Fe(NO_3)_3$ 溶液 1 滴，观察有血红色的$[Fe(SCN)_n]^{3-n}$配离子生成。

2. 卤素离子的鉴定

(1) Cl^- 离子的鉴定

取 0.1 mol·L^{-1} KCl 溶液 2 滴于试管中，滴加 2 mol·L^{-1} HNO_3 溶液 1 滴和 0.1 mol·L^{-1} $AgNO_3$ 溶液 2 滴，观察有白色的 AgCl 沉淀生成。然后加入 2 mol·L^{-1} 氨水 2 滴，观察 AgCl 沉淀溶解，生成$[Ag(NH_3)_2]^+$。

(2) Br^- 离子的鉴定

a. $AgNO_3$ 试法

取 0.1 mol·L^{-1} KBr 溶液 2 滴于试管中，加入 2 mol·L^{-1} HNO_3 溶液 1 滴和 0.1 mol·L^{-1} $AgNO_3$ 溶液 2 滴，观察有淡黄色的 AgBr 沉淀生成。然后加入 2 mol·L^{-1} 氨水 2 滴，观察 AgBr 沉淀不能全部溶解。

b. 氯水试法

取 0.1 mol·L^{-1} KBr 溶液 5 滴于试管中，加 2 mol·L^{-1} H_2SO_4 溶液 1～2 滴酸化，加数滴苯，然后再加入饱和氯水 1～2 滴，振荡，观察苯层中呈现溴的红棕色。

(3) I^- 离子的鉴定

a. $AgNO_3$ 试法

取 0.1 mol·L^{-1} KI 溶液 2 滴于试管中，滴加 2 mol·L^{-1} HNO_3 溶液 1 滴和 0.1 mol·L^{-1} $AgNO_3$ 溶液 2 滴，观察有黄色的 AgI 沉淀生成。然后加入 2 mol·L^{-1} 氨水 2 滴，观察 AgI 沉淀不能溶解。

b. 氯水试法

取 0.1 mol·L^{-1} KI 溶液 5 滴于试管中，加 2 mol·L^{-1} H_2SO_4 溶液 1～2 滴酸化，加数滴苯，然后再加入饱和氯水 1～2 滴，振荡，观察苯层中呈现碘的紫红色。

3. NO_2^-、NO_3^-、PO_4^{3-}、AsO_4^{3-} 及 CO_3^{2-} 离子的鉴定

(1) NO_2^- 离子的鉴定

a. 淀粉 KI 试法

在小试管中滴加 0.1 mol·L^{-1} KI 溶液 2 滴，加 2 mol·L^{-1} H_2SO_4 溶液 1 滴酸化，再加入 0.5 mol·L^{-1} $NaNO_2$ 溶液 2 滴，观察游离碘的析出，加入淀粉溶液 2 滴则更易观察。写出反应式。

b. $FeSO_4$ 试法

在小试管中滴加 0.5 mol·L^{-1} $NaNO_2$ 溶液 2 滴与浓硫酸 10 滴，混合均匀后，冷却至室温。然后小心地沿壁滴加数滴饱和 $FeSO_4$ 溶液，观察在二液面接界处有棕色环出现，其反应式为

$$Fe^{2+} + NO_2^- + 2H^+ \longrightarrow Fe^{3+} + NO + H_2O$$

$$Fe^{2+} + nNO \longrightarrow [Fe(NO)_n]^{2+}$$

$[Fe(NO)_n]^{2+}$ 不稳定，加热即分解，放出 NO 使棕色环消失。

(2) NO_3^- 离子的鉴定

按照硫酸亚铁法鉴定 NO_2^- 的同样操作，以 0.5 mol·L^{-1} $NaNO_3$ 试液代替 NO_2^- 试液，观察也有棕色环产生。

以冰醋酸代替硫酸试之，NO_2^- 仍能生成棕色环，而 NO_3^- 无棕色环生成，这是 NO_2^- 和 NO_3^- 的区别。

(3) PO_4^{3-} 离子的鉴定

在离心试管中滴加 0.5 mol·L^{-1} Na_2HPO_4 溶液 2 滴、6 mol·L^{-1} HNO_3 溶液 2 滴和 0.1 mol·L^{-1} $(NH_4)_2MoO_4$ 溶液 1 mL，充分搅拌，即生成黄色的磷钼酸铵 $(NH_4)_3PO_4 \cdot 12MoO_3$ 沉淀。

若溶液稀时反应较慢，可将试管置于沸水浴上加热数分钟以促进沉淀的生成。

(4) AsO_4^{3-} 离子的鉴定

a. 钼酸铵试剂法

在离心试管中滴加 0.5 mol·L^{-1} Na_3AsO_4 溶液 3 滴、6 mol·L^{-1} HNO_3 溶液 3 滴和 0.1 mol·L^{-1} $(NH_4)_2MoO_4$ 溶液 1 mL，于温水浴中加热，即生成黄色的砷钼酸铵 $(NH_4)_3AsO_4 \cdot 12MoO_3$ 沉淀。

PO_4^{3-} 的存在干扰 AsO_4^{3-} 的鉴定。

b. 格氏试砷法

在试管中加入 1 粒无砷锌及 6 mol·L^{-1} H_2SO_4 溶液 3～4 滴，试管口置一小漏斗，漏斗上放一片滤纸，滤纸预先以 0.1 mol·L^{-1} $AgNO_3$ 溶液浸润。反应 5 min 后，滤纸上应不生成黄色斑点（说明所用的试剂不含砷）。然后在试管中加入 0.5 mol·L^{-1} Na_3AsO_4 溶液 1～2 滴和 6 mol·L^{-1} H_2SO_4 溶液 6～7 滴，再进行反应。此时滤纸上应有黄色斑点生成，并逐渐变成黑色。

若试液中有强氧化剂会妨碍砷的检出。

(5) CO_3^{2-} 离子的鉴定

在试管中滴加 Na_2CO_3 饱和溶液和 2 $mol \cdot L^{-1}$ HCl 溶液各 6 滴，立即用铂丝蘸取澄清石灰水 1 滴放在试管口，检验放出的气体。由于有 CO_2 逸出，使石灰水变浑浊。

思考题

1. Na_2SO_3 的溶液或固体在空气中易被氧化成 Na_2SO_4，在两种离子共存的情况下如何检测其中的 SO_4^{2-}？

2. 能否用使碘褪色的方法检验混有 S^{2-} 的 $Na_2S_2O_3$？

实验二十二 盐酸溶液中氯化氢含量的测定

酸碱滴定分析的准确进行,需要根据酸碱反应恰好符合化学计量关系时的 pH 值(化学计量点)或滴定突跃范围选用合适的指示剂,由指示剂变色而指示滴定终止,该终点的 pH 值应与化学计量点 pH 值尽量接近。酸碱滴定中常用的指示剂有酚酞、甲基红、甲基橙等。

本实验以硼砂($Na_2B_4O_7 \cdot 10H_2O$)作为基准物质,用盐酸操作溶液来滴定,获得该盐酸溶液的浓度,这一过程称作标定。再以标定过的盐酸标准溶液与氢氧化钠操作溶液相比较,可得到氢氧化钠溶液的浓度。最后用氢氧化钠标准溶液滴定未知试液,测得未知试液中氯化氢的含量。整个滴定过程选择甲基红为指示剂,并且在进行酸碱比时,比较使用甲基红、酚酞、甲基橙三种指示剂时的酸碱体积比。

实验用品

HCl($0.1\ mol \cdot L^{-1}$):用量筒量取 1∶1 HCl 溶液约 17 mL,加水稀释至 1000 mL,保存于磨口试剂瓶中,摇匀,贴上标签,备用。

NaOH($0.1\ mol \cdot L^{-1}$):称取固体 NaOH 4 g 于小烧杯内,加适量水溶解,转入试剂瓶中稀释至 1000 mL,用橡皮塞塞紧,摇匀,贴上标签,备用。

硼砂(基准物质)

甲基红指示剂(0.2%乙醇溶液)

酚酞指示剂(0.1%乙醇溶液)

甲基橙指示剂(0.1%)

实验内容

1. 酸碱溶液浓度的比较

(1) 以甲基红为指示剂,进行酸碱比较

自碱式滴定管放出 NaOH 溶液约 25 mL 于 250 mL 锥形瓶中,加入甲基红指示剂 1～2 滴,以 HCl 溶液滴定至黄色变为橙红色,即为终点。重复三次。

若滴定过量,可用 NaOH 溶液回滴,直至溶液颜色突变为橙红色为止。

每次放取碱液体积应略有不同,避免产生主观误差。

(2) 以酚酞为指示剂,进行酸碱比较

自酸式滴定管放出 HCl 溶液约 25 mL 于锥形瓶中,加入酚酞指示剂 2 滴,以 NaOH 溶液滴定至出现浅红色且 30 s 内不褪,即为终点。重复三次。

若滴定过量,也可回滴处理。

(3) 以甲基橙为指示剂,进行酸碱比较

自碱式滴定管放出 NaOH 溶液约 25 mL 于锥形瓶中,加入甲基橙指示剂 1～2 滴,以 HCl 溶液滴定至黄色刚变橙,即为终点。重复三次。

若滴定过量,也可回滴处理。

以上滴定结果以 V_{HCl}/V_{NaOH} 表示。

计算各组平均值及相对平均偏差(附注 1),比较使用不同指示剂时的 V_{HCl}/V_{NaOH} 值。

2. HCl 溶液浓度的标定

准确称取硼砂 0.50～0.60 g 三份,分别置于 250 mL 锥形瓶中,加 50 mL 水溶解(必要时可微热溶解再冷却),加入甲基红指示剂 1～2 滴,以 0.1 $mol \cdot L^{-1}$ HCl 溶液滴定至黄色变为橙红色,即为终点。

计算 HCl 溶液的浓度及相对平均偏差,再根据以甲基红为指示剂时的 V_{HCl}/V_{NaOH} 值,计算 NaOH 溶液的浓度。

3. 未知盐酸试液中 HCl 含量的测定

取适量的未知盐酸试液于 250 mL 容量瓶中,加水稀释至标线,摇匀。以 25 mL 移液管移取试液三份于锥形瓶中,加入甲基红指示剂 1～2 滴,以 NaOH 标准溶液滴定至红色刚变成黄色(微带橙),即为终点。

计算容量瓶中试液的 HCl 含量(以 g/250 mL 表示)及相对平均偏差。

附注

1. 在分析工作中,一般取三份样品平行测定,取其平均值报告分析结果,并以相对平均偏差来说明其精密度。

思考题

1. HCl、NaOH 标准溶液为什么不直接配制?
2. 分别用甲基红、甲基橙、酚酞三个指示剂进行酸碱比较时,为什么酸碱体积比 V_{HCl}/V_{NaOH} 不相等?哪个最小?
3. 以硼砂为基准物质标定 HCl 溶液时,为什么选择甲基红作指示剂?

实验二十三 混合碱($NaOH$与Na_2CO_3)各组分含量的测定

用HCl标准溶液滴定NaOH与Na_2CO_3混合溶液时,可用酚酞及甲基橙来分别指示终点。当酚酞变色时,NaOH已全部被中和,而Na_2CO_3只被滴定到$NaHCO_3$,即只中和了一半。在此溶液中再加甲基橙指示剂,继续滴定到终点,则$NaHCO_3$被进一步中和为H_2CO_3(CO_2+H_2O)。

假设酚酞变色时,消耗HCl溶液的体积为V_1,此后至甲基橙变色时又用去HCl溶液的体积为V_2,则V_1必大于V_2。根据V_1-V_2计算NaOH含量,再据V_2计算Na_2CO_3含量。

实验用品

HCl($0.1 mol \cdot L^{-1}$)	无水碳酸钠(基准物质)
甲基橙指示剂(0.1%)	酚酞指示剂(0.1%乙醇溶液)

实验内容

1. HCl溶液浓度的标定

准确称取无水碳酸钠0.13～0.15g三份,分别置于250 mL锥形瓶中,加入50 mL已煮沸赶去CO_2并冷却至室温的蒸馏水,温热使完全溶解。加入甲基橙指示剂1～2滴,以$0.1 mol \cdot L^{-1}$ HCl溶液滴定至由黄色变为橙色,即为终点。

计算HCl溶液的浓度。

2. 混合碱各组分含量的测定

取适量的混合碱试样于250 mL容量瓶中,用已煮沸赶去CO_2并冷却至室温的蒸馏水稀释至标线,摇匀。

用25 mL移液管移取上述试液三份,分别置于250 mL锥形瓶中,加入酚酞指示剂1～2滴,以HCl标准溶液滴定至红色刚刚变成无色,即为第一终点(附注1);再加入甲基橙指示剂1～2滴,此时溶液呈黄色。继续滴定,直至溶液出现橙色,即为第二终点(附注2)。

计算试样中NaOH、Na_2CO_3的含量,以$g \cdot (250 mL)^{-1}$表示。

附注

1. 第一化学计量点的pH值约为8.3。以酚酞为指示剂指示第一终点时,由于酚酞从红色到无色的变化不很敏锐,人眼观察这种颜色变化的灵敏性较差,因此也常常选用甲酚红-百里酚蓝混合指示剂。该混合指示剂的酸色为黄色,碱色为紫色,变色点为pH 8.3。pH 8.2时为玫瑰红色,pH 8.4时为清晰的紫色。滴定时溶液由紫色变为浅玫瑰色,即为终点,变化敏锐。

2. 第二化学计量点也可选用甲基红指示剂或溴甲酚绿指示剂(0.1%),但必须在临近终点前煮沸除去CO_2,冷却后继续滴定。此时滴定突跃变大,甲基红(4.4～6.2)和溴甲酚绿(3.8～5.4,用盐酸滴定时颜色由蓝色变为黄色为终点)都可使用,变色敏锐易辨。

思考题

1. 混合碱试样为什么须用煮沸赶去CO_2后冷却的蒸馏水稀释?

2. 如果试样是Na_2CO_3与$NaHCO_3$混合溶液,应如何测定?

3. 用无水碳酸钠作基准物质标定HCl溶液时,若选用甲基红为指示剂,应采取什么样的操作步骤?

实验二十四 食品试样的酸度测定

许多食品的酸碱度可用酸碱滴定法来测定,如食醋及酸牛乳的总酸度测定。

酸牛乳是新鲜优质牛乳经消毒后加入乳酸链球菌发酵而成的,测定其酸度,可鉴定牛乳发酵的程度。酸牛乳中的酸性成分主要为有机弱酸,以 NaOH 溶液滴定时选用酚酞为指示剂。

食醋的主要成分是醋酸,此外还含有少量其他弱酸如乳酸等。以酚酞为指示剂,用 NaOH 溶液滴定,测得的是食醋的总酸度。

实验用品

NaOH($0.1 mol \cdot L^{-1}$)　　邻苯二甲酸氢钾(基准物质)

酚酞指示剂(0.1%乙醇溶液)

实验内容

1. NaOH 溶液浓度的标定

准确称取邻苯二甲酸氢钾 0.4～0.6 g 三份,分别置于 250 mL 锥形瓶中,加 25 mL 水溶解,加入酚酞指示剂 1～2 滴,以 $0.1 mol \cdot L^{-1}$ NaOH 溶液滴定至微红色出现且在 30 s 内不褪,即为终点。

计算 NaOH 溶液的浓度。

2. 酸牛乳酸度的测定

取酸牛乳 250 mL(附注 1),搅拌均匀后,称取 20 g(附注 2)于 250 mL 锥形瓶中,在充分搅拌下加入 40℃的蒸馏水50 mL。加入酚酞指示剂 3 滴,以 NaOH 标准溶液滴定至微红色且在 30 s 内不褪,即为终点。

计算酸牛乳的酸度,以 100 g 酸牛乳消耗的 NaOH(g)表示(附注 3)。

3. 食醋中总酸度的测定

移取食醋试样 25 mL 于 250 mL 容量瓶中,用新鲜煮沸并冷却至室温的蒸馏水稀释至标线,摇匀(附注 4)。

移取试液 25 mL 三份,分别置于 250 mL 锥形瓶中,加入酚酞指示剂 2 滴,以 NaOH 标准溶液滴定至红色出现且在 30s 内不褪,即为终点。

计算食醋的总酸度,以 HAc($g \cdot mL^{-1}$)表示。

附注

1. 酸牛乳在测定前应于 10℃以下贮存。

2. 此类试样分析的准确度要求不甚高,试样称取量又较大,一般仅称准至 10 mg,即分析天平称准至 20.00 g 左右即可。

3. 乳品生产中常以酸值即滴定 100 g 酸牛乳消耗的 NaOH 量(g)表示酸牛乳的酸度。

4. 食醋中醋酸的浓度较大,且往往颜色较深,故必须稀释后再滴定。稀释所用的蒸馏水不能含有 CO_2,否则 CO_2 溶于水生成碳酸,将同时被滴定。

思考题

1. 测定酸牛乳酸度,取样应不少于 250 mL,并应搅拌均匀,为什么?
2. 测定酸牛乳和食醋为什么选用酚酞作指示剂?用甲基橙或甲基红可以吗?

实验二十五 蛋壳中碳酸钙含量的测定

将已知量的 HCl 溶液与研碎的蛋壳样品作用，其中 $CaCO_3$ 即与 HCl 发生反应：

$$CaCO_3 + 2H^+ = Ca^{2+} + CO_2 \uparrow + H_2O$$

过量的酸可以用强碱标准溶液回滴。根据原先加入的已知酸量和回滴所耗碱溶液的量，即可测得蛋壳中 $CaCO_3$ 的含量。

实验用品

HCl($0.5\,mol \cdot L^{-1}$)　　NaOH($0.5\,mol \cdot L^{-1}$)

无水碳酸钠(基准物质)　　邻苯二甲酸氢钾(基准物质)

甲基橙指示剂(0.1%)　　酚酞指示剂(0.1%乙醇溶液)

样品筛(80～100 目)

实验内容

1. HCl 溶液浓度的标定

准确称取无水 Na_2CO_3 0.55～0.65 g 三份，分别置于 250 mL 锥形瓶中，加入 50 mL 已煮沸赶去 CO_2 并冷却的蒸馏水，温热使完全溶解。加入甲基橙指示剂 1～2 滴，以 $0.5\,mol \cdot L^{-1}$ HCl 溶液滴定至黄色变为橙色，即为终点。

计算 HCl 溶液的浓度。

2. NaOH 溶液浓度的标定

准确称取邻苯二甲酸氢钾 1.5～2.0 g 三份，分别置于 250 mL 锥形瓶中，加 25 mL 水溶解，加入酚酞指示剂 1～2 滴，以 $0.5\,mol \cdot L^{-1}$ NaOH 溶液滴定至微红色出现且在 30 s 内不褪，即为终点。

计算 NaOH 溶液的浓度。

也可与上述 HCl 标准溶液比较测得 NaOH 溶液浓度。

3. 蛋壳中碳酸钙含量的测定

取洗净烘干的蛋壳研碎(附注 1)，过筛。

准确称取蛋壳粉末样品 0.3 g 左右三份，分别置于 250 mL 锥形瓶中，用滴定管准确加入 HCl 标准溶液约 40 mL(逐滴慢加)，反应 30 min 后(附注 2)，以甲基橙为指示剂，以 NaOH 标准溶液回滴溶液中过量的酸，直至溶液由橙红色刚变为黄色，即为终点。

计算蛋壳样品中 $CaCO_3$ 的含量。

附注

1. 蛋壳样品的内膜须剥去，因为内膜无法研碎和过筛。

2. 蛋壳样品中的 $CaCO_3$ 约需 20～30 min 才能溶解完全(注意：浮在泡沫中的粉末也应被完全溶解)。样品中还有一些不溶物质，但不影响测定。

思考题

为什么溶解蛋壳样品时,HCl 溶液须逐滴加入?

实验二十六 脂肪的酸值和皂化值的测定

脂肪久置于空气中,由于部分甘油酯分解产生游离的脂肪酸而酸败变质。脂肪酸败的程度用酸值来表示,1 g 脂肪中所含的脂肪酸被中和时所需 KOH 的量(mg)即称为酸值。游离脂肪酸的含量是脂肪质量检验的主要指标之一。脂肪酸值越高,脂肪的质量也就越差。

碱性条件下的酯水解反应称作皂化反应。狭义的皂化反应则是指油脂与 NaOH 混合,得到高级脂肪酸的钠盐(肥皂成分)和甘油的反应,其化学反应式为

$$\begin{array}{l} C_{17}H_{35}COOCH_2 \\ \quad\quad\quad | \\ C_{17}H_{35}COOCH \\ \quad\quad\quad | \\ C_{17}H_{35}COOCH_2 \end{array} + 3NaOH \longrightarrow \begin{array}{l} CH_2-OH \\ | \\ CH-OH \\ | \\ CH_2-OH \end{array} + \underset{\text{(硬脂酸钠)}}{3C_{17}H_{35}COONa}$$

此反应是肥皂制造工艺流程中的一步,因此而得名。皂化 1 g 脂肪所需 KOH 量(mg)称为该脂肪的皂化值。皂化 1 mol 脂肪需要 3 mol KOH,因此从皂化值的大小可以估计组成脂肪的脂肪酸所具有分子量的大小,从而了解其种类。如三油酸甘油酯的皂化值为 190.2,其相对分子质量为 884.8。

本实验取豆油或菜油作为油脂试样,以乙醚-乙醇混合溶剂溶解后,以酚酞为指示剂,用 KOH 标准溶液直接滴定,测得油脂试样的酸值;用过量 KOH 乙醇溶液与油脂试样发生皂化反应,然后以酚酞为指示剂,用酸标准溶液滴定剩余的 KOH,测得其皂化值。

实验用品

HCl(0.5 mol·L^{-1}乙醇溶液)

KOH(0.1 mol·L^{-1})

KOH(0.5 mol·L^{-1}乙醇溶液)

邻苯二甲酸氢钾(基准物质)

酚酞指示剂(0.1%乙醇溶液)

乙醚-乙醇混合溶剂(乙醚和乙醇等体积混合,以酚酞为指示剂,用 0.1 mol·L^{-1}KOH 溶液调节至近中性)

磨口锥形瓶(250 mL)

球形冷凝管

实验内容

1. KOH 溶液浓度的标定

准确称取基准物质邻苯二甲酸氢钾 0.4～0.6 g 三份,分别置于 250 mL 锥形瓶中,加 25 mL水溶解。以酚酞为指示剂,用 0.1 mol·L^{-1} KOH 溶液滴定至微红色并在 30 s 内不褪,即为终点。

计算 KOH 溶液的浓度。

同上操作,准确称取基准物质邻苯二甲酸氢钾 1.5 g 左右三份,分别置于 250 mL 锥形瓶中,用0.5 mol·L^{-1} KOH 乙醇溶液滴定,计算 KOH 乙醇溶液的浓度。

2. HCl 乙醇溶液浓度的标定

从滴定管中放出 0.5 mol·L^{-1} KOH 乙醇溶液 25 mL 左右,加入酚酞指示剂 2～3 滴,用 0.5 mol·L^{-1} HCl 乙醇溶液滴定至粉红色恰好消失,即为终点。

重复三次。

计算 HCl 乙醇溶液的浓度。

3. 油样酸值的测定

以差减法称取 3g 左右油样(称准至 0.001 g)2 份,分别置于 250 mL 锥形瓶中。另取一个 250 mL 锥形瓶,不加油样作为空白对照。

在锥形瓶中各加入乙醚-乙醇混合溶剂 50 mL,充分混匀,得到透明溶液。若仍有混浊,可再适量增加溶剂,至油样完全溶解。加入酚酞指示剂 1～2 滴,用 0.1 mol·L^{-1} KOH 标准溶液滴定至微红色并在 30 s 内不褪,即为终点。

根据样品及空白分别消耗的 KOH 溶液量,扣除空白值,计算油样的酸值。

4. 油样皂化值的测定

以差减法称取 1 g 左右的油样(称准至 0.001 g)2 份,分别置于 250 mL 磨口锥形瓶中。另取一个 250 mL 锥形瓶,不加油样作为空白对照。

在上述锥形瓶中分别准确加入 0.5 mol·L^{-1} KOH 乙醇标准溶液 25 mL。接上冷凝管,在沸水浴上加热回流 0.5h,充分进行皂化反应。

皂化完毕后,在锥形瓶中加入酚酞指示剂 2～3 滴,用 0.50 mol·L^{-1} HCl 乙醇标准溶液滴定至粉红色恰好消失,即为终点。

根据滴定样品消耗的 HCl 乙醇标准溶液量 a(mL)和空白溶液所耗的 HCl 乙醇标准溶液量 b(mL),计算油样的皂化值:

$$\text{皂化值} = \frac{c_{\text{HCl}} \times (b-a) \times M_{\text{KOH}}}{W_{\text{样品}}}$$

实验二十七 豆浆中蛋白质的测定

本实验以克氏定氮法测定豆浆中蛋白质的含量。

豆浆与浓硫酸共热时,有机氮全部转化为无机铵盐。由于此消化过程进行缓慢,实验中常添加硫酸铜和硫酸钾混合物来促进消化,硫酸铜是催化剂,硫酸钾可提高消化液的沸点。消化时间随样品性质而异,一般为 30 min 至 1 h 左右。消化过程的化学反应式如下:

有机物(C、H、O、N、P、S)+ H_2SO_4(浓)

$$\xrightarrow{\triangle} (NH_4)_2SO_4 + CO_2\uparrow + SO_2\uparrow + SO_3\uparrow + H_3PO_4$$

再将消化液与 NaOH 浓溶液反应,生成的 NH_3 蒸馏逸出,用已知过量的标准酸吸收,剩余的酸以 NaOH 溶液进行回滴,计算样品的含氮量,即可由换算系数求得样品中蛋白质的含量(附注 1)。

蒸馏时也可采用硼酸作为 NH_3 的吸收液,用 HCl 标准溶液进行滴定,从而算出含氮量。

实验用品

HCl 标准溶液(0.1 mol·L^{-1})
硫酸
NaOH(30%)
NaOH 标准溶液(0.1 mol·L^{-1})
促进剂(硫酸铜:硫酸钾=1:4)
H_2O_2(30%)
甲基红指示剂(0.1%乙醇溶液)
微量克氏定氮装置(见图Ⅱ.27.1)

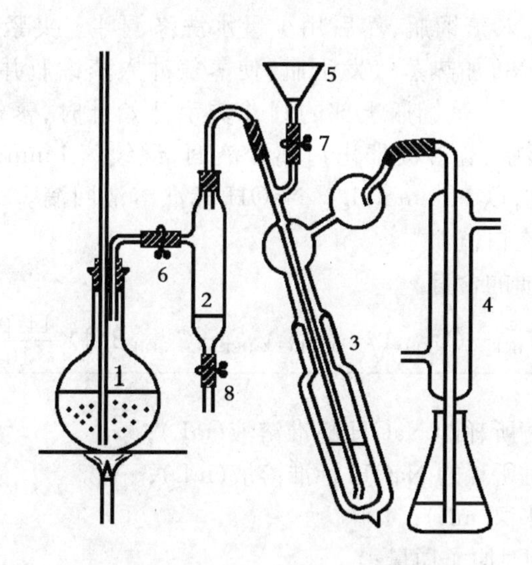

图Ⅱ.27.1 微量克氏定氮装置

1. 蒸气发生瓶 2. 收集器 3. 蒸馏瓶
4. 冷凝器 5. 漏斗 6. 7. 8. 夹子

实验内容

1. 消化

移取豆浆 4～6 mL(移取量视含蛋白质多少而定),置于 150 mL 克氏烧瓶底部,加入浓硫酸 10 ～15 mL 和促进剂 2 g。瓶口插入一短颈漏斗,在通风橱中加热消化。先用小火,待水分蒸发后可略加大火焰。瓶内液体逐渐由黄变黑,之后再变成浅黄色。为了缩短消化时间,在消化过程中将烧瓶从煤气灯上取下,稍冷后,沿壁滴加 30% H_2O_2 溶液数滴,再继续加热。待溶液呈淡蓝色,表示消化完全。将消化液定量转移至 100 mL 容量瓶中,定容,摇匀备用。

2. 蒸馏测定

(1) 仪器的清洗

仪器采用蒸气冲洗,整个装置要求不漏气。

蒸气发生瓶中加 2/3 体积的水,再加入几滴甲基红指示剂和沸石,用硫酸调节至呈红色。打开夹子 6 和 7,加热至水沸腾,使蒸气通过装置的每一部分,达到清洗的目的。在冷凝器下端放置容器承接冷凝水,然后夹紧夹子 7,再用蒸气冲洗 5 min。冲洗完毕后移去煤气灯,夹紧夹子 6,蒸馏瓶中的废液由于减压倒吸到收集器中,打开夹子 8 以排除废水。反复清洗两次。

(2) 消化液中含氮量的测定

从滴定管中准确放出 HCl 标准溶液约 30 mL 于 250 mL 锥形瓶中,承接于冷凝器下端,并使冷凝器出口浸入液面下。注意在此操作前须先打开夹子 8,以免锥形瓶内溶液倒吸。

移取容量瓶中的消化液 10 mL 于漏斗中,打开夹子 7,使试样流入蒸馏瓶。用 3～5 mL水分三次洗涤漏斗,洗涤液一并流入蒸馏瓶。取 30% NaOH 溶液(附注 2)5～10 mL,通过漏斗慢慢流入蒸馏瓶,然后用少量水洗涤漏斗。夹紧夹子 7,以少许水在漏斗中作水封。夹紧夹子 8,加热蒸气发生瓶,使蒸气冲入蒸馏瓶并携带反应生成的氨逸出,被 HCl 吸收液吸收。从蒸馏瓶上部的圆球烫手开始计时,蒸馏 3 min,使 NH_3 完全蒸出。降低承接的锥形瓶,让冷凝器出口离开液面,继续蒸 1 min,同时用水冲洗冷凝器出口外壁。取下锥形瓶,以 0.1 $mol \cdot L^{-1}$ NaOH 标准溶液回滴。

以相同的步骤测定空白值。

计算消化液中蛋白质的含量。

$$蛋白质\% = \frac{[(C_{HCl}V_{HCl} - C_{NaOH}A) - (C_{HCl}V_{HCl} - C_{NaOH}B)] \times \frac{14.01}{10} \times \frac{100}{10} \times 6.25}{V_{试样}} \times 100$$

式中 A —— 滴定样品时所耗的 NaOH 标准溶液(mL);

B —— 滴定空白时所耗的 NaOH 标准溶液(mL);

$V_{试样}$ —— 试样的体积(mL);

14.01 —— 氮的相对原子质量;

6.25 —— 换算系数。

附注

1. 蛋白质是一类复杂的含氮化合物,每一种蛋白质都有其固定的含氮量(一般为 14～

18%,平均为16%)。所以,测定蛋白质的百分含量,只需将其氮的百分含量乘以换算系数即可。大豆制品的蛋白质含量换算系数为6.25。

2. 30%NaOH 溶液对玻璃有腐蚀性,应该现配现用。

思考题

1. 蒸气发生瓶中的水为什么需调节至酸性?
2. 如果测定$(NH_4)_2SO_4$中的含氮量,实验步骤与本实验是否一样?为什么?

实验二十八　硫酸铵肥料中含氮量的测定(甲醛法)

硫酸铵为常用的氮肥之一。由于 NH_4^+ 的酸性太弱($K_a=5.6\times10^{-10}$),故无法用 NaOH 溶液直接滴定。

本实验采用甲醛法,将硫酸铵与甲醛反应,定量生成质子化六次甲基四胺和游离的 H^+

$$4NH_4^+ + 6HCHO = (CH_2)_6N_4H^+ + 3H^+ + 6H_2O$$

生成的质子化六次甲基四胺($K_a=7.1\times10^{-6}$)和 H^+ 可用 NaOH 标准溶液直接滴定。

实验用品

NaOH 标准溶液($0.1\,mol\cdot L^{-1}$)
甲醛(20%)
甲基红指示剂(0.2%乙醇溶液)
酚酞指示剂(0.1%乙醇溶液)

实验内容

准确称取 $(NH_4)_2SO_4$ 试样 0.2～0.3 g 三份于 250 mL 锥形瓶中,加 25 mL 水溶解,加入甲基红指示剂 1～2 滴,以 NaOH 溶液中和至溶液由红色刚变黄为止(附注 1)。再加入 20% 甲醛溶液 10 mL(附注 2),充分摇匀,放置数分钟(附注 3),加入酚酞指示剂 1～2 滴,以 NaOH 标准溶液滴定至溶液呈淡红色且在 30 s 内不褪,即为终点。

计算试样中氮的含量($mg\cdot g^{-1}$)。

附注

1. 硫酸铵试样中常含有微量游离酸,所以需在加入甲醛溶液之前先用 NaOH 溶液加以中和。

2. 甲醛中常含有微量的酸,应预先除去。方法为:取原瓶装甲醛上层清液于烧杯中,用水稀释 1 倍,加入酚酞指示剂 1～2 滴,以 NaOH 溶液调节至甲醛溶液呈淡红色即可。

3. 由于 NH_4^+ 和甲醛的反应在室温下进行较慢,故加入甲醛溶液后,须放置数分钟,使反应完全。也可温热至 40℃左右以加速反应。但不能超过 60℃,以免生成的六次甲基四胺分解。

思考题

1. $(NH_4)_2CO_3$、NH_4Cl、NH_4HCO_3 含氮量能否用甲醛法来测定?

2. 预先用 NaOH 溶液中和除去 $(NH_4)_2SO_4$ 试样中的游离酸时,能否采用酚酞作指示剂? 为什么?

3. 本法能否测定有机物中的氮含量?

实验二十九　烟丝中尼古丁含量的测定（非水酸碱滴定法）

烟丝中的尼古丁是一种二元弱碱，其结构式为

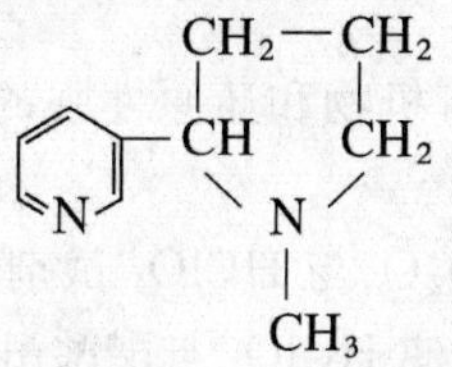

CH_2—CH_2
CH　CH_2
N　N
CH_3

其解离常数为 $K_{b_1}=7\times10^{-7}$，$K_{b_2}=1.4\times10^{-11}$，在水溶液中无法用酸碱滴定法直接测定含量。但在非水体系如冰醋酸介质中，其碱性增强

$$C_{10}H_{14}N_2+2H^+ = C_{10}H_{16}N_2^{2+}$$

可以采用 $HClO_4$ 为滴定剂直接进行测定。

非水滴定过程中所用器皿均需干燥。

实验用品

高氯酸　　冰醋酸
醋酸酐　　邻苯二甲酸氢钾（基准物质）
氢氧化钡　　$Ba(OH)_2$（饱和溶液）
硅藻土　　无水硫酸镁
甲苯-氯仿混合溶液（9∶1）　　结晶紫指示剂（0.2%冰醋酸溶液）
具塞锥形瓶（250 mL）　　移液管（50 mL）

实验内容

1. $HClO_4$ 溶液的配制

在约 250 mL 冰醋酸中加入高氯酸（附注 1）1 mL，混匀，边搅拌边加入醋酸酐 2 mL（附注 2），放置数小时后充分搅拌，即为 0.05 $mol\cdot L^{-1}$ $HClO_4$ 溶液。

2. $HClO_4$ 溶液浓度的标定

准确称取邻苯二甲酸氢钾 0.2 g 左右三份，分别置于干燥的 250 mL 锥形瓶中，加入冰醋酸 50 mL，小火加热溶解，冷却后加入结晶紫指示剂 4 滴，以 0.05 $mol\cdot L^{-1}$ $HClO_4$ 溶液滴定至由紫色变为亮蓝色，即为终点。

计算 $HClO_4$ 溶液的浓度。

3. 试样中尼古丁含量的测定

准确称取烟丝试样 2 g 左右于 250 mL 具塞锥形瓶中，加入 $Ba(OH)_2$ 1 g 及 $Ba(OH)_2$ 饱和溶液 15 mL，摇动锥形瓶使烟丝试样完全润湿。准确加入甲苯-氯仿混合溶液 100 mL，盖紧塞子，振荡 20 min，再加入硅藻土 2 g，并剧烈振荡使其分散。静置分层后，使绝大部分有

机相通过干滤纸过滤至干燥锥形瓶中,加入无水硫酸镁 2 g,振荡 15 min,再将有机相干过滤于干燥锥形瓶中。

移取滤液 50 mL 于另一干燥锥形瓶中,加入结晶紫指示剂 4 滴,以 $HClO_4$ 标准溶液滴定至溶液由暗蓝经蓝绿、黄绿,最后变为黄色,即为终点。

计算烟丝中尼古丁的含量。

重复测定一次。

附注

1. 高氯酸是一种强氧化剂,遇有机物和还原性强的无机物,反应剧烈,容易发生爆炸,使用时需小心。

2. 醋酸酐的分子式为$(CH_3CO)_2O$,与 $HClO_4$ 试剂作用时,发生剧烈的反应,生成醋酸并放出大量的热。因此配制时,不能使 $HClO_4$ 与醋酸酐直接混合,而只能将 $HClO_4$ 缓慢加入至冰醋酸中,然后再加入醋酸酐。

思考题

1. 本实验的滴定剂 $HClO_4$ 中为什么要加入醋酸酐?

2. 邻苯二甲酸氢钾常用于标定 NaOH 溶液的浓度,本实验中却用来标定 $HClO_4$ 溶液的浓度,这是为什么?

实验三十 铅铋混合液中铋与铅的连续测定

络合滴定中广泛使用的滴定剂为乙二胺四乙酸,简称EDTA,实际使用的是其溶解度较大的二钠盐,也简称EDTA。EDTA能与众多金属离子形成稳定的络合物,实际测定时必须考虑选择性问题。

Pb^{2+}、Bi^{3+}离子均能与EDTA形成稳定的1∶1络合物,其$\lg K$分别为18.04和27.94。由于两者的$\lg K$值相差很大,所以可以利用酸效应,控制不同的酸度,分别进行滴定。在滴定中,以二甲酚橙为指示剂,先调节溶液的酸度至pH≈1,以EDTA溶液对Bi^{3+}进行测定,然后用六次甲基四胺调节溶液至pH 5~6,再以EDTA溶液继续进行Pb^{2+}的测定。

实验用品

HCl(1∶1)　　　　HNO_3(0.1 mol·L^{-1})

锌(基准物质)　　　　六次甲基四胺(20%)

二甲酚橙指示剂(0.2%)

EDTA(0.02 mol·L^{-1}):称取EDTA二钠盐7.4 g,溶于1000 mL水中,摇匀备用。

实验内容

1. 0.02 mol·L^{-1}锌标准溶液的配制

准确称取基准物质锌约0.33g于150 mL烧杯中,加入1∶1 HCl溶液5 mL,立即盖上表面皿(必要时可小火加热溶解)。溶解后,加入适量水稀释,定量转移至250 mL容量瓶中,稀释至标线,摇匀。计算该溶液的浓度。

2. EDTA溶液浓度的标定

移取锌标准液25 mL三份,分别置于250 mL锥形瓶中,加入二甲酚橙指示剂1~2滴,用20%六次甲基四胺溶液调至紫红色后,再过量5 mL,以0.02 mol·L^{-1}EDTA溶液滴定至由紫红色变为亮黄色,即为终点。

计算EDTA溶液的浓度。

3. 铅铋混合液中铋、铅的含量测定

取适量的铅铋混合液于250 mL容量瓶中,用0.1 mol·L^{-1} HNO_3溶液稀释至标线,摇匀。

移取上述试液25 mL三份,分别置于250 mL锥形瓶中(附注1),加入二甲酚橙指示剂1~2滴,以EDTA标准溶液滴定至由紫红色变为黄色(微带橙),即为终点。

于滴定完Bi^{3+}的试液中,加入20% 六次甲基四胺溶液至呈现红色后,再过量5 mL,此时溶液pH值约为5~6。以EDTA标准溶液滴定至由紫红色变为亮黄色(附注2),即为终点。

分别计算250 mL试液中Bi^{3+}与Pb^{2+}的含量(g)。

附注

1. 测定 Bi^{3+} 时，滴定前及滴定初期，不要多用水冲洗锥形瓶口，以防 Bi^{3+} 水解。

2. 标定 EDTA 溶液和测定 Pb^{2+} 含量时，有时需在近终点前加热至 50～60℃，使终点易于辨别。而测定 Pb^{2+} 含量时，若在完成 Bi^{3+} 的滴定并调节 pH 值后即加热，则可能出现白色沉淀，影响终点的判断。

思考题

1. 配制锌标准溶液时，未定量转移 Zn^{2+} 溶液对 EDTA 溶液浓度的标定有何影响？对铅、铋测定结果的影响又如何？

2. 滴定 Pb^{2+} 时，能否用 HAc-NaAc 缓冲溶液代替六次甲基四胺来控制滴定体系的 pH 值？

3. 铅、锌混合溶液是否可以用本实验中的控制酸度连续滴定的方法进行测定？为什么？

实验三十一 水的总硬度测定

水的硬度是表示水质的一项重要指标。水的总硬度是以钙、镁总量折算成 CaO 的量来衡量的，我国常用的硬度表示方法是以每升水中含 10 mg CaO 为 1 度。

水的硬度目前主要用 EDTA 滴定法测定。在 pH10 的氨性缓冲溶液中，用铬黑 T 作指示剂进行滴定。滴定时，Al^{3+}、Fe^{3+} 等干扰离子可用三乙醇胺或酒石酸钾钠掩蔽，少量 Cu^{2+}、Pb^{2+}、Zn^{2+} 等则可用 KCN、Na_2S 或巯基乙酸等掩蔽。

测定水样前应针对水样情况进行适当的前处理。如水呈酸性或碱性，要预先中和；水样含有有机物颜色较深，需用 2 mL 浓盐酸及少许过硫酸铵加热脱色后再测定；水样浑浊，需先过滤(但应注意用水将滤纸洗净后再用)；水样中含较多碳酸根也影响滴定，则需先加酸煮沸，驱除 CO_2 后，再进行测定。

实验用品

EDTA($0.01\ mol \cdot L^{-1}$)

锌标准溶液($0.01\ mol \cdot L^{-1}$，配制方法参见实验三十)

NH_3-NH_4Cl 缓冲溶液(pH10)

三乙醇胺(20%)

铬黑 T 指示剂(铬黑 T∶氯化钠＝1∶100)

实验内容

1. EDTA 溶液浓度的标定

移取 $0.01\ mol \cdot L^{-1}$ 锌标准溶液 25 mL 三份，分别置于 250 mL 锥形瓶中，加入 NH_3-NH_4Cl 缓冲溶液5 mL及少许铬黑 T 指示剂，以 $0.01\ mol \cdot L^{-1}$ EDTA 溶液滴定至由紫红色变为纯蓝色，即为终点。计算其浓度。

若水样中 Mg^{2+} 含量较低时，铬黑 T 指示剂终点变色不敏锐，可在标定前于 EDTA 溶液中加入适量 Mg^{2+}，然后再标定。或者在缓冲溶液中加入一定量的 Mg-EDTA 混合液，以增加体系中 Mg^{2+} 含量，使终点变色敏锐。

2. 水的总硬度测定

取适量水样三份，分别置于 250 mL 锥形瓶中，加入 20% 三乙醇胺溶液 3 mL，摇匀，加入 NH_3-NH_4Cl 缓冲溶液 5 mL 及少许铬黑 T 指示剂，以 EDTA 标准溶液滴定至近终点时，加热至约 50℃(附注 1)，再趁热滴定至由红色变为蓝色，即为终点。

计算水样的硬度(附注 2)。

附注

1. 测定硬度的过程中，近终点时加热能加快反应速度，使终点变色敏锐。但加热温度不宜过高，否则 NH_3 逸出过多，将改变溶液的 pH 值，影响滴定。

2. 自然界中水的硬度一般不高，测定的准确度要求也不甚高，可视情况仅以 2～3 位有效数字报告测定结果。

思考题

本实验为什么采用铬黑 T 指示剂？二甲酚橙指示剂能用吗？

实验三十二 铝矾土矿样中铝含量的测定

铝矾土是一种重要的含铝矿物,主要成分为水合氧化铝和硅酸盐,并含有铁等多种杂质。将矿样碱熔,铝转化为可溶性铝酸盐,可以用热水浸出。铁等杂质则以氢氧化物沉淀形式过滤除去。在滤液中加入过量的 EDTA 溶液,与铝等金属离子形成络合物,调节溶液的酸度至 pH5～6,用锌标准溶液回滴过量的 EDTA,然后加入 NaF,使 Al-EDTA 络合物转化为氟络合物,释放出与铝量相当的 EDTA,即可以锌标准溶液滴定。

实验用品

HCl(1∶1)
NaOH(3%)
过氧化钠
锌标准溶液($0.02\ mol \cdot L^{-1}$)
氟化钠
二甲酚橙指示剂(0.2%)
移液管(50 mL)
氢氧化钠
碳酸钠
EDTA 溶液($0.05\ mol \cdot L^{-1}$)
HAc-NaAc 缓冲溶液(pH 5)
硼酸
铁坩埚

实验内容

1. EDTA 溶液浓度的标定

移取 $0.02\ mol \cdot L^{-1}$ 锌标准溶液 50 mL 三份,分别置于 250 mL 锥形瓶中,加入二甲酚橙指示剂 1～2 滴,用 HAc-NaAc 缓冲溶液调节至紫红色出现,再过量 5 mL,以 $0.05\ mol \cdot L^{-1}$ EDTA 溶液滴定至由紫红色变为亮红色,即为终点。

计算 EDTA 溶液的浓度

2. 铝钒土试样中铝的含量测定

称取铝矾土试样 0.5 g 左右及 NaOH 4～5 g、Na_2O_2 少许于铁坩埚(附注 1)中,加热熔融(附注 2)15～20 min,摇动。稍冷后转移至烧杯,用 100 mL 热水浸出。加入 Na_2CO_3 1 g,溶解后,用快速滤纸过滤,并以 3% NaOH 溶液洗涤沉淀。收集滤液和洗涤液于 250 mL 容量瓶中,稀释至标线,摇匀。

移取容量瓶中试液 25 mL 三份,分别置于 250 mL 锥形瓶中,加入 $0.05\ mol \cdot L^{-1}$ EDTA 标准溶液 15 mL,以1∶1 HCl 溶液酸化至 pH 2～3,煮沸 5 min。冷却,加入 HAc-NaAc 缓冲溶液 15 mL 及二甲酚橙指示剂 5 滴,以 $0.02\ mol \cdot L^{-1}$ 锌标准溶液滴定至红色出现(不计体积)。加入 NaF 1 g 和 H_3BO_3 2 g,煮沸后,冷却,再以锌标准溶液滴定至红色,即为终点。根据第二次滴定所耗的锌标准溶液的体积,计算铝的含量(Al_2O_3%)。

附注

1. 碱熔时,先在坩埚底部铺上一层 NaOH 固体,然后将试样加入,再在其上面加

NaOH 及少量 Na_2O_2，混匀，使试样与熔剂充分接触。

2. 本实验的碱熔融温度约在 600～700℃。由于矿样及熔剂均含有水分，熔融开始时，必须小火加热(使火焰远离坩埚底部)，以防迸溅，造成损失。碱熔过程中须戴防护眼镜。

思考题

1. 分解铝矾土样品时为什么用碱熔而不用酸熔？

2. 为什么第一次用锌标准溶液滴定至红色出现时可不计其体积？

实验三十三 胃舒平(复方氢氧化铝)药片中铝和镁的测定

胃舒平(复方氢氧化铝)药片主要成分为氢氧化铝、三硅酸镁及少量中药颠茄流浸膏,在制成片剂时还加入了大量糊精等以使药片成形。药片中铝和镁的含量可用 EDTA 络合滴定法测定。

将样品溶解,分离除去不溶于水的物质,然后取试液加入过量 EDTA 溶液,调节至 pH4 左右,煮沸使 EDTA 与铝络合,再以二甲酚橙为指示剂,用标准锌溶液回滴过量的 EDTA,测出铝含量。另取试液调节 pH,将铝沉淀分离后,在 pH 10 条件下以铬黑 T 为指示剂,用 EDTA 溶液滴定滤液中的镁。

实验用品

HCl(1∶1)
EDTA 标准溶液(0.02 mol·L^{-1})
锌标准溶液(0.02 mol·L^{-1})
三乙醇胺(1∶2)
二甲酚橙指示剂(0.2%)
铬黑 T 指示剂(铬黑 T∶氯化钠=1∶100)
氨水(1∶1)
六次甲基四胺(20%)
氯化铵
NH_3-NH_4Cl 缓冲溶液(pH 10)
甲基红指示剂(0.2%乙醇溶液)

实验内容

1. 样品处理

称取胃舒平片剂 10 片,研细,从中称取 2g 左右(附注 1),加入 1∶1 HCl 溶液 20 mL,加水至 100 mL,煮沸。冷却后过滤,并以水洗涤沉淀。收集滤液及洗涤液于 250 mL 容量瓶中,稀释至标线,摇匀。

2. 铝含量的测定

移取容量瓶中试液 5 mL,置于 250 mL 锥形瓶中,加水至 25 mL 左右。滴加 1∶1 氨水至刚好出现混浊,再滴加1∶1 HCl溶液至沉淀恰好溶解。准确加入 0.02 mol·L^{-1} EDTA 标准溶液 25 mL 左右,再加入 20% 六次甲基四胺溶液 10 mL,煮沸 10 min,冷却,加入二甲酚橙指示剂 2～3 滴,以0.02 mol·L^{-1}锌标准溶液滴定至由黄色转变为红色,即为终点。

计算每片片剂中 $Al(OH)_3$ 的含量。

3. 镁含量的测定

移取容量瓶中试液 25 mL,滴加 1∶1 氨水至刚好出现沉淀,再滴加 1∶1 HCl 溶液至沉淀恰好溶解。加入 2 gNH_4Cl,滴加 20% 六次甲基四胺溶液至沉淀出现并过量 15 mL(附注 2)。加热至 80℃,并维持 10～15 min,冷却后过滤除去 $Al(OH)_3$,以少量水洗涤沉淀数次。收集滤液与洗涤液于 250 mL 锥形瓶中,加入三乙醇胺 10 mL、NH_3-NH_4Cl 缓冲溶液

10 mL 及甲基红指示剂 1 滴、铬黑 T 指示剂(附注 3)少许,以 EDTA 标准溶液滴定至由暗红色转变为蓝绿色,即为终点。

计算每片片剂中镁的含量(以 MgO 表示)。

附注

1. 药片试样中铝镁含量可能分布不均匀,为使测定结果具有代表性,本实验取较多样品,研细混匀后再从中取样进行分析。

2. 试验结果表明,用六次甲基四胺溶液调节 pH 分离 $Al(OH)_3$,效果比用氨水好,可以减少 $Al(OH)_3$ 沉淀时 Mg^{2+} 的吸附。

3. 测定镁时,加入甲基红指示剂,能使终点时铬黑 T 的变色更为敏锐。

实验三十四　高锰酸钾法测定钙盐中的钙含量

某些金属离子如Ba^{2+}、Sr^{2+}、Ca^{2+}、Mg^{2+}、Pb^{2+}、Cd^{2+}等，能生成难溶的草酸盐沉淀。将草酸盐沉淀滤出，洗涤除去多余的$C_2O_4^{2-}$后，用稀H_2SO_4溶解，再用$KMnO_4$标准溶液滴定$C_2O_4^{2-}$，就可以间接测定待测金属离子的含量。钙离子的测定就常采用此法，反应如下：

$$Ca^{2+} + C_2O_4^{2-} \xlongequal{} CaC_2O_4 \downarrow$$

$$CaC_2O_4 + H_2SO_4 \xlongequal{} CaSO_4 + H_2C_2O_4$$

$$5\,C_2O_4^{2-} + 2\,MnO_4^- + 16\,H^+ \xlongequal{} 2\,Mn^{2+} + 10\,CO_2 \uparrow + 8\,H_2O$$

高锰酸钾法的优点是氧化能力强，且产物Mn^{2+}几乎无色，可以利用$KMnO_4$溶液的深紫红色作为自身指示剂。溶液中只要有2×10^{-6} mol·L^{-1}浓度的$KMnO_4$即可显示出粉红色，指示$KMnO_4$的稍过量即滴定终点的到达。

$KMnO_4$溶液需用间接法配制，最常用以标定$KMnO_4$溶液的基准物质是$Na_2C_2O_4$，滴定时应注意合适的酸度、温度和滴定速度。

实验用品

盐酸	HCl(1∶1)
H_2SO_4(1 mol·L^{-1}，3 mol·L^{-1})	草酸钠(基准物质)
$(NH_4)_2C_2O_4$(2.5%)	氨水(10%)
$AgNO_3$(0.1 mol·L^{-1})	甲基橙指示剂(0.2%)

$KMnO_4$(0.02 mol·L^{-1})：称取高锰酸钾约3.2 g，溶于1000 mL水中，盖上表面皿，加热至沸并保持微沸状态1 h后冷却，或放置数天，用微孔玻璃漏斗过滤(附注1)，将滤液保存在棕色磨口瓶中，摇匀备用。

微孔玻璃漏斗(3#)

实验内容

1. 高锰酸钾溶液浓度的标定

准确称取基准物质$Na_2C_2O_4$ 0.18 g左右三份，分别置于250 mL锥形瓶中，加50 mL水，加热溶解，再加入3 mol·L^{-1} H_2SO_4溶液15 mL，加热至80℃左右，以0.02 mol·L^{-1} $KMnO_4$溶液滴定至浅红色并在30 s内不褪，即为终点(附注2)。

计算$KMnO_4$溶液的浓度。

2. 钙含量的测定

准确称取钙盐两份(每份含钙约0.05 g)，分别置于250 mL烧杯中，加入适量水溶解，若不溶解，可滴加1∶1 HCl溶液使之溶解。然后加入2.5%$(NH_4)_2C_2O_4$溶液50 mL(若出现沉淀，可再滴加浓盐酸使之溶解)。加热至70～80℃，加入甲基橙指示剂1～2滴，此时溶液呈红色。逐滴加入10%氨水并不断搅拌，直至溶液变为黄色，并且稍有氨味逸出，此时CaC_2O_4应已沉淀完全。放置过夜(或在水浴上加热30 min并不时搅拌)，使沉淀陈化。沉淀用倾滗法过滤，并洗涤数次,尽量使沉淀留在烧杯中。洗涤沉淀至滤液中无 Cl^-(附注 3)。

将带有沉淀的滤纸铺在先前用来进行沉淀的烧杯内壁上,用 1 mol·L^{-1} H_2SO_4 溶液 50 mL将沉淀由滤纸洗入烧杯,再用洗瓶吹洗 1~2 次。然后,稀释溶液至 100 mL 左右,加热至 70~80℃,以 $KMnO_4$ 标准溶液滴定至浅红色。随后将滤纸放入溶液中搅拌,若溶液褪色,则继续滴定,直至出现的浅红色在 30 s 内不褪色,即为终点。

计算钙盐中钙的含量。

附注

1. 配好的高锰酸钾溶液要用 3 号微孔玻璃漏斗过滤,以除去 MnO_2 沉淀。因为 $KMnO_4$溶液不稳定,会慢慢分解而放出氧

$$4KMnO_4 + 2H_2O \longrightarrow 4MnO_2 \downarrow + 4KOH + 3O_2 \uparrow$$

分解速度与溶液 pH 有关,而 Mn^{2+}和 MnO_2 的存在能加速其分解。

2. $H_2C_2O_4$ 与 $KMnO_4$ 之间的反应较慢,所以用 $Na_2C_2O_4$ 标定 $KMnO_4$ 时要在热的酸性溶液中进行。但温度过高时,特别是在沸腾时又会加速 $H_2C_2O_4$ 的分解

$$H_2C_2O_4 \longrightarrow H_2O + CO_2 \uparrow + CO \uparrow$$

而且在热溶液中也可能发生下列反应

$$H_2C_2O_4 + O_2 \longrightarrow H_2O_2 + 2CO_2 \uparrow$$

生成的 H_2O_2 有可能进一步分解。因此,一般控制在 70~80℃时进行滴定反应,但温度也不宜低于 60℃。

Mn^{2+}的存在对 $H_2C_2O_4$ 与 $KMnO_4$ 的反应有催化作用。刚开始滴定时,由于溶液中几乎没有 Mn^{2+},滴入的 $KMnO_4$ 褪色很慢,因此须等红色消失后才能继续滴定。随着滴定的进行,Mn^{2+} 浓度增加,反应速度也将随之加快。但在滴定过程中,$KMnO_4$ 溶液的滴加速度不宜过快,因为在热的酸性溶液中 $KMnO_4$ 可能分解。

在滴定过程中,$KMnO_4$ 溶液应直接滴入待测试液,任何溅在内壁或加入半滴时留在壁上的 $KMnO_4$ 溶液应立即吹洗下来,否则会因分解而析出 MnO_2,从而影响结果。

由于 $KMnO_4$ 溶液颜色较深,不易观察弯月形液面,所以一般依据其液面两侧的最高点读取体积。

3. 常根据从漏斗流出的洗涤液中能否检出 Cl^- 来判断沉淀是否洗净。因为 Cl^- 与 Ag^+的沉淀反应极其灵敏,因此只要接少许滤液于干净试管中,用 HNO_3 酸化,滴入$AgNO_3$ 溶液,若无白色 AgCl 沉淀生成,说明沉淀已经洗净,否则,还需继续洗涤。

思考题

1. 配制 $KMnO_4$ 溶液时,为什么要将 $KMnO_4$ 溶液煮沸一定时间(或放置数天)?
2. 用$(NH_4)_2C_2O_4$ 沉淀 Ca^{2+}时,为什么要先在酸性溶液中加入沉淀剂,然后在 70~80℃时滴加氨水至甲基橙变成黄色,使 CaC_2O_4 沉淀?
3. 如果将带有 CaC_2O_4 沉淀的滤纸一起投入烧杯,以 H_2SO_4 处理后用 $KMnO_4$ 溶液滴定,这样操作对结果有什么影响?
4. 试比较用高锰酸钾法与络合滴定法测定钙含量的特点。

实验三十五 化学耗氧量(COD)的测定(酸性高锰酸钾法)

化学耗氧量(COD)是环境水质标准及废水排放标准的控制项目之一。COD是指在一定条件下,采用一定的强氧化剂处理水样时所消耗的氧化剂的量,通常以相应的氧量(O_2 $mg \cdot L^{-1}$)表示。

水中所含还原性物质有各类有机物、亚硝酸盐、亚铁盐、硫化物等,主要是有机物,因此COD被作为衡量水中有机物相对含量的指标。

COD的测定方法有重铬酸钾法、酸性高锰酸钾法和碱性高锰酸钾法。本实验采用酸性高锰酸钾法。

在酸性条件下加入过量 $KMnO_4$ 于水样中,加热煮沸,水样中有机物质被氧化,剩余 $KMnO_4$ 则用 $Na_2C_2O_4$ 来还原

$$2MnO_4^- + 5C_2O_4^{2-} + 16H^+ = 2Mn^{2+} + 10CO_2\uparrow + 8H_2O$$

最后以 $KMnO_4$ 溶液回滴过量的 $Na_2C_2O_4$,测得水样的耗氧量。

当水样中氯离子含量超过300 $mg \cdot L^{-1}$时,耗氧量的测定应在碱性溶液中进行,或将水样加水稀释后测定,因为氯化物与硫酸作用生成的盐酸将被高锰酸钾所氧化,使结果偏高。

实验用品

H_2SO_4(1∶3):取75 mL水于小烧杯中,将浓硫酸25 mL缓缓倾入,并不断搅拌,滴加0.02 $mol \cdot L^{-1}$ $KMnO_4$ 溶液至浅红色,煮沸30 min,若浅红色消失,再滴加 $KMnO_4$ 溶液至保持浅红色。

草酸钠(基准物质)

$KMnO_4$(0.002 $mol \cdot L^{-1}$):将0.02 $mol \cdot L^{-1}$ $KMnO_4$ 溶液稀释10倍。

实验内容

1. $Na_2C_2O_4$ 标准溶液的配制

准确称取基准物质草酸钠0.15~0.18g,加水溶解,定量转移至250 mL容量瓶,稀释至标线,摇匀,即得0.005 $mol \cdot L^{-1}$ $Na_2C_2O_4$ 标准溶液。计算其浓度。

2. 水样测定

取水样100 mL(取样量少时加水稀释至100 mL)三份,分别置于250 mL锥形瓶中,加入1∶3 H_2SO_4溶液10 mL,再由滴定管加入0.002 $mol \cdot L^{-1}$ $KMnO_4$ 溶液10 mL(V_1)。尽快加热至沸(附注1),准确煮沸10 min(附注2),此时溶液应呈红色。趁热加入 $Na_2C_2O_4$ 标准溶液10.00 mL,摇匀,此时溶液应为无色。以 $KMnO_4$溶液滴定至浅红色,记录 $KMnO_4$ 溶液用量 V_2。

于刚刚滴定结束的锥形瓶中,再趁热(70~80℃)加入 $Na_2C_2O_4$ 标准溶液10.00 mL,摇

匀,以 $KMnO_4$ 溶液滴定至浅红色,所用 $KMnO_4$ 溶液为 V_3。

计算 $KMnO_4$ 溶液之校正系数 K

$$K=\frac{10.00}{V_3}$$

再由下式计算水样的化学耗氧量:

$$\text{化学耗氧量}(O_2\ \text{mg}\cdot\text{L}^{-1})=\frac{[(V_1+V_2)K-10.00]\times C_{Na_2C_2O_4}\times 16.00\times 1000}{V_{\text{水样}}}$$

式中 16.00 —— 氧的相对原子质量。

附注

1. 溶液加热时易暴沸,因此需不断摇动。
2. 进行平行试验时,各试样与 $KMnO_4$ 溶液共热的时间应尽可能一致。

实验三十六 重铬酸钾法测定铁矿中铁的含量(无汞定铁法)

经典的测铁方法为:用 $SnCl_2$ 预先还原 Fe(III)成为 Fe(Ⅱ)后,过量的 $SnCl_2$ 用 $HgCl_2$ 氧化,再以 $K_2Cr_2O_7$ 标准溶液滴定 Fe(II)。但由于 $HgCl_2$ 严重污染环境,所以改用各种无汞定铁法来代替。本实验采用的 $SnCl_2$-$TiCl_3$ 联合还原方法是其中应用较多的一种。

铁矿样用盐酸加热溶解,在热溶液中先用 $SnCl_2$ 还原大部分 Fe(III),继以 Na_2WO_4 为指示剂,用 $TiCl_3$ 定量还原剩余 Fe(III)。当 Fe(III)被定量还原为 Fe(II)之后,稍过量的 $TiCl_3$ 将六价钨部分还原为五价钨(俗称钨蓝),使溶液呈蓝色。摇动溶液至蓝色消失(即钨蓝为溶解氧所氧化),或者滴加 $K_2Cr_2O_7$ 稀溶液使钨蓝刚好褪去,以二苯胺磺酸钠为指示剂,在硫-磷混合酸介质中以 $K_2Cr_2O_7$ 标准溶液进行滴定。

主要反应式如下:

$$2Fe^{3+} + SnCl_4^{2-} + 2Cl^- \longrightarrow 2Fe^{2+} + SnCl_6^{2-}$$

$$Fe^{3+} + Ti^{3+} + H_2O \longrightarrow Fe^{2+} + TiO^{2+} + 2H^+$$

$$6Fe^{2+} + Cr_2O_7^{2-} + 14H^+ \longrightarrow 6Fe^{3+} + 2Cr^{3+} + 7H_2O$$

实验用品

盐酸 HCl(1∶1)

重铬酸钾(基准物质)

$SnCl_2$(10%):取 $SnCl_2 \cdot 2H_2O$ 100 g 溶解于 200 mL 浓盐酸,用水稀释至 1000 mL。

Na_2WO_4(25%):取钨酸钠 25 g 溶于 95 mL 水,若混浊则过滤,再加磷酸 5 mL,混匀。

$TiCl_3$(10%):取 $TiCl_3$ 10 mL,用 5∶95 HCl 溶液稀释至 100 mL,临用时配制。

硫-磷混合酸(硫酸∶磷酸∶水=2∶3∶5)

二苯胺磺酸钠指示剂(0.2%)

实验内容

1. 重铬酸钾标准溶液的配制

准确称取基准物质重铬酸钾 1.25 g 左右于 150 mL 烧杯中,加水溶解,定量转移至 250 mL容量瓶,稀释至标线,摇匀。计算 $K_2Cr_2O_7$ 标准溶液的浓度。

2. 铁矿样中铁的含量测定

将研细的铁矿样在 120℃下烘 1~2 h 后,置于干燥器中冷却 30~40 min。

准确称取矿样 0.25~0.30 g 三份,分别置于 250 mL 锥形瓶中,加水数滴,摇动使矿样全部润湿并散开,再加入浓盐酸 10 mL 或 1∶1 HCl 溶液 20 mL,盖上表面皿,加热使矿样溶解(残渣为白色或近于白色)。为了加速矿样的溶解,可加入适量的 $SnCl_2$ 溶液,但所得溶液应呈黄色(附注 1)。然后,趁热慢慢滴加 $SnCl_2$ 至溶液呈浅黄色(附注 2),并用洗瓶吹洗瓶壁及盖。

溶液冷却后加水10 mL(附注3)及Na_2WO_4溶液10～15滴,滴加$TiCl_3$溶液至出现钨蓝。再加水20～30 mL,摇动,使钨蓝为溶解氧所氧化,或滴加稀$K_2Cr_2O_7$溶液至钨蓝刚好消失。随即加入硫-磷混合酸10 mL(附注4)、二苯胺磺酸钠指示剂5滴,立即以$K_2Cr_2O_7$标准溶液滴定至出现紫色,即为终点。

计算试样中铁的含量(以Fe_2O_3%表示)。

附注

1. 若此时溶液呈无色,说明$SnCl_2$已过量。遇此情况,应滴加氧化剂如$KMnO_4$等,使之呈黄色为止。

2. 矿样溶解完全后进行滴定时,应还原一份滴定一份,否则Fe^{2+}在空气中暴露太久,易被空气中的氧氧化而影响结果。

3. 用$SnCl_2$还原大部分Fe^{3+}后,加入Na_2WO_4之前,应加水10 mL,以避免析出H_2WO_4沉淀,影响还原终点的正确判断。

4. HPO_4^{2-}可以和Fe^{3+}配位形成无色的$Fe(HPO_4)_2^-$,从而消除Fe^{3+}的黄色对终点判断的影响,并且降低Fe^{3+}/Fe^{2+}的电极电位,增大滴定突跃范围,使得二苯胺磺酸钠指示剂的变色点处于其中。

思考题

1. 为什么可以用直接法配制K_2CrO_7标准溶液?$KMnO_4$溶液也能直接配制吗?

2. 以$K_2Cr_2O_7$测定Fe^{2+}时,为什么在钨蓝刚好消失后应立即开始滴定?

实验三十七 铬铁合金中铬含量的测定

铬铁合金是铬与铁的固溶物，其中还含有少量的碳化铬 Cr_3C_2。将铬铁样用酸溶解后，铬以三价离子的形式存在。在酸性溶液中以 $AgNO_3$ 为催化剂，用 $(NH_4)_2S_2O_8$ 可以将 Cr^{3+} 氧化成 $Cr_2O_7^{2-}$，其反应为

$$2Cr^{3+}+3S_2O_8^{2-}+7H_2O = Cr_2O_7^{2-}+6SO_4^{2-}+14H^+$$

为了确定 Cr^{3+} 是否已被定量氧化，可在被测溶液中加入少量 Mn^{2+}，当溶液中出现 MnO_4^- 的紫红色时，表示铬已全部氧化。此时加入氯化钠煮沸，则 MnO_4^- 被还原成 Mn^{2+}，而 $Cr_2O_7^{2-}$ 不被还原。过量的 $(NH_4)_2S_2O_8$ 加热煮沸即可除去。

溶液中的 $Cr_2O_7^{2-}$ 可用二苯胺磺酸钠作指示剂，以 $FeSO_4$ 标准溶液滴定。

实验用品

HNO_3(1∶1)
H_2SO_4(1∶1, 3 mol·L^{-1})
重铬酸钾(基准物质)
硫-磷混合酸(硫酸∶磷酸∶水＝2∶3∶5)
$AgNO_3$(0.1 mol·L^{-1})
过硫酸铵
$MnSO_4$(0.1 mol·L^{-1})
氯化钠
二苯胺磺酸钠指示剂(0.2%)

$FeSO_4$(0.1 mol·L^{-1})：称取 27 g $FeSO_4\cdot 7H_2O$，溶于 20 mL1∶1 H_2SO_4 溶液，加水稀释至 1000 mL，摇匀备用。

实验内容

1. $FeSO_4$ 溶液浓度的标定

准确称取 $K_2Cr_2O_7$ 0.13～0.18 g 三份，分别置于 250 mL 锥形瓶中，加 50 mL 水溶解，加入硫-磷混合酸 20 mL，以 0.1 mol·L^{-1} $FeSO_4$ 溶液滴定至 $K_2Cr_2O_7$ 的橙黄色明显变浅，加入二苯胺磺酸钠指示剂 5 滴，此时溶液变成蓝紫色。继续用 $FeSO_4$ 溶液滴定至蓝紫色突变为亮绿色，即为终点。

计算 $FeSO_4$ 溶液的浓度。

2. 铬铁合金中铬含量的测定

准确称取试样 0.1 g 三份，分别置于 250 mL 锥形瓶中，加 3 mol·L^{-1} H_2SO_4 溶液 10 mL，小火加热溶解。溶液中尚存的黑色碳化铬颗粒，可加入 1∶1 HNO_3 溶液 2 滴(附注 1)，加热至完全溶解。小心蒸发溶液至出现 SO_3 白烟，冷却后加 100 mL 水稀释，然后依次加入 3 mol·L^{-1} H_2SO_4 溶液 10 mL、0.1 mol·L^{-1} $AgNO_3$ 溶液 2 mL、$(NH_4)_2S_2O_8$ 4g 和 0.1 mol·L^{-1} $MnSO_4$ 溶液 2～3 滴(附注 2)。充分摇动，加热，此时溶液由绿色逐渐变成橙黄色，最后变成红色，表示 Cr^{3+} 已被完全氧化。煮沸约 5 min，除尽过量的 $(NH_4)_2S_2O_8$。冷却，加入 1 gNaCl，加热煮沸至 MnO_4^- 紫红色完全消失，溶液呈橙黄色，继续煮沸 5～10 min，

除尽 Cl_2，并使 AgCl 沉淀凝聚(附注 3)。冷却，加入硫-磷混合酸 20 mL，以 $FeSO_4$ 标准溶液滴定至橙黄色明显变浅，加入二苯胺磺酸钠指示剂 5 滴，溶液变成蓝紫色，继续以 $FeSO_4$ 标准溶液滴定至蓝紫色突变为亮绿色，即为终点。

计算铬铁合金中铬的含量。

附注

1. 铬铁合金中含有的碳化铬，必须加入 HNO_3 或$(NH_4)_2S_2O_8$ 等氧化剂使其氧化后才能溶解，而 HNO_3 溶液必须在溶解过程将近结束时才可加入，否则铁会被氧化剂钝化，使溶解延缓或停止。溶解过程是否将近结束，可由氢气泡停止发生来判断。

2. $MnSO_4$ 不能加入过多，否则被$(NH_4)_2S_2O_8$ 氧化生成的 MnO_4^- 又和过量的 Mn^{2+} 生成 MnO_2 沉淀。

3. AgCl 沉淀必须充分凝聚，否则影响滴定终点的判断。

思考题

1. 试样溶解后，为什么必须蒸发至冒白烟?

2. 配制 $FeSO_4$ 溶液时，为什么需加入一定量的硫酸?

3. 为什么本实验在以 $FeSO_4$ 溶液滴定至橙黄色明显变浅时才加入二苯胺磺酸钠指示剂? 可以在滴定开始时即加入指示剂吗?

实验三十八 碘量法测定铜合金中铜的含量

铜合金试样用 $HCl\text{-}H_2O_2$ 溶解后，加热除去过量 H_2O_2，在弱酸性(pH 3～4)条件下，Cu^{2+} 与过量 KI 作用生成 CuI 沉淀，同时析出与铜量相当的碘(以 I_3^- 形式存在)

$$2Cu^{2+} + 4I^- = 2CuI\downarrow + I_2$$

析出的 I_2 以淀粉为指示剂，用 $Na_2S_2O_3$ 标准溶液滴定

$$I_2 + 2S_2O_3^{2-} = 2I^- + S_4O_6^{2-}$$

由于 CuI 沉淀强烈吸附 I_3^-，故在近终点时加入适量 NH_4SCN，使 CuI 沉淀($K_{SP} = 1.1\times10^{-12}$)转化为溶解度更小的 CuSCN 沉淀($K_{SP} = 4.8\times10^{-15}$)，释放出被吸附的 I_3^-，参加反应。

Fe^{3+} 能氧化 I^- 干扰测定，可采用 NH_4HF_2 掩蔽。

实验用品

HCl(1∶1)	重铬酸钾(基准物质)
KI(20%)	H_2O_2(30%)
氨水(1∶1)	HAc(1∶1)
NH_4HF_2(20%)	NH_4SCN(10%)

$Na_2S_2O_3$($0.1\ mol\cdot L^{-1}$)：称取 25 g $Na_2S_2O_3\cdot5H_2O$ 溶于 1000 mL 新鲜煮沸并冷却至室温的蒸馏水，加入 0.1 g Na_2CO_3，摇匀，放置数天，过滤后保存于棕色瓶中。

淀粉(0.5%)：称取 0.5 g 可溶性淀粉，用少许水搅匀后，加入 100 mL 沸水，搅拌均匀。如需久置，则可加入少量 HgI_2 防腐剂。

实验内容

1. 硫代硫酸钠溶液浓度的标定

准确称取 $K_2Cr_2O_7$ 基准物质 0.13～0.18 g 三份，分别置于 250 mL 锥形瓶中，加 25 mL 水溶解，必要时可用小火加热助溶。冷却，加入 20% KI 溶液 8～10 mL 和 1∶1 HCl 溶液 5 mL，盖上表面皿充分混合，置于暗处 3～5 min(附注 1)。然后加 50 mL 水稀释，以 $0.1\ mol\cdot L^{-1}\ Na_2S_2O_3$ 溶液滴定至红棕色明显变浅，加入淀粉溶液 5 mL(附注 2)，此时溶液呈暗蓝色，继续滴定至蓝色刚好消失而呈现透明绿色，即为终点。

计算 $Na_2S_2O_3$ 溶液的浓度。

2. 试样中铜含量的测定

准确称取 0.25～0.30 g 铜合金试样三份，分别置于 250 mL 锥形瓶中，加入 1∶1 HCl 溶液 10 mL 和 30% H_2O_2 约 1 mL，加盖，溶解试样(必要时小火加热助溶或补加少许 H_2O_2)。然后加 10 mL 水，加热煮沸，赶尽 H_2O_2。冷却，滴加 1∶1 氨水至浑浊出现，再加入 1∶1 HAc 溶液 8 mL。冷却，加入 20% NH_4HF_2 溶液 5 mL(附注 3)、20% KI 溶液 10 mL，以 $Na_2S_2O_3$ 标准溶液滴定至浅黄色，加入淀粉溶液 5 mL，继续滴定至浅蓝灰色，再加入 10% NH_4SCN

溶液 10 mL，充分摇动，此时，溶液颜色变深。继续滴定至蓝灰色消失，即为终点。

计算铜合金中铜的含量。

附注

1. 标定 $Na_2S_2O_3$ 溶液浓度时，$K_2Cr_2O_7$ 与 KI 的反应为

$$Cr_2O_7^{2-} + 6I^- + 14H^+ \longrightarrow 2Cr^{3+} + 3I_2 + 7H_2O$$

此反应速度受酸度影响较大，提高酸度可使反应加快，但为了避免 I_3^- 在强酸性条件下的氧化，故实验中应避免使用过高酸度，并保证反应进行 3～5 min。

2. 淀粉指示剂应在临近终点时加入，不可加入过早，否则大量碘将与淀粉生成蓝色络合物，不易与 $Na_2S_2O_3$ 反应，使终点难以观察。

3. NH_4HF_2 对玻璃有腐蚀作用，滴定结束后应立即将溶液倒去并洗净。

思考题

1. $Na_2S_2O_3$ 溶液应如何配制？并说明理由。

2. 碘量法的主要误差来源是什么？如何克服？

3. 溶解铜合金样品时若用 HNO_3 作溶剂，会产生什么影响？如何处理？

4. 测定铜的含量时，为什么需将溶液的 pH 调节至 3～4 之间？酸度太高或太低对测定有何影响？

5. 本实验中加入 NH_4SCN 溶液的目的是什么？为何必须在近终点时才能加入？

实验三十九 白酒中总醛量的测定

醛类化合物能与 $NaHSO_3$ 发生加成反应,反应式为

$$RCHO + NaHSO_3 \longrightarrow RCHOHSO_3Na$$

剩余的 $NaHSO_3$ 与已知过量的 I_2 反应

$$NaHSO_3 + I_2 + H_2O \longrightarrow NaHSO_4 + 2\ HI$$

剩余的碘以 $Na_2S_2O_3$ 滴定,即可测得总醛量。

酒样中部分乙醛能与乙醇起缩合反应,生成乙缩醛

$$CH_3CHO + 2C_2H_5OH \longrightarrow CH_3CH(OC_2H_5)_2 + H_2O$$

乙缩醛在强酸性条件下会全部解离,$NaHSO_3$ 与乙醛的加成反应也促使乙缩醛解离。如欲快速、准确测定,需先将酒样加酸水解。

实验用品

HCl(1∶1)

$Na_2S_2O_3$ 标准溶液($0.1\ mol \cdot L^{-1}$)

淀粉(0.5%)

I_2($0.05\ mol \cdot L^{-1}$):称取 3.2 g I_2 和 6 g KI,加适量水溶解,稀释至 250 mL,摇匀,保存于棕色试剂瓶中,置于暗处备用。

$NaHSO_3$($0.05\ mol \cdot L^{-1}$):称取亚硫酸氢钠 5.2 g,加水溶解,加入少量 EDTA(附注),稀释至 1000 mL,摇匀备用。

实验内容

1. I_2溶液浓度的标定

将 $0.1\ mol \cdot L^{-1}$ $Na_2S_2O_3$ 标准溶液和 $0.05\ mol \cdot L^{-1}$ I_2 溶液分别装入滴定管(I_2 溶液应装在酸式滴定管中)。准确放出 $Na_2S_2O_3$ 标准溶液约 25 mL 于 250 mL 锥形瓶中,加水稀释至 100 mL ,加入淀粉溶液 5 mL,以 I_2 溶液滴定至蓝色出现,即为终点。

重复三次。

计算 I_2 溶液的浓度。

2. $NaHSO_3$ 溶液浓度的标定

移取 I_2 标准溶液 25 mL 三份,分别置于 250 mL 锥形瓶中,准确加入 $0.05\ mol \cdot L^{-1}$ $NaHSO_3$溶液 10 mL,盖上表面皿,放置 5 min,使其充分反应。然后加入 1∶1 HCl 溶液 2 mL,立即以 $Na_2S_2O_3$ 标准溶液滴定至颜色明显变浅,加入淀粉溶液 2 mL,继续以 $Na_2S_2O_3$ 溶液滴定至蓝色刚好褪去,即为终点。

计算 $NaHSO_3$ 溶液的浓度。

3. 白酒中总醛量的测定

移取白酒试样 25 mL 三份,分别置于 250 mL 锥形瓶中,准确加入 $0.05\ mol \cdot L^{-1}$

$NaHSO_3$标准溶液10 mL,盖上表面皿,放置30 min,并时常摇动。然后准确加入I_2标准溶液20 mL,摇匀,以$Na_2S_2O_3$标准溶液滴定至颜色明显变浅,加入淀粉溶液2 mL,继续以$Na_2S_2O_3$溶液滴定至蓝色刚好褪去,即为终点。

计算白酒中的总醛量,以100 mL白酒中乙醛的量(mg)来表示。

附注

$NaHSO_3$溶液不稳定,易氧化分解,Cu^{2+}能催化此氧化反应。而酒中往往含有Cu^{2+},所以$NaHSO_3$溶液宜加入少量EDTA与Cu^{2+}络合,以防止Cu^{2+}的催化作用。另外,在日光照射和剧烈振荡的情况下$NaHSO_3$溶液也易氧化,因此操作中应避免日光照射和剧烈振荡。

思考题

标定$NaHSO_3$溶液时,需放置5 min,并盖上表面皿,这是为什么?

实验四十 钢铁中镍含量的测定

镍是合金钢中重要的元素之一,加入镍可以增加钢的强度、韧性、耐热性以及抗蚀性。

钢样以酸溶解后,钢样中的镍在酒石酸(或柠檬酸)的氨性溶液中用丁二酮肟沉淀

$$
Ni^{2+} + 2\begin{array}{c} CH_3-C=NOH \\ | \\ CH_3-C=NOH \end{array} = \begin{array}{ccccc} & & O\cdots H-O & & \\ & & \uparrow \quad\quad | & & \\ H_3C-C=N & \searrow & & \swarrow & N=C-CH_3 \\ | & & Ni & & | \\ H_3C-C=N & \nearrow & & \nwarrow & N=C-CH_3 \\ & & | \quad\quad \downarrow & & \\ & & O-H\cdots O & & \end{array} + 2H^+
$$

将沉淀过滤,洗涤,于 110～120℃烘干后,进行称量,测得镍的含量。

钢样中的 Fe^{3+}、Cr^{3+} 等可用酒石酸(或柠檬酸)掩蔽形成可溶性络合物而留在溶液中,Cu^{2+}、Co^{2+} 与丁二酮肟生成水溶性络合物而消耗试剂,且沾污沉淀,可采用增加沉淀剂用量、增大溶液体积的方法,在一定程度上减少其干扰。但 Cu^{2+}、Co^{2+} 含量高时,需要进行二次沉淀。

实验用品

HCl(1∶1)　　混合酸(盐酸∶硝酸∶水＝7∶1∶4)

酒石酸或柠檬酸(50%)　　氨水(1∶1)

NH_3-NH_4Cl 洗涤液(每 100 mL 水中加入氨水 1 mL 及氯化铵 1 g)

丁二酮肟(1%乙醇溶液)　　酒石酸洗涤液(2%,内含少许氨水)

微孔玻璃坩埚　　广范 pH 试纸

实验内容

准确称取钢样两份(每份含镍量 30～60 mg),分别置于 400 mL 烧杯中,加入混合酸 20～40 mL,小火加热溶解后,煮沸除去氮氧化物。于试液中加入 50%酒石酸(或柠檬酸)溶液适量,相当于每克试样加 10 mL。在不断搅拌下,滴加 1∶1 氨水至溶液呈弱碱性,若有不溶物,则过滤除去,并以热的 NH_3-NH_4Cl 洗涤液洗涤数次,滤液及洗涤液合并收集,用 1∶1 HCl 溶液 10～15 滴酸化,加热水稀释至 250 mL。

将溶液加热至 70～80℃(附注 1),在不断搅拌下加入 1%丁二酮肟乙醇溶液以沉淀 Ni^{2+},每毫克镍约需 1 mL 丁二酮肟溶液,最后再过量 20～30 mL(附注 2)。以 1∶1 氨水调节溶液酸度至 pH 8～9,于 60～70℃条件下保温 30～40 min。趁热用已恒重的 3 号微孔玻璃坩埚过滤,以 2%酒石酸洗涤液洗涤烧杯和沉淀 8～10 次,再用温水洗涤至无 Cl^- 为止。将微孔玻璃坩埚连同沉淀在 110～120℃烘干 1 h,冷却,称重,再烘干,冷却,称重,直至恒重。

计算钢样中镍的含量。

附注

1. 在 70～80℃进行沉淀可减少 Cu^{2+}、Fe^{3+} 的共沉淀。温度太高，部分 Fe^{3+} 可能被酒石酸还原成 Fe^{2+}，干扰测定。且温度太高时，乙醇挥发过多，将引起丁二酮肟析出。

2. 沉淀剂丁二酮肟不能过量太多，因为这将同时增加试液中乙醇的浓度，使丁二酮肟镍沉淀不完全。

思考题

1. 称取钢样时，为什么需控制其中镍的实际称得量？
2. 沉淀丁二酮肟镍时，溶液的 pH 值应控制在什么范围内？为什么？

实验四十一 均相沉淀法测定硫酸亚铁中铁的含量

本实验采用均相沉淀法制备沉淀，进行铁的重量分析。

在含有甲酸的酸性 Fe^{3+} 溶液中，加入尿素，加热时尿素发生水解，

$$CO(NH_2)_2 + H_2O \xlongequal{} CO_2\uparrow + 2NH_3$$

$$NH_3 + H_2O \xlongequal{} NH_4^+ + OH^-$$

水解产生的 NH_3 均匀地分布于溶液中，溶液的酸度随着 NH_3 的不断产生渐渐降低，均匀而缓慢地析出纯净、紧密、易过滤的碱性甲酸铁沉淀。沉淀经过滤、洗涤、烘干、炭化、灰化和灼烧，最后以 Fe_2O_3 形式称重。

实验用品

盐酸	HCl(1∶1)
硝酸	氨水
甲酸	尿素
氯化铵	H_2O_2(3%)
NH_4NO_3(1%)	

实验内容

准确称取硫酸亚铁试样两份(每份含 Fe 100 mg 左右)，分别加入水 50 mL，溶解，加入浓盐酸5 mL、浓硝酸 1～2 mL，加热近沸。加水稀释至 400 mL，加入氨水至 $Fe(OH)_3$ 沉淀出现，再滴加1∶1 HCl溶液至沉淀溶解，然后加入甲酸 2 mL、尿素 4～5 g 及 15 g NH_4Cl，小火加热煮沸 1 h 至沉淀完全(附注)。停止加热前加入 3% H_2O_2 溶液 5 mL，以氧化被甲酸还原的 Fe^{2+}。冷却，用快速定量滤纸过滤，以热的 1% NH_4NO_3 溶液洗涤沉淀 3～4 次，再将绝大部分沉淀转移至滤纸上。然后在原烧杯中沿玻棒加入浓盐酸 5 mL，荡洗烧杯，使玻棒及烧杯壁上的沉淀全部溶解。再加水 100 mL，加热煮沸后，加氨水至碱性。将烧杯中的 $Fe(OH)_3$沉淀也定量转移至滤纸，用热的 1%NH_4NO_3 洗涤液洗至无 Cl^-。包好沉淀，放入已恒重的瓷坩埚中，干燥、炭化、灰化，大火灼烧 30 min 左右，冷却，称量，直至恒重。

计算试样中铁的含量。

附注

尿素的用量与溶液的酸度有关。按本实验步骤，用 1∶1HCl 溶液将沉淀完全溶解时，pH 约为 1.8，加入尿素 5 g 已能保证含量低于 200 mg 的铁沉淀完全。

加入尿素后，加热 1 h，至上层溶液澄清，说明沉淀已完全。

思考题

1. 均相沉淀法有哪些特点?
2. 用盐酸溶解样品后,为什么还要加入 1～2 mL 硝酸,并加热近沸?
3. 本实验中洗涤沉淀时,为什么不采用稀的 NaOH 溶液?

实验四十二 氯化物中氯含量的测定(Mohr 法)

在近中性溶液中,以 K_2CrO_4 为指示剂,用 $AgNO_3$ 标准溶液直接滴定试液中的 Cl^-,其反应如下:

$$Ag^+ + Cl^- \longrightarrow AgCl\downarrow(白色)$$
$$2Ag^+ + CrO_4^{2-} \longrightarrow Ag_2CrO_4\downarrow(砖红色)$$

由于 AgCl 的溶解度小于 Ag_2CrO_4,因此在滴定过程中,溶液中首先析出 AgCl 沉淀,当 AgCl 定量沉淀后,微过量的 Ag^+ 即与 CrO_4^{2-} 形成砖红色的 Ag_2CrO_4 沉淀,它与白色的 AgCl 沉淀一起,使溶液略带橙红色。

当分析精确度要求较高时,必须进行空白校正(附注 1)。

试样中若含有能与 Ag^+ 生成难溶性化合物或络合物的阴离子,如 PO_4^{3-}、AsO_4^{3-}、AsO_3^{3-}、S^{2-}、CO_3^{2-}、$C_2O_4^{2-}$ 等将干扰测定。某些能与 CrO_4^{2-} 形成难溶性化合物的阳离子,如 Ba^{2+}、Pb^{2+} 等也将干扰测定,都必须设法除去。

实验用品

氯化钠(基准物质)　　　　铬酸钾指示剂(5%)

$AgNO_3$(0.1 mol·L^{-1}):称取硝酸银 8.5 g 左右,加水溶解,转移至棕色试剂瓶,稀释至 500 mL 左右,摇匀备用。

实验内容

1. $AgNO_3$ 溶液浓度的标定

准确称取 NaCl 基准物质 1.8 g 左右于小烧杯中,加水溶解,定量转移至转入 250 mL 容量瓶,稀释至标线,摇匀。计算 NaCl 标准溶液的浓度。

移取 NaCl 标准溶液 25 mL 三份,分别置于 250 mL 锥形瓶中,加 25 mL 水、5% K_2CrO_4 指示剂 1 mL,以 0.1 mol·L^{-1} $AgNO_3$ 溶液滴定至出现橙红色,即为终点。

计算 $AgNO_3$ 溶液的浓度。

2. 氯化物试样的分析

称取含氯试样(含氯量约为 60%)2 g 左右于小烧杯中,加水溶解后调节至中性,定量转移至 250 mL 容量瓶,稀释至标线,摇匀。

移取试液 25 mL 三份,分别置于 250 mL 锥形瓶中,加入 25 mL 水、5% K_2CrO_4 指示剂 1 mL,以 $AgNO_3$ 标准溶液滴定至出现橙红色,即为终点。

计算试样中 Cl^- 的含量。

附注

1. 在装有约 70 mL 水的锥形瓶中加入几百毫克无 Cl^- 的 $CaCO_3$ 及 5% K_2CrO_4 指示剂 1 mL,以 $AgNO_3$ 标准溶液滴定至与试样滴定终点颜色一致为止。空白溶液消耗 $AgNO_3$ 标准溶液的量一般为 0.03～0.05 mL，应予以扣除。

2. AgCl 滴定的废液应予以回收，不可随意倒入水槽。

3. 实验结束后，装 $AgNO_3$ 溶液的滴定管应先用蒸馏水淋洗 2～3 次，再用自来水冲洗，以免产生 AgCl 沉淀吸附于管壁后难以洗净。

思考题

1. 用 Mohr 法测定氯的含量时，溶液的 pH 值应控制在什么范围？为什么？若有 NH_4^+ 存在，其控制的 pH 范围是否需要改变？

2. K_2CrO_4 指示剂浓度的大小或加入量的多少对测定结果有什么影响？为什么需进行指示剂空白校正？

实验四十三 粗银中银含量的测定(Volhard 法)

将含银废液回收处理所得的粗银块切割成细屑后,用硝酸溶解,以铁铵矾为指示剂,用 NH_4SCN 标准溶液滴定,反应为

$$Ag^+ + SCN^- \longrightarrow AgSCN\downarrow(白色)$$

$$Fe^{3+} + SCN^- \longrightarrow [FeSCN]^{2+}(红色)$$

当试液中 Ag^+ 定量沉淀后,出现红色的 $[FeSCN]^{2+}$,指示终点到达。

滴定应在酸性介质中进行,如果在中性或碱性介质中滴定,Ag^+ 将生成 Ag_2O 沉淀,指示剂也将生成 $Fe(OH)_3$ 沉淀。但酸度也不宜过大,因为 HSCN 的 $K_a=0.14$,若酸度过大,部分 SCN^- 将形成 HSCN,影响终点判断,所以滴定时 HNO_3 溶液浓度应控制在 $0.1\sim1\ mol\cdot L^{-1}$。

实验用品

HNO_3(1∶2)

纯银

NH_4SCN($0.1\ mol\cdot L^{-1}$):称取硫氰化铵 3.8 g,溶于 500 mL 水中,摇匀备用。

铁铵矾指示剂(40%):称取 40 g $NH_4Fe(SO_4)_2\cdot12H_2O$,加水溶解,然后用 $1\ mol\cdot L^{-1}$ HNO_3 溶液稀释至 100 mL。

实验内容

1. NH_4SCN 溶液浓度的标定

准确称取纯金属银 0.3 g 左右三份,分别置于 250 mL 锥形瓶中,加入 1∶2 HNO_3 溶液 10 mL,小火加热溶解后,加 50 mL 水,煮沸除去氮氧化物(附注)。冷却,加入铁铵矾指示剂 1 mL,在充分摇动下以 NH_4SCN 溶液滴定至呈稳定的浅红色,即为终点。

计算 NH_4SCN 溶液的浓度。

NH_4SCN 溶液的浓度也可以与 $AgNO_3$ 标准溶液比较而得。

2. 粗银中银纯度的测定

将粗银块切割成细屑后,称取 0.3 g 左右三份,分别置于 250 mL 锥形瓶中,如步骤 1 所述测定银的含量。

附注

低价氮氧化物将与 SCN^- 形成红色的 NOSCN 化合物,与 Fe^{3+} 也可形成红色亚硝基化合物,影响滴定终点观察。

思考题

1. Volhard 法能否测定试样中的含氯量?若能,请拟订实验步骤。
2. Volhard 法能否采用 $FeCl_3$ 作指示剂?

实验四十四　醋酸铜的制备与分析

醋酸铜 $Cu(CH_3COO)_2 \cdot H_2O$ 为暗蓝绿色单斜晶体,能溶于水、乙醇和乙醚,20℃时水中溶解度为 7.2 g,$(100\ mL)^{-1}$。100℃以上时失去结晶水,其熔点为 115℃。可应用于催化剂、医药、陶瓷、涂料等行业。

$Cu(CH_3COO)_2 \cdot H_2O$ 可由铜、氧化铜或碳酸铜与醋酸一起加热反应制得。本实验以 $CuSO_4 \cdot 5H_2O$ 为原料,与 Na_2CO_3 反应生成 $CuCO_3$。将 $CuCO_3$ 溶解在醋酸中,即制得 $Cu(CH_3COO)_2 \cdot H_2O$,反应式如下:

$$CuSO_4 + Na_2CO_3 \xlongequal{} Na_2SO_4 + CuCO_3$$

$$CuCO_3 + 2CH_3COOH + H_2O \xlongequal{} Cu(CH_3COO)_2 \cdot H_2O + CO_2 \uparrow + H_2O$$

产物中铜的含量采用络合滴定法测定。

实验用品

H_2SO_4($2\ mol \cdot L^{-1}$)
碳酸钠($Na_2CO_3 \cdot 10H_2O$)
硫酸铜($CuSO_4 \cdot 5H_2O$)
$BaCl_2$($0.1\ mol \cdot L^{-1}$)
冰醋酸
HAc-NaAc 缓冲溶液(pH5)
EDTA 标准溶液($0.02\ mol \cdot L^{-1}$)
PAN 指示剂(0.2%乙醇溶液)
微孔玻璃漏斗(3#)

实验内容

1. $Cu(CH_3COO)_2 \cdot H_2O$ 的制备

称取 12 g $CuSO_4 \cdot 5H_2O$ 溶于 120 mL 热水中,另取 13.5 g $Na_2CO_3 \cdot 10H_2O$ 溶于60 mL 热水,强烈搅拌下将 $CuSO_4$ 溶液加到 Na_2CO_3 溶液中,立即产生 $CuCO_3$ 沉淀。待溶液澄清后,用微孔玻璃漏斗减压过滤。沉淀用 50℃ 左右热水洗涤数次,直至将 SO_4^{2-} 洗净(附注 1)。

在 6 mL 冰醋酸和 50 mL 温水的混合液中,搅拌下缓慢加入洗净的 $CuCO_3$ 沉淀,溶解,于 60℃水浴上蒸发浓缩至原体积的1/3,此时将析出较多的醋酸铜晶体,冷却,减压过滤,称量,计算产率。

2. $Cu(CH_3COO)_2 \cdot H_2O$ 产品中铜含量的测定

准确称取 $Cu(CH_3COO)_2 \cdot H_2O$ 产品 1 g 左右于 150 mL 小烧杯中,加 25 mL 水及 $2\ mol \cdot L^{-1}$ H_2SO_4 约 1 mL,溶解后,转移至 250 mL 容量瓶中,稀释至标线,摇匀。

移取该产品溶液 25 mL 三份,分别置于 250 mL 锥形瓶中,加入 HAc-NaAc 缓冲溶液 15 mL,加热至 70～80℃,加入 PAN 指示剂 5 滴,以 $0.02\ mol \cdot L^{-1}$ EDTA 标准溶液滴定,溶液由紫红色突变至绿色,即为终点(附注 2)。

计算 $Cu(CH_3COO)_2 \cdot H_2O$ 产品中的铜含量。

附注

1. 收集滤液,用 $BaCl_2$ 溶液检验 SO_4^{2-} 是否洗净。

2. 临近滴定终点时应充分振摇,并缓慢滴定。

思考题

1. 硫酸铜与碳酸钠反应生成 $CuCO_3$ 沉淀,洗涤沉淀时能否用沸水?为什么?

2. 在以 PAN 为指示剂、用 EDTA 络合滴定法直接测定铜含量时,为什么需将溶液加热至 70～80℃,并特别注意近终点时充分摇动、缓慢滴定?

实验四十五　硫代硫酸钠的制备与分析

亚硫酸钠在沸腾温度下与硫化合生成硫代硫酸钠，其反应类似于与氧的反应：

$$Na_2SO_3 + S \xlongequal{\quad} Na_2S_2O_3$$

$$Na_2SO_3 + \frac{1}{2}O_2 \xlongequal{\quad} Na_2SO_4$$

反应中的元素硫可以看作是氧化剂，它将 Na_2SO_3 中的四价硫氧化成六价，而自身被还原为负二价，所以 $Na_2S_2O_3$ 中的硫是非等价的。

常温下从溶液中结晶出来的硫代硫酸钠为 $Na_2S_2O_3 \cdot 5H_2O$。$Na_2S_2O_3 \cdot 5H_2O$ 俗名大苏打，亦称“海波”(hypo)，是常用的还原剂，在分析化学及摄影、医药、纺织、造纸等方面具有很大的实用价值。

$Na_2S_2O_3 \cdot 5H_2O$ 易溶于水，在空气中易风化(视温度和相对湿度而定)。其熔点为48.5℃，215℃时完全失水，223℃以上分解成多硫化钠和硫酸钠：

$$4Na_2S_2O_3 \xlongequal{\quad} 3Na_2SO_4 + Na_2S_5$$

产物中 $Na_2S_2O_3 \cdot 5H_2O$ 的含量可以采用碘量法测定。产物中所含的杂质可能有硫酸盐、亚硫酸盐、硫化物及某些金属离子等。本实验只进行 SO_4^{2-}、SO_3^{2-} 的限量分析。以 I_2 将 $S_2O_3^{2-}$ 和 SO_3^{2-} 分别氧化为 $S_4O_6^{2-}$ 和 SO_4^{2-}，再以 $BaCl_2$ 与 SO_4^{2-} 作用，生成难溶的 $BaSO_4$ 沉淀，溶液出现浑浊，浊度与试液中 SO_4^{2-} 和 SO_3^{2-} 的含量成正比。其检定结果可与国家标准所规定的指标相比较。

实验用品

HCl(1∶1, 0.1 mol·L^{-1})　　亚硫酸钠

硫粉　　重铬酸钾(基准物质)

KI(20%)　　淀粉(0.5%)

I_2(0.05 mol·L^{-1})　　$BaCl_2$(0.25%)

Na_2SO_4(100 mg·L^{-1})　　$Na_2S_2O_3$(0.05 mol·L^{-1})

乙醇(95%)　　比色管(25 mL)

容量瓶(100 mL)　　移液管(20 mL)

实验内容

1. 硫代硫酸钠的制备

称取 Na_2SO_3 15 g 于 250 mL 锥形瓶中，加入 80 mL 水溶解(可小火加热)。另称取硫粉5 g，以 2 mL 乙醇湿润后加至溶液中(附注 1)。小火加热微沸，并充分振摇(注意保持体积，勿蒸发过多，若溶液体积太少可适当补水)，约 1 h 后停止加热。若溶液呈黄色，可加少许固体 Na_2SO_3 除去(附注 2)。稍冷，减压过滤，除去多余的硫粉。

将滤液转入蒸发皿，在蒸汽浴上蒸发浓缩，待体积略少于 25 mL 时，停止加热，充分冷

却，搅拌或用接种法使晶体析出。减压过滤，用约 1 mL 乙醇润洗，抽气干燥，称量，计算产率。

2. 硫代硫酸钠的提纯

将硫代硫酸钠产品溶于约 10 mL 热水中，过滤，在不断搅拌下充分冷却，得到细小晶体。减压过滤，用乙醇润洗，抽气干燥，获得提纯的硫代硫酸钠。

母液还可用于制备较低纯度的产品。

3. 硫代硫酸钠含量的测定

准确称取硫代硫酸钠产品 5～6 g，加水溶解，定量转入 250 mL 容量瓶，加水稀释至标线，摇匀。

准确称取基准物质 $K_2Cr_2O_7$ 0.13～0.15 g 三份，分别置于 250 mL 锥形瓶中，加 25 mL 水溶解，必要时可小火加热。冷却后加入 20% KI 溶液 8～10 mL 和 1∶1 HCl 溶液 5 mL，混匀，盖上表面皿于暗处放置 3～5 min 后(附注 3)，加 50 mL 水稀释，用 $Na_2S_2O_3$ 产品溶液滴定至近终点时，加入淀粉指示剂 5 mL，继续滴定至溶液由蓝色突变为亮绿色，即为终点。

计算产品中 $Na_2S_2O_3 \cdot 5H_2O$ 的含量。

4. 硫酸盐和亚硫酸盐的限量分析

称取硫代硫酸钠产品 0.5 g，溶于 15 mL 水，加入 0.05 mol·L^{-1} I_2 溶液 18 mL，再继续滴加至溶液呈浅黄色，转移至 100 mL 容量瓶，以水稀释至标线，摇匀。移取 20 mL 于 25 mL 比色管中，稀释至标线。加入 0.1 mol·L^{-1} HCl 溶液 1 mL 及 0.25% $BaCl_2$ 溶液 3 mL，摇匀。放置 10 min 后，加 0.05 mol·L^{-1} $Na_2S_2O_3$ 溶液 1 滴，摇匀，立即与 SO_4^{2-} 标准系列溶液(附注 4)比较浊度，确定产品等级(附注 5)。

附注

1. 硫粉不能够被水浸润，漂浮于液面，影响反应。以乙醇湿润后便易于被水浸润，从而增加反应物的接触面。

2. 溶液呈黄色系有多硫化物存在。在亚硫酸钠未完全作用时，多硫化物是不会存在的，因为两者会发生如下反应

$$2SO_3^{2-} + 2S_x^{2-} + 3H_2O \longrightarrow S_2O_3^{2-} + 2x\,S\downarrow + 6OH^-$$

所以，若有黄色出现，表示亚硫酸钠反应已达完全。

3. 标定 $Na_2S_2O_3$ 溶液浓度时，$K_2Cr_2O_7$ 与 KI 的反应为

$$14H^+ + Cr_2O_7^{2-} + 6I^- \longrightarrow 2Cr^{3+} + 3I_2 + 7H_2O$$

此反应速度受酸度影响较大，提高酸度可加快反应速度。但为了避免 I_3^- 在强酸性条件下被空气中的 O_2 氧化，故实验中应控制酸度勿过高，并在暗处放置 3～5 min，以保证反应完全。

4. SO_4^{2-} 标准系列溶液的配制：移取 100 mg·L^{-1} Na_2SO_4 溶液 0.20 mL、0.50 mL、1.00 mL分别置于 3 支 25 mL 比色管中，稀释至标线。加入 0.1 mol·L^{-1} HCl 溶液 1 mL 及 0.25% $BaCl_2$ 溶液 3 mL，摇匀。放置 10 min 后，加 0.05 mol·L^{-1} $Na_2S_2O_3$ 溶液 1 滴，摇匀。

这三份标准溶液中 SO_4^{2-} 的含量分别相当于附注 5 表中不同等级试剂的限量。

5. 关于 $Na_2S_2O_3 \cdot 5H_2O$ 试剂的国家标准(GB637-88)中各级纯度指标如下：

指标名称 \ 试剂级别	优级纯	分析纯	化学纯
$Na_2S_2O_3 \cdot 5H_2O$,%	≥99.5	≥99.0	≥98.5
pH(50g·L^{-1}溶液,25℃)	6.0～7.5	6.0～7.5	6.0～7.5
澄清度试验	合格	合格	合格
水不溶物	≤0.002	≤0.005	≤0.01
氯化物(Cl),%	≤0.02	≤0.02	
硫酸盐及亚硫酸盐(以 SO_4^{2-} 计),%	≤0.04	≤0.05	≤0.1
硫化物(S),%	≤0.0001	≤0.00025	≤0.0005
总氮量(N),%	≤0.002	≤0.005	
钾(K),%	≤0.001		
镁(Mg),%	≤0.001	≤0.001	
钙(Ca),%	≤0.003	≤0.003	≤0.005
铁(Fe),%	≤0.0005	≤0.0005	≤0.001
重金属(以 Pb 计),%	≤0.0005	≤0.0005	≤0.001

6. 不同温度下 $Na_2S_2O_3$ 在水中的溶解度/g·(100 g 水)$^{-1}$

温度/℃	0	10	20	25	35	45	75
溶解度(无水盐)	50.15	59.66	70.07	75.90	91.24	120.9	233.3

思考题

1. 制备 $Na_2S_2O_3 \cdot 5H_2O$ 时,选用锥形瓶进行反应有何优点?
2. 为提高 $Na_2S_2O_3 \cdot 5H_2O$ 的产率与纯度,实验中需注意哪些问题?
3. 测定 $Na_2S_2O_3 \cdot 5H_2O$ 含量时,淀粉作为指示剂应何时加入?为什么?

实验四十六 硫酸亚铁和硫酸亚铁铵的制备及亚铁含量测定

铁与稀硫酸作用生成硫酸亚铁，溶液经浓缩后冷至室温，即可得到 $FeSO_4 \cdot 7H_2O$ 的晶体。硫酸亚铁有三种水合物：$FeSO_4 \cdot 7H_2O$，$FeSO_4 \cdot 4H_2O$ 及 $FeSO_4 \cdot H_2O$，它们在溶液中可以相互转变(附注 1)，转变的温度分别为

$$FeSO_4 \cdot 7H_2O \xrightarrow{56.6℃} FeSO_4 \cdot 4H_2O \xrightarrow{65℃} FeSO_4 \cdot H_2O$$

由此可见，为了防止溶解度较小的白色一水化合物析出，在反应过程以及浓缩的过程中溶液的温度不宜过高。虽然三个化合物的相互转变是可逆的，但是 $FeSO_4 \cdot H_2O$ 转变为 $FeSO_4 \cdot 7H_2O$ 的速度比较缓慢。

$FeSO_4$ 在弱酸性溶液中能被空气氧化，生成黄色的三价铁的碱式盐

$$4FeSO_4 + O_2 + 2H_2O = 4\ Fe(OH)SO_4$$

温度越高，反应越易进行。所以在蒸发浓缩时，应维持溶液呈较强的酸性($pH<3$)，并适当控制温度。

将硫酸亚铁和硫酸铵溶液以等物质的量相混合(附注 2)，可以得到溶解度较小的硫酸亚铁铵复盐$(NH_4)_2SO_4 \cdot FeSO_4 \cdot 6H_2O$(附注 3)。该复盐组成稳定，且在空气中不易被氧化，所以是化学分析中的基准物质之一。硫酸亚铁铵又称莫尔(Mohr)盐，为浅绿色的单斜晶体，易溶于水而难溶于乙醇。

产物中铁的含量可用高锰酸钾法测定。高锰酸钾是一种强氧化剂，在强酸性溶液中，能将 Fe^{2+} 氧化成 Fe^{3+}，而 MnO_4^- 则被还原成 Mn^{2+}。

实验用品

$HCl(3\ mol \cdot L^{-1})$　　$H_2SO_4(2\ mol \cdot L^{-1}, 3\ mol \cdot L^{-1})$

$Na_2CO_3(10\%)$　　铁屑

硫酸铵　　KSCN(25%)

Fe^{3+} 标准溶液(15 mL 溶液中含 Fe^{3+} 分别为 0.005 mg，0.01 mg，0.20 mg)

草酸钠(基准物质)　　$KMnO_4(0.02\ mol \cdot L^{-1})$

硫-磷混合酸(硫酸∶磷酸∶水＝2∶3∶15)　　乙醇(95%)

比色管(25 mL)

实验内容

1. $FeSO_4 \cdot 7H_2O$ 的制备

称取 8 g 铁屑于 250 mL 锥形瓶中，加 10% Na_2CO_3 溶液 40 mL，小火加热 10 min，以除去铁屑表面的油污。倾滗弃去碱液，并用水将铁屑洗净。

向盛有铁屑的锥形瓶内加入 3 mol·L^{-1} H_2SO_4 溶液 60 mL，水浴加热（由于铁屑不纯，反应时有 H_2S、PH_3 等有毒气体放出，故应在通风橱内进行），控制温度勿超过 90℃。反应结束后，趁热减压过滤（二层滤纸），弃去黑色泥状物，得到绿色的硫酸亚铁溶液。

将溶液转移至蒸发皿中，于水浴上蒸发浓缩，温度保持在 70℃以下。当开始有晶体出现时，停止蒸发，冷却，得到浅绿色的 $FeSO_4·7H_2O$ 晶体。减压过滤，依次用少量水及 95%乙醇润洗，抽气干燥，称量，计算产率。

2. $(NH_4)_2SO_4·FeSO_4·6H_2O$ 的制备

称取 $FeSO_4·7H_2O$ 产品 20g，以 0.2 mol·L^{-1} H_2SO_4 溶液代替水，加入配制 70℃饱和溶液所需的量。另取等物质的量的 $(NH_4)_2SO_4$，加水配制成 70℃的饱和溶液（附注 4），加至 $FeSO_4$ 溶液中，小火加热，使完全溶解。冷却后即得到硫酸亚铁铵晶体。减压过滤，依次用少量水及 95%乙醇润洗，抽气干燥，称量，计算产率。

3. Fe^{3+} 的限量分析

称取硫酸亚铁铵产品 1 g 于 25 mL 比色管中，用 15 mL 不含氧的蒸馏水溶解，再加入 3 mol·L^{-1} HCl 溶液 2 mL 和 25% KSCN 溶液 1 mL，最后用不含氧的蒸馏水将溶液稀释至标线，摇匀。

取含有不同浓度 Fe^{3+} 的标准溶液（附注 5）各 15 mL，同上处理，然后将样品试液与标准溶液进行比色，确定产品中 Fe^{3+} 含量的范围。

4. Fe^{2+} 的含量分析

(1) $KMnO_4$ 溶液浓度的标定

参见实验三十四。

(2) Fe^{2+} 的高锰酸钾法测定

准确称取硫酸亚铁铵产品 0.5～0.8 g 三份，分别置于 250 mL 锥形瓶中，加入 50 mL 水，加热使溶解，再加入 3 mol·L^{-1} H_2SO_4 溶液 3 mL 及硫-磷混合酸溶液 3 mL，以 $KMnO_4$ 标准溶液滴定至浅红色并在 30 s 内不褪，即为终点。

计算硫酸亚铁铵中 Fe^{2+} 的含量。

附注

1. $FeSO_4$ 在不同温度下的溶解度 /g·(100 g 饱和溶液)$^{-1}$：

温度/℃	溶解度	
0	13.6	
10	17.2	
20	20.8	
30	24.7	$FeSO_4·7H_2O$
40	28.6	
50	32.6	
56.6	35.3	
60	35.5	$FeSO_4·4H_2O$
65	35.7	
70	33.7	$FeSO_4·H_2O$
80	30.4	
90	27.2	

2. 从图Ⅱ.46.1的30℃时$(NH_4)_2SO_4$和$FeSO_4$的水溶液相图中可知：*F*点表示$(NH_4)_2SO_4 \cdot FeSO_4 \cdot 6H_2O$，*DEF*相区为$(NH_4)_2SO_4 \cdot FeSO_4 \cdot 6H_2O$复盐的析出区域，*EIG*相区为$FeSO_4 \cdot 7H_2O$的析出区域。从*D*点至*E*点之间的曲线为$(NH_4)_2SO_4 \cdot FeSO_4 \cdot 6H_2O$的溶解度曲线，将组成在此段之间的溶液蒸发浓缩时，逐渐进入*DEF*相区，析出纯净的$(NH_4)_2SO_4 \cdot FeSO_4 \cdot 6H_2O$复盐。而随着水的继续蒸发，将接近并越过*DF*线或*EF*线，落到*DEF*相区之外，获得的是复盐与$(NH_4)_2SO_4$或$FeSO_4$的混合物。可见，只有当$(NH_4)_2SO_4$与$FeSO_4$以等物质的量相混合时，即其质量比为0.465∶0.535时，可获得最多量的纯净$(NH_4)_2SO_4 \cdot FeSO_4$复盐。具体可参见“实验八　氯化铜钾的制备”中有关三组分水盐体系的相图说明。

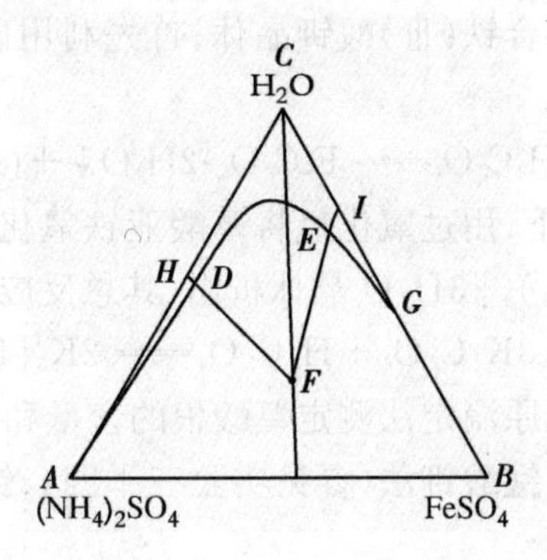

图Ⅱ.46.1　$(NH_4)_2SO_4$和$FeSO_4$的水溶液相图(30℃)

3. $(NH_4)_2SO_4 \cdot FeSO_4$在水中的溶解度/g·(100 g饱和溶液)$^{-1}$：

温度/℃	0	10	40	50	70
溶解度(无水盐)	11.1	16.7	24.8	28.6	34.2

4. $(NH_4)_2SO_4$在水中的溶解度/g·(100 g水)$^{-1}$：

温度/℃	0	10	20	30	40	60	70	80	100
溶解度	70.6	73.0	75.4	78.0	81.0	88.0	90.6	95.3	103.3

5. 本实验规定的试验方法中，以下浓度的Fe^{3+}标准溶液分别相当于不同级别试剂$(NH_4)_2SO_4 \cdot FeSO_4 \cdot 6H_2O$所允许的含铁量：

含Fe^{3+}浓度0.005 mg·(15 mL)$^{-1}$，相当于一级试剂(优级纯)含Fe量；

含Fe^{3+}浓度0.01 mg·(15 mL)$^{-1}$，相当于二级试剂(分析纯)含Fe量；

含Fe^{3+}浓度0.20 mg·(15 mL)$^{-1}$，相当于三级试剂(化学纯)含Fe量。

思考题

1. 浓缩硫酸亚铁溶液时，为何不能将溶液煮沸？
2. 如果硫酸亚铁溶液已有部分被氧化，则应如何处理才能制得纯的硫酸亚铁？

实验四十七　三草酸根合铁(Ⅲ)酸钾的制备与分析

三草酸根合铁(Ⅲ)酸钾 $K_3[Fe(C_2O_4)_3]\cdot 3H_2O$ 为绿色的单斜晶体,溶于水而难溶于乙醇。110℃时可脱水而成 $K_3[Fe(C_2O_4)_3]$,230℃以上分解。该配合物对光敏感,光照下易分解。

三草酸根合铁(Ⅲ)酸钾是制备负载型活性铁催化剂的主要原料,也是某些有机反应的良好的催化剂。

本实验为了制备三草酸根合铁(Ⅲ)酸钾晶体,首先利用硫酸亚铁铵与草酸反应制备草酸亚铁

$$(NH_4)_2Fe(SO_4)_2\cdot 6H_2O + H_2C_2O_4 = FeC_2O_4\cdot 2H_2O\downarrow + (NH_4)_2SO_4 + H_2SO_4 + 4H_2O$$

然后,在草酸钾和草酸的存在下,用过氧化氢将草酸亚铁氧化为草酸高铁配合物,加入乙醇后,从溶液中形成 $K_3[Fe(C_2O_4)_3]\cdot 3H_2O$ 晶体析出,其总反应式为

$$2FeC_2O_4\cdot 2H_2O + H_2O_2 + 3K_2C_2O_4 + H_2C_2O_4 = 2K_3[Fe(C_2O_4)_3]\cdot 3H_2O$$

所得配合物的纯度可用氧化还原滴定法测定草酸根的含量和 Fe^{3+} 的含量来确定。

草酸根含量的测定可用高锰酸钾法(参见实验三十四),铁含量的测定可用重铬酸钾法(参见实验三十六)。

实验用品

H_2SO_4($3\ mol\cdot L^{-1}$)

$(NH_4)_2Fe(SO_4)_2\cdot 6H_2O$(实验四十六制备所得)

$H_2C_2O_4$($1\ mol\cdot L^{-1}$)　　$K_2C_2O_4$(饱和溶液)

H_2O_2(3 %)　　草酸钠(基准物质)

$KMnO_4$($0.02\ mol\cdot L^{-1}$)　　重铬酸钾(基准物质)

Na_2WO_4(25%)

$TiCl_3$(10%,溶于 5∶95 的 HCl 溶液中,临用时配制)

硫-磷混合酸(硫酸∶磷酸∶水＝2∶3∶15)

乙醇(95%)　　丙酮

二苯胺磺酸钠指示剂(0.2%)

实验内容

1. 三草酸根合铁(Ⅲ)酸钾的制备

称取 5.0 g $(NH_4)_2Fe(SO_4)_2\cdot 6H_2O$ 于 150 mL 烧杯中,加入 15 mL 水和 $3\ mol\cdot L^{-1}$ H_2SO_4 溶液 5 滴,温热溶解。然后加入 $1\ mol\cdot L^{-1}$ $H_2C_2O_4$ 溶液 25 mL,加热至沸并不断搅拌(附注 1),静置。待黄色的 $FeC_2O_4\cdot 2H_2O$ 晶体沉降后,倾滗弃去上层清液。再加入 20 mL 水,搅拌并温热、静置,再弃去上层清液。尽可能将上层清液倾滗干净,以除去可溶性杂质。

在沉淀中加入饱和 $K_2C_2O_4$ 溶液 10 mL,水浴加热至 40℃,缓慢滴加 3% H_2O_2 溶液约 20 mL,不断搅拌,并维持温度在 40℃ 左右,使 Fe(Ⅱ)充分氧化,此时有 $Fe(OH)_3$ 沉淀生

成。将溶液加热至沸并不断搅拌，除去过量的 H_2O_2。再加入 1 $mol \cdot L^{-1}$ $H_2C_2O_4$ 溶液8 mL（初始的 5 mL 可一次加入，余下的 3 mL 缓慢滴加），并保持温度接近沸腾。趁热将溶液减压过滤。滤液转移至另一 150 mL 烧杯中，加入 95%乙醇 10 mL。若此时有沉淀生成，温热使其溶解。冷却，待结晶析出。减压过滤，依次用少量水、95%乙醇和丙酮润洗，抽气干燥，于避光处晾干，称量，计算产率。

所得晶体需避光保存。

2. 三草酸根合铁(Ⅲ)酸钾中草酸根与铁的含量测定

(1) 样品试液的制备

准确称取 $K_3[Fe(C_2O_4)_3] \cdot 3H_2O$ 晶体 2.7 g 于 150 mL 烧杯中，加适量水，再加入 3 $mol \cdot L^{-1}$ H_2SO_4溶液约1 mL，溶解，定量转移至 250 mL 容量瓶中，稀释至标线，摇匀。保存此溶液于暗处，待分析(附注 2)。

(2) 草酸根含量测定

1) $KMnO_4$ 溶液浓度的标定参见实验三十四。

2) 移取 $K_3[Fe(C_2O_4)_3] \cdot 3H_2O$ 试液 25 mL 于 250 mL 锥形瓶中，加入 30 mL 水和 3 $mol \cdot L^{-1}$ H_2SO_4溶液 10 mL，加热至近 80℃，趁热以 0.02 $mol \cdot L^{-1}$ $KMnO_4$ 标准溶液滴定至浅粉红色并在 30 s 内不褪，即为终点。

计算产物中的 $C_2O_4^{2-}$ 含量。

滴定完的试液保留待用。

(3) 铁含量的测定

1) 准确称取基准物质 $K_2Cr_2O_7$ 0.5 g 左右于 150 mL 小烧杯中，加水溶解，定量转移至 250 mL容量瓶，稀释至标线，摇匀，得 $K_2Cr_2O_7$ 标准溶液。计算其浓度。

2) 取测定 $C_2O_4^{2-}$ 后的试液，加热近沸，稍冷后，滴加 Na_2WO_4 溶液 10 ～15 滴，再滴加 $TiCl_3$溶液至钨蓝出现为止。加 10 mL 水，振摇，使钨蓝被水中的溶解氧氧化消失，或滴加稀 $K_2Cr_2O_7$溶液至钨蓝刚好消失。加入硫-磷混合酸溶液 10 mL、二苯胺磺酸钠指示剂 5 滴，立即用 $K_2Cr_2O_7$标准溶液滴定至出现紫色，即为终点。

计算产物中的 Fe^{3+} 含量。

附注

1. 加热陈化可使生成的 $FeC_2O_4 \cdot 2H_2O$ 晶体颗粒增大。注意加热时要不断搅拌，以防止溶液迸溅。

2. 配制的三草酸根合铁(Ⅲ)酸钾溶液必须避光保存。测定时，移取的溶液应立即滴定，移取一份滴定一份。

思考题

1. 在合成过程中加入 3% H_2O_2 溶液后，为什么需加热煮沸溶液？

2. 测定 $C_2O_4^{2-}$ 后的试液，为什么需加热近沸后再测定铁含量？

3. 测定铁含量时，为什么需加入硫-磷混合酸？

实验四十八　七水硫酸锌的制备与分析

本实验以工业氧化锌为原料制备 $ZnSO_4 \cdot 7H_2O$。

工业氧化锌中 ZnO 含量为 98%左右，其他杂质主要有 PbO、FeO、Fe_2O_3、CdO 和 Al_2O_3。原料用 H_2SO_4 浸出，PbO 转化成难溶的 $PbSO_4$ 沉淀，过滤除去。其他金属氧化物均生成可溶的硫酸盐进入溶液。溶液中加氧化剂并调节酸度，使 Fe^{3+} 和 Al^{3+} 生成难溶的氢氧化物沉淀。最后用锌片置换 Cd^{2+}，使之生成海绵状的金属镉。除去杂质后的溶液经蒸发浓缩析出 $ZnSO_4 \cdot 7H_2O$，并以络合滴定法测定其纯度。

$ZnSO_4 \cdot 7H_2O$ 为无色斜方晶体，易风化，易溶于水。可用于皮革、木料的保护及纸张漂白，也用作饲料添加剂和杀菌剂。

实验用品

H_2SO_4($3\,mol \cdot L^{-1}$)　　HNO_3($6\,mol \cdot L^{-1}$)
工业氧化锌　　H_2O_2(3%)
氧化锌　　锌片
K_2CrO_4($1\,mol \cdot L^{-1}$)　　HAc($2\,mol \cdot L^{-1}$)
KSCN($0.1\,mol \cdot L^{-1}$)　　六次甲基四胺(20%)
EDTA 标准溶液($0.02\,mol \cdot L^{-1}$)　　二甲酚橙指示剂(0.2%)
精密 pH 试纸

实验内容

1. $ZnSO_4 \cdot 7H_2O$ 的制备

取工业氧化锌 10 g，加入 10 mL 水调成浆状，逐渐加入 $3\,mol \cdot L^{-1}$ H_2SO_4 溶液约 35～40 mL，直至溶液 pH 为 1.5～2。搅拌加热 10 min(为补充蒸发失去的水分，可略加少量水)。稍冷后，倾滗法过滤，沉淀留在烧杯中。用 10 mL 水充分洗涤沉淀，再过滤，洗涤液与滤液合并，沉淀保留待检。

在滤液中加入 3% H_2O_2 溶液 2 mL，逐滴加入 ZnO 悬浊液(0.5 g ZnO 加 2 mL 水调匀)，调节溶液 pH 为 4.5～5，加热煮沸 1～2 min，冷却，过滤，沉淀保留待检。

取滤液，置入两片锌片，小火加热约 30 min。再过滤除去锌片和置换出的海绵镉。

滤液中滴加 $3\,mol \cdot L^{-1}$ H_2SO_4 溶液，直至溶液酸度约为 pH 4。将溶液转移至蒸发皿中，小火蒸发至液面有晶体析出，停止加热，冷却，析出 $ZnSO_4 \cdot 7H_2O$ 晶体。减压过滤，晾干，称量，计算产率。

2. 杂质检验

1) 取少量第一步过滤得到的沉淀，用数滴 $6\,mol \cdot L^{-1}$ HNO_3 溶液溶解，加入 $1\,mol \cdot L^{-1}$ K_2CrO_4溶液数滴和 $2\,mol \cdot L^{-1}$ HAc 溶液 2 滴，观察现象。

2) 取少量第二步过滤得到的沉淀，用 $6\,mol \cdot L^{-1}$ HNO_3 溶液溶解，加入 KSCN 溶液，观察现象。

3）取少量 $ZnSO_4 \cdot 7H_2O$ 产品于 2 支试管中，加水溶解，分别按上述方法检验，观察现象，并与以上检验结果相比较。

3. **产品纯度分析**

准确称取适量产品三份，分别置于 250 mL 锥形瓶中，加 25 mL 水溶解，加入二甲酚橙指示剂 2 滴，用 20% 六次甲基四胺缓冲溶液调节至紫红色后，再过量 5 mL。以 0.02 $mol \cdot L^{-1}$ EDTA标准溶液滴定至紫红色变为亮黄色，即为终点。

计算产品中 Zn 的含量。

思考题

1. 写出实验中所有涉及的反应式。
2. 制备中为何要加氧化剂？为何选用 H_2O_2，其优点是什么？
3. 在除 Fe^{3+} 和 Al^{3+} 时，为何要用 ZnO 悬浊液来调节溶液 pH 值？如果溶液的 pH 过高或过低对实验有何影响？
4. 蒸发浓缩溶液时为何需保持酸性？

实验四十九　双乙酰丙酮基合锌(II)一水合物的制备与分析

双乙酰丙酮基合锌(II)一水合物 $Zn(C_5H_7O_2)_2 \cdot H_2O$ 为白色针状晶体,M=281.62,熔点为138℃,高温时不易脱水而倾向于转化为 $Zn_2(CH_3CO_2)(C_5H_7O_2)_3$。

本实验以 $ZnSO_4 \cdot 7H_2O$ 为原料,在碱性条件下,锌(II)与乙酰丙酮反应,生成双乙酰丙酮基合锌(II)一水合物。

$$ZnSO_4 \cdot 7H_2O + 2C_5H_8O_2 + 2OH^- \longrightarrow Zn(C_5H_7O_2)_2 \cdot H_2O + SO_4^{2-} + 8H_2O$$

再于热乙酸乙酯中溶解,除去高温下分解产生的1,3,5-三甲基苯和 $Zn_2(CH_3CO_2)$-$(C_5H_7O_2)_3$ 等杂质,获得纯净的产品。其纯度可由络合滴定法测定锌来确定。

实验用品

$HCl(2\ mol \cdot L^{-1})$　　氢氧化钠

$ZnSO_4 \cdot 7H_2O$(由实验四十八制得)　　氧化锌(基准物质)

$EDTA(0.02\ mol \cdot L^{-1})$　　六次甲基四胺(20%)

二甲酚橙指示剂(0.2%)　　乙酰丙酮(2,4-戊二酮)

乙酸乙酯　　圆底烧瓶(100 mL)

球型冷凝管　　磁力搅拌器

电加热装置(电加热圈、变压器、水浴缸)

实验内容

1. 双乙酰丙酮基合锌(II)一水合物的制备

称取 $ZnSO_4 \cdot 7H_2O$ 7.2 g 于 100 mL 烧杯中,加 25 mL 水,搅拌,使完全溶解。

在盛有 50 mL 水的 250 mL 烧杯中,加入 NaOH 2.5 g 和乙酰丙酮 5～6 mL,置于磁力搅拌器上搅拌,待 NaOH 完全溶解,将锌盐溶液缓慢地滴加至其中。加毕,继续搅拌 3～5 min 后,静置 1h 。减压过滤,用少量水润洗,抽气干燥。所得粗产品置于烘箱中 50℃ 干燥 20 min。

将粗产品转入 100 mL 圆底烧瓶中,加入乙酰丙酮 2.5 mL 和乙酸乙酯 50 mL。加入搅拌子、接上球型冷凝管,在 70～75℃水浴中回流 20 min,以溶解粗产品。趁热过滤(附注),滤液收集在干燥的 100 mL 锥形瓶中。充分冷却,待结晶析出后,减压过滤,用少量乙酸乙酯润洗 2 次,抽气干燥。所得晶体置于烘箱中 50℃干燥 30 min 后,冷却,称量,计算产率。

2. 产品纯度分析

(1) 锌标准溶液的配制

准确称取适量 ZnO 基准物质于 150 mL 小烧杯中,加入 2 mol·L⁻¹ HCl 溶液 10 mL,完全溶解后,加入适量水稀释,定量转移至 250 mL 容量瓶中,稀释至标线,摇匀。计算其浓度。

(2) EDTA 溶液浓度的标定

参见实验三十。

(3) 产品中 Zn 含量的测定

准确称取适量产品三份，分别置于 250 mL 锥形瓶中，加入 2 $mol \cdot L^{-1}$ HCl 溶液 2 mL，溶解，再加入 25 mL 水，摇匀。加入二甲酚橙指示剂 2 滴，用 20%六次甲基四胺缓冲溶液调节至紫红色后，再过量 5 mL。以 0.02 $mol \cdot L^{-1}$EDTA 标准溶液滴定至紫红色变为亮黄色，即为终点。

计算产品中 Zn 的含量。

附注

过滤有机化合物溶液时，一般采用 32 等分的折叠滤纸。

实验五十　氯化钡的制备与分析

$BaCl_2 \cdot 2H_2O$ 为无色有光泽的菱形片状晶体，属单斜晶系。113℃时失去结晶水，露置于空气中又重新吸水。925℃时，由单斜晶系转变为立方晶系。熔点 960℃，溶于水，难溶于浓盐酸，在无水乙醇中失去结晶水，但并不溶解。氯化钡有毒。

制取氯化钡的原料是重晶石(主要成分为 $BaSO_4$ 的矿物)，在自然界中的储藏量很丰富。用氯化钙、炭粉与重晶石混合煅烧后可制得氯化钡，其反应分两步进行

$$BaSO_4 + 4C = BaS + 4CO\uparrow$$

$$BaS + CaCl_2 = BaCl_2 + CaS$$

总反应为

$$BaSO_4 + 4C + CaCl_2 = BaCl_2 + CaS + 4CO\uparrow$$

用冷水将 $BaCl_2$ 从烧结块中浸出，同时浸出的还有未作用的 $CaCl_2$，而 CaS 则由于在冷水中溶解度较小而不被浸出。利用 $CaCl_2$ 在水中的溶解度大且易溶于乙醇，可将它与 $BaCl_2$ 分离。

氯化钡的含量分析采用重量法(附注 1)：将试样溶解后，在热的稀 HCl 溶液中，滴加沉淀剂稀硫酸，得到 $BaSO_4$ 沉淀。沉淀经陈化、过滤、洗涤、烘干、炭化、灰化和灼烧后，以 $BaSO_4$ 形式称重并计算氯化钡含量。

实验用品

HCl(1∶1, $2\,mol\cdot L^{-1}$)
H_2SO_4($1\,mol\cdot L^{-1}$)
重晶石
工业氧化钙
木炭粉
$AgNO_3$($0.1\,mol\cdot L^{-1}$)
乙醇(95%)
醋酸铅试纸
定量滤纸(慢速)
坩埚(50 mL)
马弗炉

实验内容

1. 氯化钡的制备

称取重晶石 10g 和 $CaCl_2$ 6 g 分别置于研钵中研细，再称取已研细的木炭粉 3 g，一并倒入 50 mL 坩埚中拌匀，轻轻振动使之紧密，上面再覆盖一层炭粉(约 1 cm 厚)，盖上坩埚盖，置于马弗炉中，逐渐升温至 900℃，焙烧 3 h 后，切断电源，随炉冷却。

取出坩埚，将烧结块置于一盛有 50 mL 水的 250 mL 烧杯中浸出，再用约 10 mL 冷水洗涤坩埚，与浸出液合并，搅拌 10 min，静置，使残渣自行沉降。倾滗法减压过滤，残渣再用 20 mL冷水浸取，减压过滤。两次滤液合并于烧杯中，用少量 1∶1HCl 溶液(约 10 mL)酸化。加热煮沸，此时有少量 H_2S 逸出，赶尽 H_2S(用醋酸铅试纸检验)。滤液若出现浑浊(由 H_2S 分解而产生的硫)，可静置，待硫聚沉后，过滤除去。

滤液转移至蒸发皿中蒸发，当有大量 $BaCl_2$ 晶体析出时，停止加热，稍冷后加入 95%乙醇 10 mL，搅拌，放置 30 min 使结晶完全。减压过滤，用少量 95% 乙醇润洗晶体 2 次，抽气干燥，称量，计算产率。

2. 氯化钡含量的测定

准备两只瓷坩埚，洗净，灼烧至恒重。

准确称取 $BaCl_2 \cdot 2H_2O$ 产品 0.4～0.6 g 两份，分别置于 250 mL 烧杯中，加 100 mL 水溶解，加入 2 $mol \cdot L^{-1}$ HCl 溶液 2～3 mL，盖上表面皿，加热至近沸。在另一小烧杯中加入 1 $mol \cdot L^{-1}$ H_2SO_4溶液 3 mL 并稀释至 30 mL(此系沉淀一份试样所需之量)，也加热至近沸。然后，将热的 H_2SO_4 溶液逐滴加入至钡盐溶液中，同时用玻棒不断地搅拌，且尽量勿使玻棒碰擦杯壁。检查沉淀是否完全。

沉淀完全后，盖上表面皿，放置过夜，或置于水浴上加热陈化 0.5～1 h，并不断搅动。陈化后，用慢速定量滤纸过滤。先将上层清液倾滗于滤纸上，再以 0.01 $mol \cdot L^{-1}$ H_2SO_4 洗涤液(自配)用倾滗法洗涤沉淀 4～5 次。将沉淀定量转入滤纸，在滤纸上继续用 H_2SO_4 洗涤液洗涤至滤液中不含 Cl^- 为止。

将沉淀包好后转入已恒重的坩埚中，小火烘干，并使滤纸炭化、灰化，然后盖上坩埚盖，大火灼烧 30～40 min(附注 2)，待坩埚稍冷后放入干燥器，冷却，称量。再灼烧 20 min，冷却，称量(附注 3)，直至恒重。

计算产品中 $BaCl_2 \cdot 2H_2O$ 的含量。

附注

1. 现采用微波干燥恒重法测定，可参见北京大学化学与工程学院分析化学教学组编著的《基础分析化学实验》(第三版)一书 113—116 页(北京大学出版社 2010 年出版，此处略有修改)。

沉淀重量法测定钡(微波干燥恒重)

本实验使用微波炉干燥 $BaSO_4$ 沉淀。与传统的灼烧干燥法相比，既可节约 1/3 以上的实验时间，又可节约能源。

使用微波炉干燥 $BaSO_4$ 沉淀时，如果沉淀中包裹有 H_2SO_4 等高沸点杂质，则不能在干燥过程中分解或挥发(灼烧干燥时可以除掉 H_2SO_4)。因此，对沉淀条件和洗涤操作的要求更加严格，不仅需要进一步稀释含 Ba^{2+} 试液，还需要将沉淀剂(H_2SO_4)控制在过量(20%～50%)以内，并且沉淀剂的滴加速度要缓慢。这样，既能减少 $BaSO_4$ 沉淀包藏 H_2SO_4 及其他杂质，又能确保测定结果的准确度与传统的灼烧法相同。

实验用品

2 $mol \cdot L^{-1}$ HCl 溶液，1 $mol \cdot L^{-1}$ H_2SO_4 溶液，0.1 $mol \cdot L^{-1}$ $AgNO_3$ 溶液。

两个玻璃坩埚(G_4 或 P16)，淀帚，坩埚钳，微波炉。

实验内容

(1) 沉淀的准备。准确称取 0.4～0.5 g $BaCl_2 \cdot 2H_2O$ 产品两份，分别置于 250 mL 烧杯中，各加入 150 mL 水及 3 mL HCl 溶液，水浴加热至 80℃以上。

在 150 mL 小烧杯中加入 5～6 mL H_2SO_4 溶液及 90 mL 水(此溶液为沉淀剂，供两份样品使用)，加热近沸。

在连续搅拌下，将沉淀剂逐滴、缓慢地加入热 $BaCl_2$ 溶液中，当试液出现明显浑浊时，加快滴加速度，直至消耗 45 mL 左右。检验沉淀是否完全。

沉淀完全后，盖上表面皿，放置过夜。或在水浴上陈化 1 h，期间需每隔几分钟搅动1次。

(2) 坩埚的准备。洗净两个玻璃坩埚，用水泵抽除玻璃砂板微孔中的水分(抽滤瓶中白色水雾消失后，再抽 1～2 min)，放进微波炉，在合适"火力"下进行干燥。第一次干燥 10～12 min，第二次干燥 4 min。每次干燥后放入干燥器中，冷却 12～15 min，然后快速称量。两次干燥后称量所得质量之差，若不超过 0.4 mg，即已恒重；否则，还要再次干燥 4 min，冷却，称重，直至恒重。

(3) 准备洗涤液。在 100 mL 水中加入 2～3 滴 H_2SO_4 溶液，混匀(两份样品用)。

(4) 称量形式的获得。将含有 $BaSO_4$ 沉淀的溶液用倾滗法在已恒重的玻璃坩埚中进行减压过滤，再用洗涤液将烧杯中的沉淀洗涤 3 次，每次消耗约 15 mL，然后用水再洗涤 1 次。将沉淀转移到坩埚中，用淀帚擦"活"黏附在杯壁和搅棒上的沉淀，再用水冲洗烧杯和搅棒，直至沉淀转移完全。最后用水淋洗沉淀，直至滤液中不含 Cl^- 为止。继续抽至抽滤瓶中白色水雾消失后，再抽 1～2 min，将坩埚放入微波炉中进行干燥(第一次 10～12 min，第二次 4 min)，冷却，称重，直至恒重。

计算产品中 $BaCl_2 \cdot 2H_2O$ 的含量百分比。

注意事项

(1) 不要将第一次干燥的坩埚(湿的)与第二、第三次干燥的坩埚放入同一个微波炉中同时加热。

(2) 检查沉淀是否洗净的方法同实验五十。

思考题

1. 使用微波炉有哪些注意事项？

2. 微波炉用于加热或干燥样品的原理是什么？有什么特点？

3. 本实验中所涉及的操作技能和对操作的要求，与普通化学实验中所做的无机化合物合成有什么不同？为什么？

2. 灼烧 $BaSO_4$ 沉淀的温度一般控制在 800～850℃。灼烧时，由滤纸炭化而产生的炭粒可能将部分 $BaSO_4$ 还原成 BaS，在空气不足的高温情况下更易发生

$$BaSO_4 + 4C = 4CO\uparrow + BaS$$

$$BaSO_4 + 4CO = 4CO_2\uparrow + BaS$$

当温度高于 1000℃，$BaSO_4$ 按下式分解

$$BaSO_4 = SO_3 + BaO$$

因此，在灰化、灼烧时，温度不宜过高，尤其是灰化时，控制温度以使坩埚呈暗红色为宜。假如有部分 $BaSO_4$ 被还原，可从沉淀由白色变成稍带黄绿色看出。此时，可在坩埚冷却后加入浓硫酸 2～3 滴，于空气浴上加热，直至 SO_3 白烟不再发生为止(此操作应在通风橱中进行)。然后继续灼烧至恒重。操作时，沉淀可能会因溅散而损失，因此，需加倍小心。

3. 干燥器中的空气并非绝对干燥，因此应注意以下几点：①根据被干燥物的性质选择

干燥剂,本实验采用硅胶作干燥剂;②称量前,灼烧过的坩埚在干燥器中放置时间不宜过长;③恒重时,坩埚在干燥器中冷却的时间要一致,并按前次称量次序进行称量,尤其在恒重较多坩埚时,更应如此。

思考题

1. 为什么实验中所用的炭粉比计算量要多一倍以上,而且最后还需覆盖一层?
2. 制备时氯化钙能否过量?过量太多有何影响?
3. 用氯化钙法所得的烧结块能否用盐酸溶液浸取?为什么?
4. 制备 $BaSO_4$ 沉淀为什么在稀盐酸介质中进行?
5. 制备 $BaSO_4$ 沉淀时,为什么试液和沉淀剂都应预先稀释?而且还需加热至近沸?
6. 以 $BaSO_4$ 重量法测定 SO_4^{2-} 时,应采用何种洗涤剂来洗涤 $BaSO_4$ 沉淀?

实验五十一　纸色谱——铁、钴、镍、铜的分离和鉴别

纸色谱是以层析滤纸作支持物，利用被分离物质在两液相间分配的不同来进行分离的一种色谱技术。本实验以滤纸纤维吸附的水为固定相，以丙酮-盐酸溶液为流动相(展开剂)，属于正相纸色谱法。各金属离子的分离情况用比移值 R_f 来衡量，并以它们与 NH_3、丁二酮肟等的显色反应来确证，以达到分离分析的目的。

$$R_f = \frac{\text{原点至层析色斑中心的距离}}{\text{原点至溶剂前沿的距离}}$$

实验用品

Fe^{3+}、Co^{2+}、Ni^{2+}、Cu^{2+}(离子浓度均为 $0.02\ g \cdot mL^{-1}$)

展开剂(丙酮∶盐酸∶水＝19∶4∶2，临用时配制)

氨水

丁二酮肟(1%乙醇溶液)

层析缸(75 mm×77 mm×125 mm)

层析纸(60 mm×120 mm)

毛细管

实验内容

1. 点样

取层析纸两张，长度以挂在层析缸内恰巧下端不接触底部为宜。在纸的下端距边 1 cm 处用铅笔画一条基线，作为原点位置，用毛细管在基线上分别点加金属离子溶液和未知试液。注意：斑点中心应在基线上，斑点直径不超过 2 mm，各点之间及与纸边距离均约为1 cm。

将点样后的层析纸充分干燥。

2. 展开

在层析缸内加入适量展开剂，使层析纸挂入时下端恰好接触溶剂。小心地将两张层析纸悬挂于缸内。注意层析纸要直、平，勿与缸壁和架子接触，下端与溶剂面平行。

观察溶剂自下而上均匀展开。当溶剂前沿至层析纸约 2/3 处时，取出层析纸，用铅笔把溶剂前沿标出。

干燥，观察并记录各色斑的颜色及变化。

3. 显色

将干燥后的层析纸置于底部加有少量氨水的干燥器内，熏数分钟(注意扶住干燥器盖子，防止冲出)。取出层析纸，观察并记录斑点的颜色及其变化。用铅笔圈出色斑，测量并计算各色斑的 R_f 值。

再将层析纸喷上丁二酮肟溶液(或将层析纸于少量丁二酮肟溶液中快速浸一下)使之显

色，干燥，观察并记录现象。

比较标准溶液与未知试液各斑点的 R_f 值和颜色变化，鉴别未知试液中的各离子，确定未知试液的组成。

思考题

1. 写出本实验中观察到的各种不同颜色物质的化学式。
2. 为什么用铅笔而不用钢笔或圆珠笔在层析纸上画出原点基线？
3. 怎样利用纸色谱技术进行混合离子的定量分析？

实验五十二　薄层色谱——染料组分的分离与鉴别

薄层色谱无论从基本理论方面还是所使用的设备和操作技术，都与纸色谱相同或相似，但和纸色谱相比又具有不少优点。例如分离效率和检出灵敏度都比前者高，而且可以用各种方法显色，甚至可以喷洒强腐蚀性的浓硫酸显色。

本实验以吸附剂涂布在平板上作支持物，吸附剂所吸附的水为固定相，乙酸乙酯-甲醇-水为流动相。将未知染料混合样和染料标准样分别点样，展开后的各染料色点无需进行显色处理即可直接观察。

染料组分可通过比较薄层板上各色点的位置或通过 R_f 值的测定进行鉴别。

实验用品

罗丹明 B、孔雀绿、品红等染料(乙醇饱和溶液)
展开剂(乙酸乙酯∶甲醇∶水＝78∶20∶2)
硅胶 H(薄层层析用)
羧甲基纤维素钠(CMC，饱和溶液)
层析缸(75 mm×77 mm×125 mm)
平板玻璃(60 mm×110 mm)
毛细管

实验内容

1. 薄层板的制备

取平板玻璃两块，洗净，晾干备用。

称取 5 g 硅胶 H 于玻璃研钵中，边研磨边加入 CMC 澄清液约 15 mL，搅匀后，涂布于玻璃板上，振动使均匀铺平。晾干后，置于烘箱中 105℃活化 30 min，保存于干燥器中备用(附注)。

2. 点样

用毛细管在薄层板离底边 1 cm 处点加各染料标准溶液和未知试样，色点之间及与板边距离约为 1 cm。注意：点样量宜少。

3. 展开

在层析缸的一侧贴上一与缸壁相同大小的滤纸，稍倾斜，将展开剂沿滤纸顶部倒入，扶正缸体时缸底部液层厚度应在 1 cm 左右。盖上顶盖，放置 10～15 min，以保证缸内均匀地被展开剂蒸气所饱和。

将点样后的薄层板置于层析缸，盖上顶盖。

展开剂自下而上均匀上升，待溶剂前沿到达离板顶端约 3 cm 处，取出薄层板，用铅笔在溶剂前沿处作一标记。待溶剂挥发后，测量并比较各染料色斑和未知样的 R_f 值，确定未知样的组成。

附注

若需用活性较小的薄层板,则只需在空气中干燥。

思考题

1. 如果薄层板涂布的支持物涂层有明显划痕,对待分离色斑的展开将有何影响?
2. 怎样利用薄层色谱技术进行混合组分的定量分析?

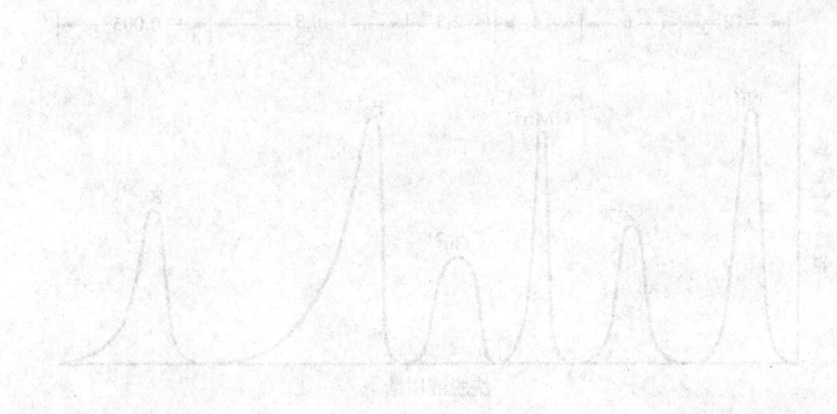

实验五十三　离子交换分离——钴和铁的分离与测定

许多金属离子，例如Fe^{3+}、Co^{2+}、Ni^{2+}、Mn^{2+}、Zn^{2+}、Cu^{2+}等，都能与Cl^-生成络合物：

$$M^{n+} + mCl^- \rightarrow MCl_m^{n-m}$$

当$m>n$时，M^{n+}即成为络阴离子而被阴离子交换树脂吸附。由于各种金属络阴离子的稳定性不同，生成络阴离子所需的Cl^-浓度也不同，因而在一定浓度的盐酸体系中，有的金属离子生成络阴离子被阴离子交换树脂吸附，而另一些金属离子则呈阳离子状态，不被阴离子

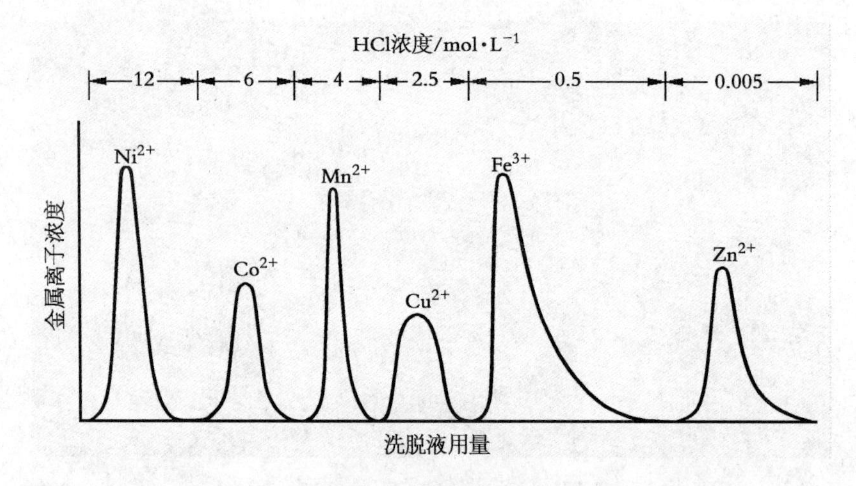

图Ⅱ.53.1　金属离子在阴离子交换树脂上的淋洗曲线

交换树脂吸附。从图Ⅱ.53.1中可知，在12 mol·L^{-1}盐酸体系中，Fe^{3+}、Co^{2+}、Mn^{2+}、Zn^{2+}、Cu^{2+}都生成络阴离子$FeCl_4^-$、$CoCl_4^{2-}$、$MnCl_4^{2-}$、$ZnCl_4^{2-}$、$CuCl_4^{2-}$被阴离子交换树脂吸附，而Ni^{2+}呈不被吸附的阳离子$NiCl^+$，与其他离子分离。当用6 mol·L^{-1}或浓度更低的盐酸淋洗时，Co^{2+}就可转变为$CoCl^+$，不再被阴离子交换树脂吸附，而随洗脱液从交换柱中流出，从而与其余离子分离。再降低盐酸浓度，各离子即先后被洗脱，当盐酸浓度降低至0.5 mol·L^{-1}时，$FeCl_4^-$也回复阳离子状态，进入流出液。本实验就是利用这一原理，通过改变流经离子交换树脂的盐酸浓度来分离混合试液中的铁和钴。分离得到的铁和钴可以用各种分析方法测定。本实验由于铁、钴含量较少，故采用吸光光度法测定。

实验用品

HCl(9 mol·L^{-1}，5 mol·L^{-1}，4 mol·L^{-1}，0.5 mol·L^{-1})
NaOH(0.5 mol·L^{-1})
NaAc(2 mol·L^{-1})
亚硝基R盐(0.1%)

盐酸羟胺(10%,临用时配制)

邻二氮菲(0.3%)

NH_4SCN(丙酮饱和溶液)

氟化钠

KSCN(5%)

苯乙烯型强碱性阴离子交换树脂(50~100目)

刚果红试纸

离子交换柱(10 mm×250 mm)

玻璃纤维

容量瓶(100 mL)

吸量管(5 mL)

分光光度计(附1 cm比色皿)

铁标准溶液(10.0 mg·mL^{-1},100 μg·mL^{-1}):称取纯净铁丝10.0 g,加入1∶1 HNO_3溶液50 mL溶解,加热除去NO_2,冷却,定量转移至1000 mL容量瓶,加水稀释至标线,摇匀,即得10.0 mg·mL^{-1}铁标准溶液。将10.0 mg·mL^{-1}铁标准溶液准确稀释100倍,即得100 μg·mL^{-1}铁标准溶液。

钴标准溶液(10.0 mg·mL^{-1},50 μg·mL^{-1}):称取纯金属钴10.0 g,加入1∶1HNO_3溶液50 mL,于水浴上加热溶解,继续加热除去NO_2,冷却,定量转移至1000 mL容量瓶,加水稀释至标线,摇匀,即得10.0 mg·mL^{-1}钴标准溶液。将10.0 mg·mL^{-1}钴标准溶液准确稀释200倍,即得50 μg·mL^{-1}钴标准溶液。

铁、钴混合试液:移取10.0 mg·mL^{-1}铁、钴标准溶液各8 mL于100 mL容量瓶中,用10 mol·L^{-1} HCl溶液稀释至标线,即得含铁、钴各0.8 mg·mL^{-1}的混合试液,该试液的H^+浓度为9 mol·L^{-1}。

实验内容

1. 树脂处理

将阴离子交换树脂先后以0.5 mol·L^{-1} NaOH溶液、水、5 mol·L^{-1} HCl溶液及水浸泡,漂洗干净,使树脂溶胀并去除杂质,浸于水中备用。

2. 装柱

取10 mm×250 mm交换柱,洗净,底部填上少许玻璃纤维,关闭活塞,加水至管高的1/3处,将处理好的树脂缓缓倒入。树脂在水中沉降后,呈均匀、无气泡状态,树脂床上面应保持一段水层,以免树脂干涸、混入空气泡。

树脂装至16 cm高。

3. 分离

将9 mol·L^{-1} HCl溶液20 mL分两批小心地加入交换柱,开启活塞,待液面下降至接近树脂层时,关闭活塞。移取铁、钴混合试液1.0 mL沿壁缓慢加入交换柱,尽量勿使树脂层翻动。开启活塞,再加入9 mol·L^{-1} HCl溶液2 mL。待试液完全进入树脂层后,关闭活塞。静置5 min,用4 mol·L^{-1} HCl溶液淋洗,调节淋洗液流速为2.0 mL·min^{-1}(附注1)。取100 mL容量瓶10个,依次收集淋洗液各4.0 mL。收集后,检验淋洗液内是否还有Co^{2+}

(附注 2)。若还有 Co^{2+},需继续收集。

待淋洗液内无 Co^{2+} 后,改用 0.5 mol·L⁻¹ HCl 溶液淋洗 Fe^{3+}。再次调节淋洗液流速为 2.0 mL·min⁻¹,另用 100 mL 容量瓶 10 个,依次收集淋洗液各 4.0 mL。收集后,检验淋洗液内是否还有 Fe^{3+}(附注 3)。若还有 Fe^{3+},需继续收集,直至淋洗液中无 Fe^{3+}。

4. 测定

(1) Co^{2+} 的测定

移取 50 μg·mL⁻¹ 钴标准溶液 0、0.5、1.0、1.5、2.0、2.5、3.0 mL,分别置于 7 个 100 mL 容量瓶,加入 2 mol·L⁻¹ NaAc 溶液 10 mL、0.1%亚硝基 R 盐溶液 5 mL,摇匀,置于沸水浴中保持 2～3 min,冷却,稀释至标线,摇匀。用 1 cm 比色皿,以空白溶液为参比,于 500 nm 波长处测定钴系列溶液的吸光度,绘制 Co^{2+} 的标准曲线。

将收集的 Co^{2+} 淋洗液(共 10 瓶)以上述同样方法进行测定,绘制 Co^{2+} 的淋洗曲线。

(2) Fe^{3+} 的测定

移取 100 μg·mL⁻¹ 铁标准溶液 0、0.5、1.0、1.5、2.0、2.5、3.0 mL,分别置于 7 个 100 mL 容量瓶,加入 10%盐酸羟胺溶液 5 mL,用 2 mol·L⁻¹ NaAc 溶液调节至刚果红试纸刚好从蓝色变为红色,然后加入 0.3%邻二氮菲溶液 5 mL,稀释至标线,摇匀。用 1 cm 比色皿,以空白溶液为参比,于 510nm 波长处测定铁系列溶液的吸光度,绘制 Fe^{3+} 的标准曲线。

将收集的 Fe^{3+} 淋洗液(共 10 瓶)以上述同样方法进行测定,绘制 Fe^{3+} 的淋洗曲线。

(3) 回收率的测定

以测定淋洗曲线相同的方法,进行回收率的测定。

按步骤 3 的分离过程,加入相同的试液量以及相应量的 Co^{2+}、Fe^{3+} 淋洗液,将 CO^{2+} 和 Fe^{3+} 的淋洗液分别收集在两个 100 mL 容量瓶中,待淋洗完毕后稀释至标线,摇匀。各移取 10.00 mL,分别测出 Co^{2+} 和 Fe^{3+} 的含量,计算回收率。

附注

1. 调节淋洗液流速如下:在未加入试样前,先仔细调节流速至恰为 2.0 mL·min⁻¹,固定活塞,在活塞下端套一带有夹子的橡皮管。当淋洗时,只要将夹子放松,流速即为 2.0 mL·min⁻¹。

2. 淋洗液中 Co^{2+} 的检验方法:在 1 mL NH_4SCN 丙酮饱和溶液中加入少许 NaF,然后加入淋洗液 1～2 滴,若溶液出现蓝色,表明淋洗液中还有 Co^{2+},否则说明 Co^{2+} 已被全部洗脱。

3. 淋洗液中 Fe^{3+} 的检验方法:在 1 mL 5%KSCN 或 NH_4SCN 溶液中加入淋洗液 1～2 滴,若溶液出现血红色,表明淋洗液中还有 Fe^{3+},否则说明 Fe^{3+} 已被全部洗脱。

思考题

1. 离子交换树脂使用前为什么需先用酸、碱溶液浸泡?
2. 交换柱的直径大小、流速快慢对分离有何影响?
3. 为什么离子交换树脂床中不允许引进空气泡?

实验五十四 萃取分离——软锰矿中微量铜的测定

铜试剂(二乙基二硫代氨基甲酸钠,简称 DDTC)

$$\begin{array}{l} C_2H_5 \diagdown \qquad \quad S \\ \qquad \quad N-C \\ C_2H_5 \diagup \qquad \quad SNa \end{array}$$

在 pH 4～11 的条件下,能与 Cu^{2+} 生成溶于 CCl_4 等有机溶剂的黄色螯合物,可用吸光光度法测定。但 Fe、Mn、Pb、Zn、Co、Ni、Ag、Hg 等也能与 DDTC 生成溶于有机溶剂的螯合物,其中 Fe、Mn、Co、Ni 等与 DDTC 生成的螯合物有色,干扰测定。

各种元素的 DDTC 螯合物的稳定性不同,其顺序如下:$Hg^{2+} > Ag^{+} > Cu^{2+} > Co^{3+} > Pb^{2+} > Fe^{3+} > Co^{2+} > Ni^{2+} > Zn^{2+} > Mn^{2+}$。位于顺序前面的元素能取代有机相中的位于顺序后面的 DDTC 螯合物中的元素,被取代出的金属离子随即转入水相。由于 Pb^{2+} 与 DDTC 形成的螯合物无色,因此可以用 $Pb(DDTC)_2$ 的 CCl_4 溶液与 Cu^{2+} 一起振摇,发生置换反应,形成黄色的 $Cu(DDTC)_2$ 螯合物,即可进行吸光度测定,克服了 Fe、Mn、Ni 等对铜测定的干扰。当干扰元素含量较大时,可加还原剂盐酸羟胺和掩蔽剂 EDTA 消除干扰。

实验用品

盐酸
HCl(1∶1)
盐酸羟胺(10%,临用时配制)
EDTA(5%)
氨水(1∶1)
HAc-NaAc 缓冲溶液(pH5.0)
H_2O_2(30%)
酚酞指示剂(0.1%乙醇溶液)
分光光度计(附 2 cm 比色皿)
分液漏斗(60 mL)

铜标准溶液(1 mg·mL^{-1},4 μg·mL^{-1}):准确称取金属铜(99.99%)0.25 g,用1∶1HNO_3溶液溶解,定量转移至 250 mL 容量瓶,稀释至标线,即得 1 mg·mL^{-1} 铜标准溶液。将1 mg·mL^{-1} 铜标准溶液以 1%HNO_3 溶液逐级稀释为 4 μg·mL^{-1} 铜标准工作溶液。

Pb-DDTC-CCl_4 溶液:称取铜试剂(DDTC)及醋酸铅各 0.4 g,分别用 100 mL 水溶解。先将 $Pb(Ac)_2$ 溶液移入 1000 mL 分液漏斗中,再将 DDTC 溶液移入,立即产生沉淀。加入 CCl_4 250 mL,振摇至沉淀全部溶解并萃取进入有机相。有机相经干滤纸过滤后用 CCl_4 稀释至 500 mL。

实验内容

1. 标准曲线的绘制

移取 4 $\mu g \cdot mL^{-1}$ 铜标准工作溶液 0、0.5、1.0、1.5、2.0、2.5 mL，分别置于 60 mL 分液漏斗中，加水至 10 mL，再依次加盐酸羟胺溶液 2 mL、EDTA 溶液 5 mL 及酚酞指示剂 1 滴，用 1∶1 氨水调节溶液呈红色后，滴加 1∶1 HCl 溶液至红色刚好消失，再加入 HAc-NaAc 缓冲溶液 5 mL。摇匀，准确加入 Pb-DDTC-CCl_4 溶液 10 mL，剧烈振摇 2 min，静置分层，将有机相放入 2 cm 比色皿(附注 1)。以空白溶液为参比，于 435 nm 波长处测定吸光度。

以铜含量为横坐标，吸光度为纵坐标，绘制标准曲线。

2. 软锰矿中铜的测定

准确称取已研细并在 105℃烘干的软锰矿试样三份(称样量视试样中铜的含量而定)，分别置于 150 mL 烧杯中，用少量水湿润试样，加入浓盐酸 5～10 mL，滴加 30% H_2O_2 溶液使样品溶解(附注 2)，加热蒸发至近干，再加水溶解析出的 $MnCl_2$，定量转移至 60 mL 分液漏斗中，按上述方法操作并测定吸光度，由标准曲线得到铜的含量，计算试样中铜的含量。

附注

1. 从分液漏斗中放出有机相至比色皿时，不可带出水相。为此，可在分液漏斗出口管中填充医用药棉条。

2. 用盐酸和 H_2O_2 溶解矿样时无需加热，防止反应过剧而造成损失。

实验五十五 水泥中铁、铝、钙、镁的测定

水泥试样可在固体氯化铵存在下用酸分解，其中的硅酸脱水凝聚，形成不溶于水的沉淀，过滤除去，滤液中的铁、铝、钙和镁可以分别进行测定。

以 EDTA 溶液滴定 Al^{3+}、Fe^{3+} 总量时，Al^{3+} 与 EDTA 的络合反应进行得比较慢，因此采用回滴法。本实验以 PAN 为指示剂，用 $CuSO_4$ 标准溶液回滴，扣除铁量，即能求得试样中铝的含量。水泥中的少量铁用吸光光度法测定。在 pH8～11.5 的氨性溶液中，Fe^{3+} 与磺基水杨酸生成黄色的三磺基水杨酸铁络合物 $Fe(SSal)_3^{3-}$，络合物的吸光度与铁含量的关系符合比尔定律。此时试样中的钙、镁不与磺基水杨酸络合，铝则形成无色络合物 $Al(SSal)_3^{3-}$，仅消耗试剂而已。

钙的测定是基于用三乙醇胺掩蔽铁、铝后，在 pH12～12.5 条件下使镁成为 $Mg(OH)_2$ 沉淀，然后，直接用 EDTA 标准溶液滴定溶液中的钙。

最后用酒石酸钾钠和三乙醇胺联合掩蔽铁、铝，在 pH10 时滴定钙、镁总量，扣除钙量后，即可求得镁的含量。

实验用品

盐酸　　　　　　　　　　　$HCl(1:1)$

硝酸　　　　　　　　　　　氯化铵

氨水(浓，1∶1)　　　　　　$AgNO_3(0.1\ mol\cdot L^{-1})$

三乙醇胺(1∶2)　　　　　　EDTA 标准溶液($0.02\ mol\cdot L^{-1}$)

KOH(20%)　　　　　　　　酒石酸钾钠(10%)

HAc-NaAc 缓冲溶液(pH 4.5)　　NH_3-NH_4Cl 缓冲溶液(pH10)

磺基水杨酸钠(10%)　　　　对硝基苯酚(0.2%)

PAN 指示剂(0.2%乙醇溶液)

甲基百里酚蓝指示剂(甲基百里酚蓝∶氯化钠＝1∶50，保持干燥)

酸性铬蓝 K-萘酚绿 B 混合指示剂(简称 K-B 指示剂，酸性铬蓝 K∶萘酚绿 B∶硝酸钾＝2∶5∶350，保持干燥)

$CuSO_4(0.02\ mol\cdot L^{-1})$：称取 2.5g $CuSO_4\cdot 5H_2O$，溶于 500 mL 水，并加 $1\ mol\cdot L^{-1}$ H_2SO_4 溶液 2 mL 酸化之，其浓度与 EDTA 标准溶液相比较求得。

铁标准溶液($40\ \mu g\cdot mL^{-1}$)：准确称取 0.3454 g $NH_4Fe(SO_4)_2\cdot 12H_2O$ 于小烧杯中，加入 1∶1HCl 溶液 20 mL 和少量水，溶解，定量转移至 1000 mL 容量瓶中，稀释至标线，摇匀备用。

分光光度计(附 1 cm 比色皿)

实验内容

1. 试样的溶解与分离

称取水泥试样 0.8 g 于干燥的 250 mL 烧杯中，加入氯化铵 5～6 g，用玻棒充分搅拌混匀，滴加浓盐酸至试样全部湿润(约 4 mL)，并加入浓硝酸 4～5 滴，搅拌均匀，直至无小黑粒为止。盖上表面皿，置于沸水浴中 10 min(时间不宜过短，但也不可超过 30 min)，取出，加 60 mL 热水，搅拌并压碎块状物后立即用快速滤纸过滤，沉淀尽量留在烧杯中，用热水洗涤沉淀至滤液中无 Cl^-(一般需要洗涤 10～12 次，每次约 12 mL)。弃去沉淀，将滤液及洗涤液收集在 500 mL 容量瓶中，冷却，稀释至标线，摇匀备用。

2. Fe_2O_3 的测定

(1) 标准曲线绘制

分别移取铁标准溶液 0、1、2、3、4 和 5 mL 于 50 mL 容量瓶中，各加入 1∶1HCl 溶液 5 mL、磺基水杨酸钠溶液 3 mL ，摇匀，逐滴加入浓氨水至红色变为黄色并不再变深，再过量 1 mL。加水稀释至标线，摇匀。

以空白溶液为参比，用 1 cm 比色皿，于 430 nm 波长处测量吸光度。以铁含量为横坐标，吸光度为纵坐标，绘制标准曲线。

(2) 试样中 Fe_2O_3 量的测定

移取步骤 1 中的试液 2 mL 两份，分别置于小烧杯中，加入浓硝酸 1～2 滴，煮沸，冷却后定量转移至 50 mL 容量瓶中，按上述方法操作并测量吸光度，由标准曲线求得铁的含量，计算试样中 Fe_2O_3 的含量。

3. EDTA 标准溶液与 $CuSO_4$ 溶液体积比 K 的测定

由滴定管准确放出 EDTA 标准溶液 15 mL 左右(附注 1)于 250 mL 锥形瓶中，加入 HAc-NaAc 缓冲溶液 15 mL ，加热至约 80℃，再加入 PAN 指示剂 5 滴，以 $CuSO_4$ 溶液滴定至紫红色出现，即为终点。

重复三次。计算体积比

$$K=\frac{V_{EDTA}}{V_{CuSO_4}}$$

4. Al_2O_3 的测定

移取步骤 1 中的试液 25 mL 三份，分别置于 250 mL 锥形瓶中，加 25 mL 水及浓硝酸 4 滴，加热煮沸。稍冷后，准确加入 EDTA 标准溶液 15 mL(V_1)，加热至 60～70℃。加入对硝基苯酚溶液 1 滴，滴加 1∶1 氨水至溶液呈鲜黄色后，滴加 1∶1HCl 溶液至黄色刚好消失，再过量 1 滴。加入 HAc-NaAc 缓冲溶液 15 mL ，煮沸。稍冷后加 25 mL 水及 PAN 指示剂 5 滴，以 $CuSO_4$ 溶液滴定至紫红色出现，即为终点。

计算试样中 Al_2O_3 的含量。

$$Al_2O_3\%=\frac{[(V_1-V_2)-KV_{CuSO_4}]\times C_{EDTA}\times\frac{m_{Al_2O_3}}{2000}\times 20}{m_{试样}}\times 100$$

式中 V_2—— 相当于与 Fe^{3+} 作用的 EDTA 标准溶液体积(mL)。

5. CaO 的测定

移取步骤 1 中试液 25 mL 三份，分别置于 250 mL 锥形瓶中，加水稀释至 100 mL，加入三乙醇胺溶液 5 mL 、20%KOH 溶液 2.5 mL ，充分摇匀(附注 2)。加入少许甲基百里酚蓝指示剂，以 EDTA 标准溶液滴定至蓝色变为无色或浅灰色，并在 30s 内不“返蓝”(附注 3)，即为终点。

计算试样中 CaO 的含量。

6. MgO 的测定

移取步骤 1 中的试液 25 mL 三份，分别置于 250 mL 锥形瓶中，加水稀释至 100 mL，加入酒石酸钾钠溶液 1 mL 、三乙醇胺溶液 5 mL ，滴加 1∶1 氨水调节溶液 pH 至 9～10，加入 NH_3-NH_4Cl 缓冲溶液及少许 K-B 混合指示剂，以 EDTA 标准溶液滴定至紫红色变为蓝绿色，即为终点。此滴定所耗的 EDTA 溶液的体积相当于钙镁总量，减去钙量即可求得试样中 MgO 的含量。

附注

1. 测定铝时，加入 EDTA 溶液的量要适宜，因为 Cu-EDTA 络合物呈蓝色，对滴定终点生成的红色有一定的影响，其影响大小取决于 EDTA 溶液过量的多少。过量多时，终点为蓝紫色甚至为蓝色，过量少时终点基本上是红色，所以 EDTA 溶液过量适当才能得到敏锐易辨的紫红色。本实验以加入 $0.02\ mol\cdot L^{-1}$ EDTA 溶液 15 mL 为宜。

2. 此时溶液 pH 约为 12.5，可用精密 pH 试纸测试。若碱度过高，甲基百里酚蓝指示剂本身呈蓝色，将严重影响滴定终点的正确判断。

3. 终点后，由于镁与指示剂的反应较灵敏，会出现终点返回现象，所以以第一次颜色明显变化为滴定终点。同时甲基百里酚蓝指示剂的用量要少，以减少它与 Mg^{2+} 的络合；滴定过程可适当快一点，近终点前后避免强烈摇动，这样可使终点返蓝现象减轻。

思考题

1. 分解试样时，加热时间过长，往往使沉淀发黄，为什么？对结果有什么影响？有无补救办法？

2. 在测定钙镁时，为什么先加掩蔽剂三乙醇胺后再调 pH？

3. 滴定钙时，为什么滴定终点的溶液容易返蓝？

实验五十六　滴定分析量器的校准

滴定分析中常用的玻璃量器有滴定管、移液管、容量瓶等。滴定管和移液管为量出式容器，常标有“A”或“Ex”字样，表示其容积为“量出”溶液的体积；而容量瓶则为量入式容器，标有“E”或“In”字样，表明其容积是指瓶内溶液装至标线时的“量入”体积。

由于玻璃的热胀冷缩，量器在不同温度下的容积也不同。为此，许多国家将使用玻璃量器的标准温度选择为20℃，我国也采用这一标准。各种量器上标出的标线和容积数字称为在标准温度20℃时量器的“标示容积”或“标称容积”。

量器的实际容积与标示容积之间总是或多或少地存在差值，其误差必将对于测试分析的最终结果产生影响。因此，在分析工作中，特别是在准确度要求较高的测定中，操作者除必须按规定使用量器外，对于所使用量器的精确度进行检验和对量器容积进行校准，是十分必要的。

通常采用如下两种校准方法。

1. 相对校准

在分析工作中，往往是量入式量器和量出式量器配合使用。此时，要求它们的容积之间有确定的比例关系，这就可采用相对校准方法进行校准。例如，用25 mL移液管量取溶液的体积应恰好等于250 mL容量瓶容积的1/10，否则就要作相对校准，即用移液管准确移取纯水10次于干燥容量瓶中，根据实际液面，重新标线。

2. 绝对校准

绝对校准是测定量器的实际容积与标示容积之差值，一般采用称量法，即按规定的方式，用量器量取一定体积的纯水，在分析天平上称出纯水的表观质量$m_{水}$，查得该温度下纯水的密度$d_{水}$，然后按下式换算为纯水的体积，即求出量器的容积V

$$V=\frac{m_{水}}{d_{水}}$$

但实际情况要复杂得多。首先，纯水的表观质量$m_{水}$是在空气中用天平以砝码称得的，由于纯水和砝码的体积不等，所受空气的浮力也不同，须作空气浮力差的校正。同时，水的体积和量器的容积均随温度而变化，还要校正温度的影响，所以，由水的表观质量计算标准温度下的量器容积时，应当考虑以下几个因素：

① 校准温度与标准温度时水的不同密度；

② 校准温度与标准温度之间玻璃的热胀冷缩；

③ 空气浮力对于水和容器以及砝码的影响。

综合这些影响因素后，设：在标准温度20℃时，量器的容积为V_{20}，水的密度$d_0=0.99823\ g\cdot cm^{-3}$，空气密度$d_a=0.0012\ g\cdot cm^{-3}$，再设使用的是黄铜砝码，其密度$d_w=8.4\ g\cdot cm^{-3}$；又知玻璃的膨胀系数一般为$\beta=0.000025/℃$，则可获得标准温度下的量器容积的校正式：

$$V_{20}=\frac{m_{水}}{d_t}\times\frac{d_0(d_w-d_a)}{d_w(d_0-d_a)}\times\frac{1}{[1+\beta(t-20)]}=\frac{m_{水}}{0.99894\times d_t[1+\beta(t-20)]}$$

式中 d_t 为校准温度 t℃时纯水的密度。

为了实用的方便，可令 $d'_t = 0.99894\ d_t[1+\beta(t-20)]$，则

$$V_{20}=\frac{m_{水}}{d'_t}$$

并将不同温度下 d'_t 与 d_t 的对应值列表，见表Ⅱ.56.1。

校准量器时，只要在室温下称得量取纯水的表观质量 $m_{水}$，从表中查得 d'_t 值，便可求出其在标准温度下的容积 V_{20}。再由 V_{20} 减去量器的标示容积 $V_{示}$，即得校准值 ΔV。

例如，某移液管的标示容积 $V_{示}=25.00$ mL，25℃时称得其准确移出的 $m_{水}=24.924$ g，计算其校准值。

$m_{水}$(25℃)＝24.924 g，由表Ⅱ.56-1 查得 25℃时 $d'_t=0.99612\ \mathrm{g\cdot cm^{-3}}$（附注 1），

得 $$V_{20}=\frac{24.924}{0.99612}=25.02(\mathrm{mL})$$

这样，该移液管的校准值

$$\Delta V=V_{20}-V_{示}=25.02-25.00=+0.02(\mathrm{mL})$$

表Ⅱ.56.1 不同温度时的 d_t 和 d'_t 值

温度 ℃	d_t $\mathrm{g\cdot cm^{-3}}$	d'_t $\mathrm{g\cdot cm^{-3}}$	温度 ℃	d_t $\mathrm{g\cdot cm^{-3}}$	d'_t $\mathrm{g\cdot cm^{-3}}$
5	0.99996	0.99853	18	0.99860	0.99749
6	0.99994	0.99853	19	0.99841	0.99733
7	0.99990	0.99852	20	0.99821	0.99715
8	0.99985	0.99849	21	0.99799	0.99695
9	0.99978	0.99845	22	0.99777	0.99676
10	0.99970	0.99837	23	0.99754	0.99655
11	0.99961	0.99833	24	0.99736	0.99634
12	0.99950	0.99824	25	0.99705	0.99612
13	0.99938	0.99815	26	0.99679	0.99588
14	0.99925	0.99804	27	0.99652	0.99566
15	0.99910	0.99792	28	0.99624	0.99539
16	0.99894	0.99778	29	0.99595	0.99512
17	0.99878	0.99764	30	0.99565	0.99485

实验用品

纯水　　　　具塞锥形瓶(50 mL)

温度计(0.1℃分度)

实验内容

1. 滴定管的校准

将滴定管洗净，装入纯水，调节液面至近 0.00 标线。同时测定水的温度。

取一个外部干燥的 50 mL 具塞锥形瓶，置于天平上称至小数第三位，即±0.001 g(附注 2)。然后，以不超过 10 mL·min^{-1}的流速由滴定管放入 5 mL 水。1min 后，记录滴定管内液面的读数，并称取锥形瓶和水的质量。再放 5 mL 水，读数，称量，如此反复进行，完成对所需管段的校准。

再重复校准一次。两次校准值之差应满足测量的误差要求，一般不大于 0.02 mL。必要时，对常用段可每隔 1～2 mL 校准一次。

将所得数据列表(见表Ⅱ.56.2)，并查得校准时水温对应的 d'_t，计算各段累积校准值。还可绘制滴定管的容积与 ΔV 曲线，供实验时查用。

表Ⅱ.56.2 滴定管校准记录

(水温 21℃，d'_t=0.9970 g·cm^{-3})

滴定管读数 mL	读取容积 $V_{示}$ mL	称得瓶加水质量 g	水的质量 $m_{水}$ g	标准温度下真实容积 $V_{20}=\frac{m_{水}}{0.9970}$ mL	累积校准值 $\Delta V=V_{20}-V_{示}$ mL
0.10		35.410(空瓶)			
5.00	4.90	40.285	4.875	4.89	−0.01
10.02	9.92	45.271	9.861	9.89	−0.03
15.00	14.90	50.245	14.835	14.88	−0.02
20.01	19.91	55.262	19.852	19.91	0
25.00	24.90	60.244	24.834	24.91	+0.01
30.00	29.90	65.252	29.842	29.93	+0.03
……	……	……	……	……	……

2. **移液管的校准**

取一个外部干燥的 50 mL 具塞锥形瓶，置于天平上称准至小数第三位。用待校准的移液管移取纯水于锥形瓶中，称取水和瓶的质量，减去瓶重，即得移取水的质量。同时测量水温，由表Ⅱ.56-1 查得 d'_t，计算移液管 20℃时的量出体积。

重复校准一次，两次校准值相差应不大于 0.02 mL。

3. **容量瓶与移液管的相对校准**

取 250 mL 容量瓶洗净晾干，用 25 mL 移液管移取纯水 10 次于其中，若水的弯月形液面最低点与容量瓶上标线不相切，应另作标线，使之与弯月形液面底线相切。

经相对校准后的移液管和容量瓶即可配套使用。

附注

1. 根据第十二届国际计量大会决议，"升"这个词可以用作为立方分米的专门名称。我国的法定计量单位中也规定 1L=1 dm^3，1 mL=1 cm^3。

2. 根据最后的计算结果可知，称量量器及水时，称准至小数第二位即可，但称量过程中一般要求先读取至小数第三位，即±0.001 g，待计算得 V_{20}后再舍弃一位，至相应的体积数。

3. 量器的校准是以 20℃为标准的，但使用量器时温度不一定是 20℃，温度的变化将引起量器容积的改变，只是改变甚小(温度变化 5℃，玻璃热胀冷缩引起容积变化仅为万分之一)。同时,温度变化还将引起溶液体积的改变,从而影响其浓度,这在要求较高的实验中应加以校准。校准值可见表Ⅱ.56.3。

表Ⅱ.56.3　不同温度下1 L水(或稀溶液)的校准值(以20℃为标准)

温度/℃	水及0.1 $mol \cdot L^{-1}$溶液 ΔV/mL	1 $mol \cdot L^{-1}$溶液 ΔV/mL
5	+1.4	+3.0
10	+1.2	+2.0
15	+0.8	+1.0
20	0.0	0.0
25	−1.0	−1.3
30	−2.3	−3.0

例如,在10℃时用25.00 mL移液管移取0.1 $mol \cdot L^{-1}$标准溶液,则移出的溶液在20℃时的实际体积为

$$25.00+\frac{1.2\times 25.00}{1000}=25.03(\text{mL})$$

思考题

1. 校准量器时为什么用纯水？为什么需测量水温？
2. 从滴定管放水入接收锥形瓶时的操作应有哪些注意事项？
3. 分析测试中如何应用校准值？

实验五十七　镁和 EDTA 混合溶液中镁、EDTA 含量的测定

有一混合溶液,内含未知量的镁及 EDTA,请根据已学得的知识,拟订实验操作步骤,分别测定其中镁和 EDTA 的含量。

参考资料: [9],[10],[14],[32]

实验五十八 酸洗液分析

锅炉及冷却设备等容易产生垢锈，往往造成祸害。一般是通过酸洗来清除垢锈，以保障安全生产。常用的酸洗溶液是5% HCl溶液，添加0.3%六次甲基四胺作为缓蚀剂。

盐酸清洗过程是一个化学溶解和机械剥离同时发生的过程。垢锈主要成分为铁的氧化物(FeO、Fe_2O_3、Fe_3O_4)，它们与盐酸反应生成$FeCl_2$和$FeCl_3$。酸洗时也会发生金属的腐蚀，裸露的金属表面与$FeCl_3$和HCl反应生成$FeCl_2$。在酸洗过程中要检查盐酸含量以便及时进行补充。而酸洗时间则根据酸洗液中Fe^{3+}浓度的降低和Fe^{2+}浓度的明显升高来确定。所以，酸洗过程中要求测定酸洗液中盐酸浓度和Fe^{2+}、Fe^{3+}的浓度。

请根据上述要求，参考有关文献，拟订操作步骤，测定酸洗溶液中盐酸、Fe^{2+}及Fe^{3+}的浓度。

参考资料：[9]，[10]，[14]，[35]

第三部分

附　录

附录一　常用洗涤剂

实验中特别是分析工作中，所用的玻璃器皿应当仔细洗净。洗净后的器皿应能被水均匀润湿形成水膜而不挂水珠。洗涤时，一般先将玻璃器皿用水冲洗，若发现不干净，可用刷子蘸皂液或去污粉刷洗，或者选用其他合适的洗涤剂，污染严重的则须浸泡后再洗。用洗涤剂洗过之后，应用自来水充分淋洗干净，再用蒸馏水淋洗三次。

实验室常用的洗涤剂有下面几种。

1. 合成洗涤剂

洗衣粉:市售洗衣粉以十二烷基苯磺酸钠为主，属于阴离子表面活性剂，适合于洗涤被油脂或某些有机物玷污的容器。

洗洁精:与洗衣粉相类似，适合于洗涤沾有油污的器皿，配合刷子刷洗效果较好。

采用这些洗涤剂时，加热使用可增强洗涤效果。

2. 铬酸洗涤液

铬酸洗涤液洗涤效果好，对玻璃侵蚀小，但对某些物质如二氧化锰、氧化铁等却无清除能力。

铬酸洗涤液用浓硫酸和重铬酸钾配制，一般含重铬酸钾 5%或 10%。配制时，称取工业级重铬酸钾 10 g 溶于少量水中，再慢慢加入粗硫酸 200 mL ，边加边搅;或直接将重铬酸钾溶于加热的浓硫酸中，待溶液冷却后转入试剂瓶，塞紧备用。配制好的铬酸洗涤液应呈深棕色。

使用前，必须先将玻璃器皿初步洗净，倾尽水，再倒入铬酸洗涤液，以免洗涤液被稀释后降低洗涤效率。用过的铬酸洗涤液应倒回原瓶以备反复使用，直至变为绿色、失去洗涤效果后，再另作处理。铬酸洗涤液中的铬能被玻璃吸附，在洗涤微量分析所用的玻璃器皿时应多加注意。

铬酸洗涤液为强氧化剂，腐蚀性很强，且 Cr(Ⅵ)有毒，使用时应注意安全。同时须注意使用后含铬废水的处理，以防止对环境的污染。

3. 碱性高锰酸钾洗涤液

称取高锰酸钾 10 g 溶于少量水中，再慢慢加入 10%氢氧化钠溶液 100 mL ，混匀。此洗涤液适用于洗涤油污及有机物玷污的器皿，洗涤后残留的二氧化锰可用还原性溶液洗去。

4. 氢氧化钾-乙醇溶液

一般配制成 10% 溶液使用，即称取氢氧化钾 6 g 溶于 6 mL 水中，再加入 95% 乙醇 50 mL。该洗涤液适合于洗涤被油脂或某些有机物玷污的器皿。

5. 还原性洗涤液

如硫酸亚铁酸性溶液、草酸的盐酸溶液等，可用来洗涤残留在器皿壁上的二氧化锰沉淀等，效果特别好。

6. 酸性洗涤液

根据玻璃器皿中污染物的性质和实验要求，可直接使用不同浓度的硝酸、盐酸或硫酸来洗涤以及浸泡，并可适当加热。

对于要求较高的微量分析所用器皿，常在一般洗净后浸泡于稀硝酸或 1∶1 硝酸溶液中，使用时再取出洗净，最后以纯水淋洗。

7. 盐酸-乙醇溶液

以 1 份盐酸和 2 份乙醇配制而成，适于洗涤被有机试剂染上颜色的器皿和比色皿。

8. 有机溶剂

用于洗涤玻璃器皿中的油脂类、聚合体等有机污物，常用的有苯、二甲苯、丙酮、乙醇、乙醚、三氯甲烷、四氯化碳、汽油等。用有机溶剂作洗涤液时，一般先用有机溶剂洗涤两次，再用水冲净，然后用浓碱或浓酸洗涤，最后用水冲净。

附录二　常用基准物质的干燥、处理和应用

基准物质	分子式	标定对象	使用前的处理及保存
碳酸钠	Na_2CO_3	HCl、H_2SO_4 等强酸	270～300℃烘至恒重，干燥器内保存
硼砂	$Na_2B_4O_7 \cdot 10H_2O$	HCl、H_2SO_4 等强酸	置于含有 NaCl 和蔗糖饱和溶液的恒湿器内
草酸	$H_2C_2O_4 \cdot 2H_2O$	NaOH、KOH、$KMnO_4$	室温，空气干燥
邻苯二甲酸氢钾	$KHC_8O_4H_4$	NaOH、KOH 等强碱	110～120℃烘至恒重，干燥器内保存
重铬酸钾	$K_2Cr_2O_7$	还原剂	120℃烘 3～4 h，干燥器内保存
溴酸钾	$KBrO_3$	还原剂	130℃烘干至恒重，干燥器内保存
碘酸钾	KIO_3	还原剂	130℃烘干至恒重，干燥器内保存
铜	Cu	还原剂	稀醋酸、水、乙醇、甲醇依次洗涤，干燥器内保存 24 h 以上
三氧化二砷	As_2O_3	氧化剂	120℃烘干至恒重，干燥器内保存
草酸钠	$Na_2C_2O_4$	氧化剂	130℃烘干至恒重，干燥器内保存
锌	Zn	EDTA	盐酸(1:3)、水、丙酮依次洗涤，干燥器内保存 24 h 以上
氧化锌	ZnO	EDTA	900～1 000℃灼烧至恒重，干燥器内保存
碳酸钙	$CaCO_3$	EDTA	110℃烘干至恒重，干燥器内保存
氯化钠	NaCl	$AgNO_3$	500～600℃灼烧至恒重，干燥器内保存
硝酸银	$AgNO_3$	氯化物	硫酸干燥器内干燥至恒重并保存

附录三 常用酸碱的密度和浓度

试剂名称	密度/$g \cdot mL^{-1}$	质量分数/%	浓度/$mol \cdot L^{-1}$
盐酸	1.18～1.19	36～38	11.6～12.4
硝酸	1.39～1.40	65～68	14.4～15.2
硫酸	1.83～1.84	95～98	17.8～18.4
磷酸	1.69	85	14.6
高氯酸	1.67～1.68	70～72	11.7～12.0
氢氟酸	1.13～1.14	40	22.5
氢溴酸	1.49	47	8.6
冰醋酸	1.05	99.8(优级纯) 99.0(分析纯)	17.4
醋酸	1.05	36	6.0
氨水	0.88～0.91	27～30	13.3～14.8
三乙醇胺	1.12	—	7.5

附录四　一些酸、碱水溶液的 pH 值(室温)

酸		pH	碱		pH
试　剂	浓度/mol·L^{-1}		试　剂	浓度/mol·L^{-1}	
HAc	0.001	3.9	NH_3	0.01	10.6
HAc	0.01	3.4	NH_3	0.1	11.1
HAc	0.1	2.9	NH_3	1	11.6
HAc	1	2.4	$CaCO_3$	饱和	9.4
H_3BO_3	0.1	5.2	$Ca(OH)_2$	饱和	12.4
H_2CO_3	饱和	3.7	Na_2HPO_4	0.05	9.0
HCOOH	0.1	2.3	$Fe(OH)_3$	饱和	9.5
HCl	0.0001	4.0	$Mg(OH)_2$	饱和	10.5
HCl	0.001	3.0	KCN	0.1	11.0
HCl	0.01	2.0	KOH	0.01	12.0
HCl	0.1	1.0	KOH	0.1	13.0
HCl	1	0.1	KOH	1	14.0
H_2S	0.05	4.1	KOH	50%	14.5
HCN	0.1	5.1	Na_2CO_3	0.05	11.5
HNO_2	0.1	2.2	$NaHCO_3$	0.1	8.4
H_3PO_4	0.033	1.5	NaOH	0.001	11.0
H_2SO_3	0.05	1.5	NaOH	0.01	12.0
H_2SO_4	0.005	2.1	NaOH	0.1	13.0
H_2SO_4	0.05	1.2	NaOH	1	14.0
H_2SO_4	0.5	0.3	Na_3PO_4	0.033	12.0
H_3AsO_3	饱和	5.0	硼砂	0.05	9.2
$H_2C_2O_4$	0.05	1.6			
乳酸	0.1	2.4			
苯甲酸	0.01	3.1			
柠檬酸	0.033	2.2			
酒石酸	0.05	2.2			

附录五 常用试剂的饱和溶液(20℃)

试剂	分子式	比重	浓度/mol·L^{-1}	配制方法	
				试剂/g	水/mL
氯化铵	NH_4Cl	1.075	5.44	291	784
硝酸铵	NH_4NO_3	1.312	10.83	863	449
草酸铵	$(NH_4)_2C_2O_4\cdot H_2O$	1.030	0.295	48	982
硫酸铵	$(NH_4)_2SO_4$	1.243	4.06	535	708
氯化钡	$BaCl_2\cdot 2H_2O$	1.290	1.63	398	892
氢氧化钡	$Ba(OH)_2$	1.037	0.228	39	998
氢氧化钡	$Ba(OH)_2\cdot 8H_2O$	1.037	0.228	72	965
氢氧化钙	$Ca(OH)_2$	1.000	0.022	1.6	1000
氯化汞	$HgCl_2$	1.050	0.236	64	986
氯化钾	KCl	1.174	4.00	298	876
铬酸钾	K_2CrO_4	1.396	3.00	583	858
重铬酸钾	$K_2Cr_2O_7$	1.077	0.39	115	962
氢氧化钾	KOH	1.540	14.50	813	727
碳酸钠	Na_2CO_3	1.178	1.97	209	869
碳酸钠	$Na_2CO_3\cdot 10H_2O$	1.178	1.97	563	515
氯化钠	$NaCl$	1.197	5.40	316	881
氢氧化钠	$NaOH$	1.539	20.07	803	736

附录六 纯水的密度

t/℃	ρ/kg·m^{-3}									
	0.0	0.1	0.2	0.3	0.4	0.5	0.6	0.7	0.8	0.9
0	999.839	999.846	999.852	999.859	999.865	999.871	999.877	999.882	999.888	999.893
1	999.898	999.903	999.908	999.913	999.917	999.921	999.925	999.929	999.933	999.936
2	999.940	999.943	999.946	999.949	999.952	999.954	999.956	999.959	999.961	999.962
3	999.964	999.966	999.967	999.968	999.969	999.970	999.971	999.971	999.972	999.972
4	999.972	999.972	999.972	999.971	999.971	999.970	999.969	999.968	999.967	999.965
5	999.964	999.962	999.960	999.958	999.956	999.954	999.951	999.949	999.946	999.943
6	999.940	999.937	999.934	999.930	999.926	999.923	999.919	999.915	999.910	999.906
7	999.901	999.897	999.892	999.887	999.882	999.877	999.871	999.866	999.860	999.854
8	999.848	999.842	999.836	999.829	999.823	999.816	999.809	999.802	999.795	999.788
9	999.781	999.773	999.765	999.758	999.750	999.742	999.734	999.725	999.717	999.708
10	999.699	999.691	999.682	999.672	999.663	999.654	999.644	999.635	999.625	999.615
11	999.605	999.595	999.584	999.574	999.563	999.553	999.542	999.531	999.520	999.509
12	999.497	999.486	999.474	999.462	999.451	999.439	999.426	999.414	999.402	999.389
13	999.377	999.364	999.351	999.338	999.325	999.312	999.299	999.285	999.272	999.258
14	999.244	999.230	999.216	999.202	999.188	999.173	999.159	999.144	999.129	999.114
15	999.099	999.084	999.069	999.054	999.038	999.022	999.007	998.991	998.975	998.958
16	998.943	998.926	998.910	998.894	998.877	998.860	998.843	998.826	998.809	998.792
17	998.775	998.757	998.740	998.722	998.704	998.686	998.668	998.650	998.632	998.614
18	998.595	998.577	998.558	998.539	998.520	998.502	998.482	998.463	998.444	998.425
19	998.405	998.385	998.366	998.346	998.326	998.306	998.286	998.265	998.245	998.224
20	998.204	998.183	998.162	998.141	998.120	998.099	998.078	998.057	998.035	998.014
21	997.992	997.971	997.949	997.927	997.905	997.883	997.860	997.838	997.816	997.793
22	997.770	997.747	997.725	997.702	997.679	997.656	997.632	997.609	997.585	997.562
23	997.538	997.515	997.491	997.467	997.443	997.419	997.394	997.370	997.345	997.321
24	997.296	997.272	997.247	997.222	997.197	997.172	997.146	997.121	997.096	997.070
25	997.045	997.019	996.993	996.967	996.941	996.915	996.889	996.863	996.836	996.810
26	996.783	996.757	996.730	996.703	996.676	996.649	996.622	996.595	996.568	996.540
27	996.513	996.485	996.458	996.430	996.402	996.374	996.346	996.318	996.290	996.262
28	996.233	996.205	996.176	996.148	996.119	996.090	996.061	996.032	996.003	995.974
29	995.945	995.915	995.886	995.856	995.827	995.797	995.767	995.737	995.707	995.677
30	995.647	995.617	995.586	995.556	995.526	995.495	995.464	995.433	995.403	995.372
31	995.341	995.310	995.278	995.247	995.216	995.184	995.153	995.121	995.090	995.058
32	995.026	994.997	994.962	994.930	994.898	994.865	994.833	994.801	994.768	994.735
33	994.703	994.670	994.637	994.604	994.571	994.538	994.505	994.472	994.438	994.405
34	994.371	994.338	994.304	994.270	994.236	994.202	994.168	994.134	994.100	994.066
35	994.032	993.997	993.963	993.928	993.893	993.859	993.824	993.789	993.754	993.719
36	993.684	993.648	993.613	993.578	993.543	993.507	993.471	993.436	993.400	993.364
37	993.328	993.292	993.256	993.220	993.184	993.148	993.111	993.075	993.038	993.002
38	992.965	992.928	992.891	992.855	992.818	992.780	992.743	992.706	992.669	992.631
39	992.594	992.557	992.519	992.481	992.444	992.406	992.368	992.330	992.292	992.254
40	992.215									

附录七 气体在水中的溶解度

(气体压力和水蒸气压力之和为 101.3 kPa 时,溶解于 100 g 水的气体质量)

气 体	溶解度/g						
	0℃	10℃	20℃	30℃	40℃	50℃	60℃
Cl_2		0.9972	0.7293	0.5723	0.4590	0.3920	0.3295
CO	4.397×10^{-3}	3.479×10^{-3}	2.838×10^{-3}	2.405×10^{-3}	2.075×10^{-3}	1.797×10^{-3}	1.522×10^{-3}
CO_2	0.3346	0.2318	0.1688	0.1257	0.0973	0.0761	0.0576
H_2	1.922×10^{-4}	1.740×10^{-4}	1.603×10^{-4}	1.474×10^{-4}	1.384×10^{-4}	1.287×10^{-4}	1.178×10^{-4}
H_2S	0.7066	0.5112	0.3846	0.2983	0.2361	0.1883	0.1480
N_2	2.942×10^{-3}	2.312×10^{-3}	1.901×10^{-3}	1.624×10^{-3}	1.391×10^{-3}	1.216×10^{-3}	1.052×10^{-3}
NH_3	89.5	68.4	52.9	41.0	31.6	23.5	16.8
NO	9.833×10^{-3}	7.560×10^{-3}	6.173×10^{-3}	5.165×10^{-3}	4.394×10^{-3}		3.237×10^{-3}
O_2	6.945×10^{-3}	5.368×10^{-3}	4.339×10^{-3}	3.588×10^{-3}	3.082×10^{-3}	2.657×10^{-3}	2.274×10^{-3}
SO_2	22.83	16.21	11.28	7.80	5.41		

附录八　常见无机化合物在水中的溶解度

表中所示溶解度数值，是指在第一栏中所列无水物质，在所示温度下，于100 g水中能够溶解的质量(g)。如在化学式之前注有 * 号者，则表示于100 g饱和溶液中无水物质溶解的质量(g)；表中的S.P.栏是表示在与饱和溶液成平衡的固相内结晶水的分子数。

物　质	S.P.	0℃	10℃	20℃	30℃	40℃	50℃	60℃	70℃	80℃	90℃	100℃
$AgCl$			8.9×10^{-5}	1.5×10^{-4}			5.23×10^{-4}					2.1×10^{-3}
$AgNO_3$		122	170	222	300	376	455	525		669		952
* Ag_2SO_4		0.57	0.69	0.79	0.88	0.97	1.07	1.14	1.21	1.28	1.34	1.39
* $Al_2(SO_4)_3$	$18H_2O$	23.8	25.1	26.7	28.8	31.4	34.3	37.2	39.8	42.2	44.7	47.1
$K_2SO_4\cdot Al_2(SO_4)_3$	$24H_2O$	3.0	4.0	5.9	8.39	11.70	17.00	24.75	40.0	71.0	109.0	
$BaCl_2$	$2H_2O$	31.6	33.3	35.7	38.2	40.7	43.6	46.4	49.4	52.4		58.8
$Ba(NO_3)_2$		5.0	7.0	9.2	11.6	14.2	17.1	20.3		27.0		34.2
$Ba(OH)_2$		1.67		3.89		8.22		20.94		101.4		
$Ca(C_2H_3O_2)_2$	$2H_2O$	37.4	36.0	34.7	33.8	33.2		32.7		33.5		
$CaCl_2$	$6H_2O$	59.5	65.0	74.5	102	128						
$CaCl_2$	$2H_2O$							136.8	141.7	147.0	152.7	159
* $CuCl_2$		41.4	42.45	43.5	44.55	45.6	46.65	47.7		49.8		51.9
$CuSO_4$		14.3	17.4	20.7	25	28.5	33.3	40		55		75.4
* $FeCl_2$	$4H_2O$		39.2		42.2	43.6	45.2	47.0		50.0		
$FeCl_3$	$6H_2O$	74.4	81.9	91.8			315.1			525.8		535.7
$FeSO_4$	$7H_2O$	15.65	20.51	26.5	32.9	40.2	48.6					
$FeSO_4$	H_2O								50.9	43.6	37.3	
$(NH_4)_2Fe(SO_4)_2$		12.5	17.2			33.0	40		52			
* H_3BO_3		2.59	3.45	4.8	6.30	8.02	10.35	12.90	15.70	19.11	23.30	28.7
* $HgCl_2$		3.5	4.6	6.1	7.7	9.3		14		23.1		38
KBr		53.5	59.5	65.2	70.6	75.5	80.2	85.5	90.0	95.0	99.2	104.0
KCl		27.6	31.0	34.0	37.0	40.0	42.6	45.5	48.3	51.1	54.0	56.7

续表

物　质	S.P.	0℃	10℃	20℃	30℃	40℃	50℃	60℃	70℃	80℃	90℃	100℃
$KClO_3$		3.3	5	7.4	10.5	14	19.3	24.5		38.5		57
$KClO_4$		0.75	1.05	1.80	2.6	4.4	6.5	9	11.8	14.8	18	21.8
* K_2CO_3	$2H_2O$	51.3	52	52.5	53.2	53.9	54.8	55.9	57.1	58.3	59.6	60.9
K_2CrO_4		58.2	60.0	61.7	63.4	65.2	66.8	68.6	70.4	72.1	73.9	75.6
$K_2Cr_2O_7$		5	8.5	13.1		29.2		50.5		73.0		102.0
$K_3[Fe(CN)_6]$		30.2		46		59.3		70				91
$K_4[Fe(CN)_6]$		14.5		28.2		41.4		54.8		66.9		74.2
KI		128		144		162		176		192		206
KIO_3		4.74		8.08		12.6		18.3		24.8		32.3
$KMnO_4$		2.83	4.4	6.4	9.0	12.56	16.89	22.2				
KNO_3		13.3	20.9	31.6	45.8	63.9	85.5	110.0	138	169	202	246
K_2SO_4		7.35	9.22	11.11	12.97	14.76	16.50	18.17	19.75	21.4	22.8	24.1
$MgCl_2$	$6H_2O$	52.8	53.5	54.5		57.5		61.0		66.0		73.0
$MgSO_4$	$6H_2O$	29	29.7	30.8	31.2		33.5	35.5	37.3	39.1	40.8	42.5
$MnSO_4$	$7H_2O$	53.23	60.01									
$MnSO_4$	$5H_2O$		59.5	62.9	67.76							
$MnSO_4$	$4H_2O$			64.5	66.44	68.8	72.6					
$MnSO_4$	H_2O						58.17	55.0	52.0	48.0	42.5	34.0
NH_4Cl		29.4	33.3	37.2	41.4	45.8	50.4	55.2	60.2	65.6	71.3	77.3
NH_4NO_3		118.3		192	241.8	297.0	344.0	421.0	499.0	580.0	740.0	871.0
$(NH_4)_2SO_4$		70.6	73.0	75.4	78.0	81.0		88.0	90.6	95.3		103.3
$(NH_4)_2SO_4 \cdot Al_2(SO_4)_3$	$24H_2O$	2.10	4.99	7.74	10.94	14.88	20.10	26.70				
$Na_2B_4O_7$	$10H_2O$	1.3	1.6	2.7	3.9		10.5	20.3				
$Na_2B_4O_7$	$5H_2O$								24.4	31.5	41	52.5
NaCl		35.7	35.8	36.0	36.3	36.6	37.0	37.3	37.8	38.4	39.0	39.8
Na_2CO_3	$10H_2O$	7	12.5	21.5	38.8							
Na_2CO_3	H_2O				50.5	48.5		46.4		45.8		45.5
NaF		3.66		4.06		4.40		4.68		4.89		5.08
$NaHCO_3$		6.9	8.15	9.6	11.1	12.7	14.45	16.4				
NaH_2PO_4		56.5		86.9		133		172		211		
Na_2HPO_4		1.68		7.83		55.3		82.8		92.3		104

续表

物　质	S.P.	0℃	10℃	20℃	30℃	40℃	50℃	60℃	70℃	80℃	90℃	100℃
$NaNO_3$		73.0	80.5	88	96	104	114	124		148		175
$NaOH$		42		109		129		174				347
Na_2SO_4	$10H_2O$	5.0	9.0	19.4	40.8							
Na_2SO_4						48.8	46.7	45.3		43.7		42.5
$Na_2S_2O_3$		50.2	59.7	70.1	84.7	102.6	169.7	206.7		248.8	254.2	266.0
Na_2SO_3	$7H_2O$	13.9	20	26.9	36							
Na_2SO_3						28.0	28.2	28.8		28.3		
$PbCl_2$		0.6728		0.99	1.20	1.45	1.70	1.98		2.62		8.34
$Pb(NO_3)_2$		38.8	48.3	56.5	66	75	85	95		115		138.8
$ZnCl_2$	$2.5H_2O$		73.1	78.6								
$ZnCl_2$						81.9		83.0		84.4		86.0
$ZnSO_4$	$7H_2O$	41.9	47	54.4								
$ZnSO_4$	$6H_2O$					41.2	43.5					
$ZnSO_4$										46.4	45.5	44.7

附录九　难溶化合物的溶度积(25℃)

化　合　物	$K_{sp}(I=0)$	$K_{sp}(I=0.1)$	化　合　物	$K_{sp}(I=0)$	$K_{sp}(I=0.1)$
Ag_3AsO_4	1.03×10^{-22}	1.3×10^{-19}	$Cr(OH)_3$	6.3×10^{-31}	5×10^{-31}
$AgBr$	5.35×10^{-13}	8.7×10^{-13}	$CuBr$	6.27×10^{-9}	1×10^{-8}
Ag_2CO_3	8.46×10^{-12}	4×10^{-11}	$CuCl$	1.72×10^{-7}	3×10^{-7}
$AgCl$	1.77×10^{-10}	3.2×10^{-10}	CuI	1.27×10^{-12}	2×10^{-12}
Ag_2CrO_4	1.12×10^{-12}	5×10^{-12}	$CuOH$		1×10^{-14}
$AgOH$	1.9×10^{-8}	3×10^{-8}	Cu_2S	2.5×10^{-48}	
AgI	8.52×10^{-17}	1.48×10^{-16}	$CuSCN$	4.8×10^{-15}	2×10^{-13}
$Ag_2C_2O_4$	5.40×10^{-12}	4×10^{-11}	$CuCO_3$	2.3×10^{-10}	1.6×10^{-9}
Ag_3PO_4	8.89×10^{-17}	2×10^{-15}	$Cu(OH)_2$	2.2×10^{-19}	6×10^{-19}
Ag_2SO_4	1.20×10^{-5}	8×10^{-5}	CuS	6.3×10^{-36}	4×10^{-35}
Ag_2S	6.3×10^{-50}	6×10^{-49}	$Fe(OH)_2$	4.87×10^{-17}	2×10^{-15}
$AgSCN$	1.03×10^{-12}	2×10^{-12}	FeS	6.3×10^{-18}	4×10^{-17}
$Al(OH)_3$	1.3×10^{-33}	3×10^{-32}	$Fe(OH)_3$	2.79×10^{-39}	1.3×10^{-38}
$BaCO_3$	2.58×10^{-9}	3×10^{-8}	Hg_2Cl_2	1.43×10^{-18}	6×10^{-18}
$BaCrO_4$	1.2×10^{-10}	8×10^{-10}	$Hg_2(OH)_2$	2×10^{-24}	5×10^{-24}
BaC_2O_4	1.6×10^{-7}	1×10^{-6}	Hg_2I_2	5.2×10^{-29}	2×10^{-28}
$BaSO_4$	1.08×10^{-10}	6×10^{-10}	$Hg(OH)_2$	4×10^{-26}	1×10^{-25}
$Bi(OH)_2Cl$	1.8×10^{-31}		HgS 红色	4×10^{-53}	
$CaCO_3$	3.36×10^{-9}	3×10^{-8}	HgS 黑色	1.6×10^{-52}	1×10^{-51}
CaC_2O_4	2.32×10^{-9}	1.6×10^{-8}	$MgNH_4PO_4$	3×10^{-13}	
CaF_2	3.45×10^{-11}	1.6×10^{-10}	$MgCO_3$	6.82×10^{-6}	6×10^{-5}
$Ca_3(PO_4)_2$	2.07×10^{-26}	1×10^{-23}	MgC_2O_4	4.83×10^{-6}	5×10^{-4}
$CaSO_4$	4.93×10^{-5}	1.6×10^{-4}	MgF_2	6.5×10^{-9}	3×10^{-8}
$CaWO_4$	8.7×10^{-9}		$Mg(OH)_2$	5.61×10^{-12}	4×10^{-11}
$CdCO_3$	1.0×10^{-12}	1.6×10^{-13}	$MnCO_3$	2.24×10^{-11}	3×10^{-9}
$Cd(OH)_2$ 新沉淀	7.2×10^{-15}	6×10^{-14}	$Mn(OH)_2$	1.9×10^{-13}	5×10^{-15}
CdC_2O_4	1.42×10^{-8}	1×10^{-7}	MnS 粉红	3×10^{-10}	1.6×10^{-9}
CdS	8.0×10^{-27}	5×10^{-26}	MnS 绿	3×10^{-13}	
$Co(OH)_2$ 新沉淀	5.92×10^{-15}	4×10^{-15}	$Ni(OH)_2$ 新沉淀	5.48×10^{-16}	5×10^{-13}
$Co(OH)_3$	1.6×10^{-44}	1.6×10^{-44}	α-NiS	3×10^{-19}	
α-CoS	4.0×10^{-21}	3×10^{-20}	β-NiS	1×10^{-24}	
β-CoS	2.0×10^{-25}	1.3×10^{-24}	γ-NiS	2×10^{-26}	

续表

化　合　物	$K_{sp}(I=0)$	$K_{sp}(I=0.1)$	化　合　物	$K_{sp}(I=0)$	$K_{sp}(I=0.1)$
$PbCO_3$	7.4×10^{-14}	5×10^{-13}	$Sn(OH)_4$	1×10^{-56}	
$PbCl_2$	1.70×10^{-5}	8×10^{-5}	$SrCO_3$	5.6×10^{-10}	6×10^{-9}
$PbCrO_4$	2.8×10^{-13}	1.3×10^{-13}	$SrCrO_4$	2.2×10^{-5}	
PbF_2	3.3×10^{-8}	1.3×10^{-7}	SrC_2O_4	1.6×10^{-7}	3×10^{-7}
PbI_2	9.8×10^{-9}	3×10^{-8}	$SrSO_4$	3.44×10^{-7}	1.6×10^{-6}
$Pb(OH)_2$	1.43×10^{-17}	2×10^{-16}	$TiO(OH)_2$	1×10^{-29}	3×10^{-29}
$PbSO_4$	2.53×10^{-8}	1×10^{-7}	$ZnCO_3$	1.46×10^{-10}	1×10^{-10}
PbS	1.3×10^{-28}	1.6×10^{-26}	$Zn(OH)_2$	3×10^{-17}	5×10^{-16}
$Sn(OH)_2$	5.45×10^{-27}	2×10^{-28}	ZnS(闪锌矿)	1.6×10^{-24}	
SnS	1×10^{-25}		ZnS(纤维锌矿)	5×10^{-25}	

附录十 无机酸在水溶液中的离解常数(25℃)

化合物	分子式	分步	$I=0$		$I=0.1$	
			K_a	pK_a	K_a^M	pK_a^M
砷酸	H_3AsO_4	K_1	6.5×10^{-3}	2.19	8×10^{-3}	2.1
		K_2	1.15×10^{-7}	6.94	2×10^{-7}	6.7
		K_3	3.2×10^{-12}	11.50	6×10^{-12}	11.2
亚砷酸	H_3AsO_3	K_1	6.0×10^{-10}	9.22	8×10^{-10}	9.1
		K_2			8×10^{-13}	12.1
		K_3			4×10^{-14}	13.4
硼酸	H_3BO_3	K_1	5.8×10^{-10}	9.24		
		K_2	1.8×10^{-13}	12.74		
		K_3	1.58×10^{-14}	13.80		
碳酸	H_2CO_3	K_1	4.3×10^{-7}	6.37	5×10^{-7}	6.3
		K_2	4.8×10^{-11}	10.32	8×10^{-11}	10.1
铬酸	H_2CrO_4	K_1	1.6×10^{-1}	0.8	2×10^{-1}	0.7
		K_2	3.2×10^{-7}	6.50	6×10^{-7}	6.2
	$2HCrO_4^- = Cr_2O_7^{2-} + H_2O$		$\mathrm{Log}K=1.64$		$\mathrm{Log}K=1.5$	
氢氰酸	HCN		4.9×10^{-10}	9.31	6×10^{-10}	9.2
氰酸	HCNO		2.2×10^{-4}	3.66	3×10^{-4}	3.6
氢氟酸	HF		6.8×10^{-4}	3.17	8.9×10^{-4}	3.05
亚硝酸	HNO_2		5.1×10^{-4}	3.29	6×10^{-4}	3.2
磷酸	H_3PO_4	K_1	6.9×10^{-3}	2.16	1×10^{-2}	2.0
		K_2	6.2×10^{-8}	7.21	1.3×10^{-7}	6.9
		K_3	4.8×10^{-13}	12.32	2×10^{-12}	11.7
亚磷酸	H_3PO_3	K_1	7.1×10^{-3}	2.15	1×10^{-2}	2.0
		K_2	2.0×10^{-7}	6.70	4×10^{-7}	6.4
硫化氢	H_2S	K_1	8.9×10^{-8}	7.05	1.3×10^{-7}	6.9
		K_2	1.20×10^{-13}	12.92	3×10^{-13}	12.6
硫酸	H_2SO_4	K_1	1×10^{3}	−3		
		K_2	1.1×10^{-2}	1.94	1.6×10^{-2}	1.8
亚硫酸	H_2SO_3	K_1	1.29×10^{-2}	1.89	1.6×10^{-2}	1.8
		K_2	6.3×10^{-8}	7.20	1.6×10^{-7}	6.8
硅酸	H_2SiO_3	K_1	1.7×10^{-10}	9.77	3×10^{-10}	9.6
		K_2	1.58×10^{-12}	11.80	2×10^{-13}	12.7
硫氰酸	HSCN		1.41×10^{-1}	0.85		

附录十一　有机酸在水溶液中的离解常数(25℃)

化合物	分子式	分步	$I=0$		$I=0.1$	
			K_a	pK_a	K_a^M	pK_a^M
甲酸	$HCOOH$		1.7×10^{-4}	3.77	2.2×10^{-4}	3.65
乙酸	CH_3COOH		1.754×10^{-5}	4.756	2.2×10^{-5}	4.65
一氯乙酸	$ClCH_2COOH$		1.38×10^{-3}	2.86	2×10^{-3}	2.7
二氯乙酸	$Cl_2CHCOOH$		5.5×10^{-2}	1.26	8×10^{-2}	1.1
三氯乙酸	Cl_3CCOOH		2.2×10^{-1}	0.66	3×10^{-1}	0.5
苯甲酸	C_6H_5COOH		6.2×10^{-5}	4.21	8×10^{-5}	4.1
苯酚	C_6H_5OH		1.12×10^{-10}	9.95	1.6×10^{-10}	9.8
草酸	$H_2C_2O_4$	K_1	5.6×10^{-2}	1.25	8×10^{-2}	1.1
		K_2	5.1×10^{-5}	4.29	1×10^{-4}	4.0
乳酸	$CH_3CHOHCOOH$		1.32×10^{-4}	3.88	1.7×10^{-4}	3.76
邻-苯二甲酸	$C_6H_4(COOH)_2$	K_1	1.122×10^{-3}	2.950	1.6×10^{-3}	2.8
		K_2	3.91×10^{-6}	5.408	8×10^{-6}	5.1
d-酒石酸	CHOHCOOH CHOHCOOH	K_1	9.1×10^{-4}	3.04	1.3×10^{-3}	2.9
		K_2	4.3×10^{-5}	4.37	8×10^{-5}	4.1
氨基乙酸盐	$^+NH_3CH_2COOH$	K_1	4.5×10^{-3}	2.35	3×10^{-3}	2.5
		K_2	1.7×10^{-10}	9.78	2×10^{-10}	9.7
抗坏血酸	OCOCOHCOHCH- -$CHOHCH_2OH$	K_1	6.8×10^{-5}	4.17	8.9×10^{-5}	4.05
		K_2	2.8×10^{-12}	11.56	5×10^{-12}	11.3
柠檬酸	CH_2COOH COHCOOH CH_2COOH	K_1	7.4×10^{-4}	3.13	1×10^{-3}	3.0
		K_2	1.7×10^{-5}	4.76	4×10^{-5}	4.4
		K_3	4.0×10^{-7}	6.40	8×10^{-7}	6.1
乙二胺四乙酸	H_6-EDTA^{2+}	K_1			1.3×10^{-1}	0.9
		K_2			3×10^{-2}	1.6
		K_3			8.5×10^{-3}	2.07
		K_4			1.8×10^{-3}	2.75
		K_5	5.4×10^{-7}	6.27	5.8×10^{-7}	6.24
		K_6	1.12×10^{-11}	10.95	4.6×10^{-11}	10.34
水杨酸	$C_6H_4(OH)COOH$		1.05×10^{-3}	2.98	1.3×10^{-3}	2.9
对硝基苯酚	$C_6H_4(OH)NO_2$		7.1×10^{-8}	7.15		

附录十二　弱碱在水溶液中的离解常数(25℃)

化合物	分子式	分步	I=0		I=0.1	
			K_b	pK_b	K_b^M	pK_b^M
氨	NH_3		1.8×10^{-5}	4.75	2.3×10^{-5}	4.63
联氨	H_2NNH_2	K_1	9.8×10^{-7}	6.01	1.3×10^{-6}	5.9
		K_2	1.32×10^{-15}	14.88		
羟胺	NH_2OH		9.1×10^{-9}	8.04	1.6×10^{-8}	7.8
甲胺	CH_3NH_2		4.2×10^{-4}	3.38		
乙胺	$C_2H_5NH_2$		4.3×10^{-4}	3.37		
二甲胺	$(CH_3)_2NH$		5.9×10^{-4}	3.23		
二乙胺	$(C_2H_5)_2NH$		8.5×10^{-4}	3.07		
乙醇胺	$HOC_2H_4NH_2$		3×10^{-5}	4.5		
三乙醇胺	$N(C_2H_4OH)_3$		5.8×10^{-7}	6.24	1.3×10^{-8}	7.9
六次甲基四胺	$(CH_2)_6N_4$		1.35×10^{-9}	8.87	1.8×10^{-9}	8.75
乙二胺	$H_2NCH_2CH_2NH_2$	K_1	8.5×10^{-5}	4.07		
		K_2	7.1×10^{-8}	7.15		
吡啶	C_5H_5N		1.8×10^{-9}	8.74	1.6×10^{-9}	8.79 (I=0.5)
尿素	$(NH_2)_2CO$		1.3×10^{-14} (21℃)	13.9		
苯胺	$C_6H_5NH_2$		4.0×10^{-4}	3.40		

附录十三　络合离子的稳定常数 $K^{\theta}_{稳}$

络合离子	稳定常数 $K^{\theta}_{稳}$	lg $K^{\theta}_{稳}$	络合离子	稳定常数 $K^{\theta}_{稳}$	lg $K^{\theta}_{稳}$
$[Ag(NH_3)_2]^+$	1.12×10^{7}	7.05	$[Cu(NH_3)_4]^{2+}$	2.09×10^{13}	13.32
$[Ag(en)_2]^+$	5.01×10^{7}	7.70	$[Cu(en)_2]^{2+}$	1.0×10^{20}	20.0
$[AgCl_2]^-$	1.10×10^{5}	5.04	$[CuCl_3]^{2-}$	5.0×10^{5}	5.7
$[Ag(CN)_2]^-$	1.26×10^{21}	21.1	$[Cu(OH)_4]^{2-}$	3.16×10^{18}	18.5
$[Ag(S_2O_3)_2]^{3-}$	2.88×10^{13}	13.46	$[Cu(C_2H_3O_2)_4]^{2-}$	1.54×10^{3}	3.20
$[Ag(C_2H_3O_2)_2]^-$	4.37	0.64	$[Fe(CN)_6]^{4-}$	1.00×10^{35}	35.0
$[AlF_6]^{3-}$	6.92×10^{19}	19.84	$[Fe(CN)_6]^{3-}$	1.00×10^{42}	42.0
$[Al(OH)_4]^-$	1.07×10^{33}	33.03	$[Fe(SCN)_2]^+$	2.29×10^{3}	3.36
$[Al(C_2O_4)_3]^{3-}$	2.00×10^{16}	16.30	$[Fe(C_2O_4)_3]^{4-}$	1.66×10^{5}	5.22
$[BiCl_4]^-$	3.98×10^{5}	5.6	$[Fe(C_2O_4)_3]^{3-}$	1.58×10^{20}	20.20
$[Cd(NH_3)_4]^{2+}$	1.32×10^{7}	7.12	$[Hg(NH_3)_4]^{2+}$	1.91×10^{19}	19.28
$[Cd(en)_3]^{2+}$	1.23×10^{12}	12.09	$[HgCl_4]^{2-}$	1.17×10^{15}	15.07
$[CdCl_4]^{2-}$	6.31×10^{2}	2.80	$[HgI_4]^{2-}$	6.76×10^{29}	29.83
$[CdI_4]^{2-}$	2.57×10^{5}	5.41	$[Hg(SCN)_4]^{2-}$	1.91×10^{19}	19.28
$[Cd(OH)_4]^{2-}$	4.17×10^{8}	8.62	$[Ni(NH_3)_6]^{2+}$	5.50×10^{8}	8.74
$[Co(NH_3)_6]^{2+}$	1.29×10^{5}	5.11	$[PbCl_4]^{2-}$	39.8	1.60
$[Co(NH_3)_6]^{3+}$	1.58×10^{35}	35.2	$[Pb(OH)_6]^{4-}$	1×10^{61}	61.0
$[Co(en)_3]^{2+}$	8.71×10^{13}	13.94	$[Pb(C_2H_3O_2)_4]^{2-}$	3.16×10^{8}	8.50
$[Co(en)_3]^{3+}$	4.90×10^{48}	48.69	$[SnCl_4]^{2-}$	30.2	1.48
$[Co(SCN)_4]^{2-}$	1.00×10^{3}	3.00	$[Zn(NH_3)_4]^{2+}$	2.88×10^{9}	9.46
$[Cr(OH)_4]^-$	7.94×10^{29}	29.9	$[Zn(OH)_4]^{2-}$	4.57×10^{17}	17.66
$[Cu(NH_3)_2]^+$	7.24×10^{10}	10.86	$[Zn(SCN)_4]^{2-}$	41.7	1.62

注：$K^{\theta}_{稳}$ 为络合离子在 293～298 K、$I\approx0$ 条件时的稳定常数。

附录十四 金属羟基络合物的稳定常数

金属离子	离子强度	lgβ	
Al^{3+}	2	$Al(OH)_4^-$	33.3
		$Al_6(OH)_{15}^{3+}$	163
Ba^{2+}	0	$Ba(OH)^+$	0.7
Bi^{3+}	3	$Bi(OH)^{2+}$	12.4
		$Bi_6(OH)_{12}^{6+}$	168.3
Ca^{2+}	0	$Ca(OH)^+$	1.3
Cu^{2+}	0	$Cu(OH)^+$	6.0
Fe^{2+}	1	$Fe(OH)^+$	4.5
Fe^{3+}	3	$Fe(OH)^{2+}$	11.0
		$Fe(OH)_2^+$	21.7
		$Fe_2(OH)_2^{4+}$	25.1
Mg^{2+}	0	$Mg(OH)^+$	2.6
Mn^{2+}	0.1	$Mn(OH)^+$	3.4
Ni^{2+}	0.1	$Ni(OH)^+$	4.6
Pb^{2+}	0.3	$Pb(OH)^+$	6.2
		$Pb(OH)_2$	10.3
		$Pb(OH)_3^-$	13.3
		$Pb_2(OH)^{3+}$	7.6
Zn^{2+}	0	$Zn(OH)^+$	4.4
		$Zn(OH)_3^-$	14.4
		$Zn(OH)_4^{2-}$	15.5

附录十五 EDTA滴定中常用的掩蔽剂

被掩蔽离子	掩蔽剂或掩蔽方法
Ag^+	NH_3、二巯基丙醇、CN^-、柠檬酸、巯基乙酸、$S_2O_3^{2-}$
Al^{3+}	柠檬酸、BF_4^-、F^-、OH^-(转成偏铝酸根离子)、乙酰丙酮、磺基水杨酸、酒石酸、三乙醇胺、钛铁试剂
Ba^{2+}	F^-、SO_4^{2-}
Bi^{3+}	二巯基丙醇、柠檬酸、铜试剂、OH^-+Cl^-(BiOCl沉淀)、巯基乙酸、硫代苹果酸、2,3－二巯基丙烷磺酸钠
Ca^{2+}	Ba-EGTA络合物$+SO_4^{2-}$、F^-
Cd^{2+}	二巯基丙醇、CN^-、半胱氨酸、铜试剂、巯基乙酸、邻二氮菲、S^{2-}(通常以硫代乙酰胺加入)、四乙撑五胺、2,3-二巯基丙烷磺酸钠
Co^{2+}	二巯基丙醇、CN^-、巯基乙酸、邻二氮菲、四乙撑五胺
Cr^{3+}	抗坏血酸、柠檬酸、动力学掩蔽(利用反应速度差异)、氧化为CrO_4^{2-}、$P_2O_7^{4-}$、三乙醇胺
Cu^{2+}	二巯基丙醇、CN^-、半胱氨酸、铜试剂、I^-、巯基乙酸、3-巯基-1,2-丙二醇、邻二氮菲、还原为Cu^+(用抗坏血酸、抗坏血酸+硫脲、NH_2OH)、S^{2-}、四乙撑五胺、硫卡巴肼、氨基硫脲、$S_2O_3^{2-}$(在碱性介质里还加Ac^-或$Na_2B_4O_7$)、硫脲、三乙撑四胺
Fe^{2+}	CN^-
Fe^{3+}	二巯基丙醇+三乙醇胺、柠檬酸盐、CN^-(最好与抗坏血酸同加)、铜试剂、F^-、巯基乙酸、硫代苹果酸、乙酰丙酮+硝基苯、$P_2O_7^{4-}$、还原为Fe^{2+}(抗坏血酸、N_2H_4、NH_2OH或$SnCl_2$)、S^{2-}、酒石酸盐、三乙醇胺
Mg^{2+}	F^-、OH^-[$Mg(OH)_2$沉淀]
Mn^{2+}	二巯基丙醇、空气氧化$+CN^-$[$\rightarrow Mn(CN)_6^{3-}$]、邻二氮菲、$S^{2-}$、三乙醇胺
Ni^{2+}	二巯基丙醇、CN^-、动力学掩蔽、邻二氮菲、四乙撑五胺
Pb^{2+}	二巯基丙醇、铜试剂、3-巯基丙酸、MoO_4^{2-}、SO_4^{2-}、2,3-二巯基丙烷磺酸钠
RE^{3+}	F^-、草酸
Sn^{4+}	二巯基丙醇、柠檬酸、二硫代草酸、F^-、OH^-(偏锡酸沉淀)、草酸、酒石酸、三乙醇胺、2,3-二巯基丙烷磺酸钠、乳酸
Ti^{4+}	柠檬酸、F^-、H_2O_2、PO_4^{3-}、SO_4^{2-}、酒石酸、三乙醇胺、钛铁试剂、乳酸
Zn^{2+}	二巯基丙醇、CN^-、半胱氨酸、巯基乙酸、邻二氮菲、四乙撑五胺、2,3-二巯基丙烷磺酸钠

附录十六 标准电极电位(25℃)

半 反 应	φ^0/V
$F_2+2e \rightleftharpoons 2F^-$	2.87
$O_3+2H^++2e \rightleftharpoons O_2+H_2O$	2.07
$S_2O_8^{2-}+2e \rightleftharpoons 2SO_4^{2-}$	2.0
$Ag^{2+}+e \rightleftharpoons Ag^+$	1.98
$H_2O_2+2H^++2e \rightleftharpoons 2H_2O$	1.77
$MnO_4^-+4H^++3e \rightleftharpoons MnO_2+2H_2O$	1.68
$2HClO+2H^++2e \rightleftharpoons Cl_2+2H_2O$	1.63
$Ce^{4+}+e \rightleftharpoons Ce^{3+}$	1.61
$H_5IO_6+H^++2e \rightleftharpoons IO_3^-+3H_2O$	~1.6
$2HBrO+2H^++2e \rightleftharpoons Br_2+2H_2O$	1.6
$Bi_2O_4+4H^++2e \rightleftharpoons 2BiO^++2H_2O$	1.59
$2BrO_3^-+12H^++10e \rightleftharpoons Br_2+6H_2O$	1.5
$MnO_4^-+8H^++5e \rightleftharpoons Mn^{2+}+4H_2O$	1.51
$Mn^{3+}+e \rightleftharpoons Mn^{2+}$	1.51
$PbO_2+4H^++2e \rightleftharpoons Pb^{2+}+2H_2O$	1.455
$2HIO+2H^++2e \rightleftharpoons I_2+2H_2O$	1.45
$Cl_2+2e \rightleftharpoons 2Cl^-$	1.358
$Cr_2O_7^{2-}+14H^++6e \rightleftharpoons 2Cr^{3+}+7H_2O$	1.33
$MnO_2+4H^++2e \rightleftharpoons Mn^{2+}+2H_2O$	1.23
$O_2+4H^++4e \rightleftharpoons 2H_2O$	1.229
$2IO_3^-+12H^++10e \rightleftharpoons I_2+6H_2O$	1.19
$Br_2+2e \rightleftharpoons 2Br^-$	1.08
$2ICl_2^-+2e \rightleftharpoons I_2+4Cl^-$	1.06
$VO_2^++2H^++e \rightleftharpoons VO^{2+}+H_2O$	0.999
$2Hg^{2+}+2e \rightleftharpoons Hg_2^{2+}$	0.907
$OCl^-+H_2O+2e \rightleftharpoons Cl^-+2OH^-$	0.89
$Ag^++e \rightleftharpoons Ag$	0.7994
$Hg_2^{2+}+2e \rightleftharpoons 2Hg$	0.792
$Fe^{3+}+e \rightleftharpoons Fe^{2+}$	0.771
$OBr^-+H_2O+2e \rightleftharpoons Br^-+2OH^-$	0.76
$O_2+2H^++2e \rightleftharpoons H_2O_2$	0.69
$I_2+2e \rightleftharpoons 2I^-$	0.621

续表

半 反 应	φ^0/V
$MnO_4^- + 2H_2O + 3e \rightleftharpoons MnO_2 + 4OH^-$	0.588
$MnO_4^- + e \rightleftharpoons MnO_4^{2-}$	0.57
$H_3AsO_4 + 2H^+ + 2e \rightleftharpoons HAsO_2 + 2H_2O$	0.56
$I_3^- + 2e \rightleftharpoons 3I^-$	0.545
$MnO_4^{2-} + 2H_2O + 2e \rightleftharpoons MnO_2 + 4OH^-$	0.5
$Cu^+ + e \rightleftharpoons Cu$	0.52
$H_2SO_3 + 4H^+ + 4e \rightleftharpoons S + 3H_2O$	0.45
$O_2 + 2H_2O + 4e \rightleftharpoons 4OH^-$	0.401
$VO^{2+} + 2H^+ + e \rightleftharpoons V^{3+} + H_2O$	0.34
$Cu^{2+} + 2e \rightleftharpoons Cu$	0.34
$UO_2^{2+} + 4H^+ + 2e \rightleftharpoons U^{4+} + 2H_2O$	0.33
$BiO^+ + 2H^+ + 3e \rightleftharpoons Bi + H_2O$	0.32
$AgCl + e \rightleftharpoons Ag + Cl^-$	0.2223
$SO_4^{2-} + 4H^+ + 2e \rightleftharpoons H_2SO_3 + H_2O$	0.17
$Sn^{4+} + 2e \rightleftharpoons Sn^{2+}$	0.14
$S + 2H^+ + 2e \rightleftharpoons H_2S$	0.14
$TiO^{2+} + 2H^+ + e \rightleftharpoons Ti^{3+} + H_2O$	0.1
$S_4O_6^{2-} + 2e \rightleftharpoons 2S_2O_3^{2-}$	0.09
$2H^+ + 2e \rightleftharpoons H_2$	0.0000
$Pb^{2+} + 2e \rightleftharpoons Pb$	−0.126
$Sn^{2+} + 2e \rightleftharpoons Sn$	−0.14
$V^{3+} + e \rightleftharpoons V^{2+}$	−0.255
$Cd^{2+} + 2e \rightleftharpoons Cd$	−0.403
$Cr^{3+} + e \rightleftharpoons Cr^{2+}$	−0.38
$Fe^{2+} + 2e \rightleftharpoons Fe$	−0.44
$U^{4+} + e \rightleftharpoons U^{3+}$	−0.63
$AsO_4^{3-} + 3H_2O + 2e \rightleftharpoons H_2AsO_3^- + 4OH^-$	−0.67
$Zn^{2+} + 2e \rightleftharpoons Zn$	−0.7628
$Sn(OH)_6^{2-} + 2e \rightleftharpoons HSnO_2^- + H_2O + 3OH^-$	−0.90
$Al^{3+} + 3e \rightleftharpoons Al$	−1.66
$H_2AlO_3^- + H_2O + 3e \rightleftharpoons Al + 4OH^-$	−2.35
$Na^+ + e \rightleftharpoons Na$	−2.713

附录十七 某些氧化还原电对的条件电位

半 反 应	条件电位/V	介 质
$Ce(IV)+e \rightleftharpoons Ce(III)$	1.70	$1\ mol \cdot L^{-1}\ HClO_4$
	1.61	$1\ mol \cdot L^{-1}\ HNO_3$
	1.44	$1\ mol \cdot L^{-1}\ H_2SO_4$
	1.28	$1\ mol \cdot L^{-1}\ HCl$
$MnO_4^- + 8H^+ + 5e \rightleftharpoons Mn^{2+} + 4H_2O$	1.45	$1\ mol \cdot L^{-1}\ HClO_4$
$Mn(H_2P_2O_7)_3^{3-} + 2H^+ + e \rightleftharpoons Mn(H_2P_2O_7)_2^{2-} + H_4P_2O_7$	1.15	$0.4\ mol \cdot L^{-1}\ Na_2H_2P_2O_7$
$Cr_2O_7^{2-} + 14H^+ + 6e \rightleftharpoons 2Cr^{3+} + 7H_2O$	1.025	$1\ mol \cdot L^{-1}\ HClO_4$
	1.00	$1\ mol \cdot L^{-1}\ HCl$
	1.08	$3\ mol \cdot L^{-1}\ HCl$
	1.08	$0.5\ mol \cdot L^{-1}\ H_2SO_4$
	1.15	$4\ mol \cdot L^{-1}\ H_2SO_4$
$CrO_4^{2-} + 2H_2O + 3e \rightleftharpoons CrO_2^- + 4OH^-$	−0.12	$1\ mol \cdot L^{-1}\ NaOH$
$Fe(III)+e \rightleftharpoons Fe(II)$	0.735	$1\ mol \cdot L^{-1}\ HClO_4$
	0.70	$1\ mol \cdot L^{-1}\ HCl$
	0.72	$0.5\ mol \cdot L^{-1}\ HCl$
	0.68	$1\ mol \cdot L^{-1}\ H_2SO_4$
	0.44	$0.3\ mol \cdot L^{-1}\ H_3PO_4$
	0.51	$1\ mol \cdot L^{-1}\ HCl - 0.25\ mol \cdot L^{-1}\ H_3PO_4$
$Fe(EDTA)^- + e \rightleftharpoons Fe(EDTA)^{2-}$	0.12	$0.1\ mol \cdot L^{-1}$ EDTA, pH4～6
$Fe(CN)_6^{3-} + e \rightleftharpoons Fe(CN)_6^{4-}$	0.72	$1\ mol \cdot L^{-1}\ HClO_4$
	0.71	$1\ mol \cdot L^{-1}\ HCl$
	0.72	$1\ mol \cdot L^{-1}\ H_2SO_4$
$H_3AsO_4 + 2H^+ + 2e \rightleftharpoons H_3AsO_3 + H_2O$	0.557	$1\ mol \cdot L^{-1}\ HClO_4$
	0.557	$1\ mol \cdot L^{-1}\ HCl$
$I_2(aq) + 2e \rightleftharpoons 2I^-$	0.6276	$0.5\ mol \cdot L^{-1}\ H_2SO_4$
$I_3^- + 2e \rightleftharpoons 3I^-$	0.5446	$0.5\ mol \cdot L^{-1}\ H_2SO_4$
$Sb(V)+2e \rightleftharpoons Sb(III)$	0.75	$3.5\ mol \cdot L^{-1}\ HCl$
$Sn(IV)+2e \rightleftharpoons Sn(II)$	0.14	$1\ mol \cdot L^{-1}\ HCl$
$Ti(IV)+e \rightleftharpoons Ti(III)$	−0.04	$1\ mol \cdot L^{-1}\ HCl$
	0.04	$1\ mol \cdot L^{-1}\ H_2SO_4$
	0.12	$2\ mol \cdot L^{-1}\ H_2SO_4$

续表

半 反 应	条件电位/V	介 质
	0.00	$1\ mol\cdot L^{-1}\ H_3PO_4$
V(Ⅴ)+e ⇌ V(Ⅳ)	1.02	$1\ mol\cdot L^{-1}\ HClO_4$
	1.02	$1\ mol\cdot L^{-1}\ HCl$
	0.94	$1\ mol\cdot L^{-1}\ H_3PO_4$
V(Ⅳ)+e ⇌ V(Ⅲ)	0.39	$1\ mol\cdot L^{-1}\ H_3PO_4$
W(Ⅵ)+e ⇌ W(Ⅴ)	0.26	$12\ mol\cdot L^{-1}\ HCl$

附录十八　常用指示剂

1. 酸碱指示剂

指示剂名称	pH变色范围与指示剂颜色	配制方法
甲基紫 (第一变色范围)	0.13～0.5 黄一绿	0.1%水溶液
甲基紫 (第二变色范围)	1.0～1.5 绿一蓝	0.1%水溶液
百里酚蓝 (第一变色范围)	1.2～2.8 红一黄	① 0.1 g指示剂溶于100 mL 20%乙醇中 ② 0.1 g指示剂溶于含有4.3 mL 0.05 mol·L^{-1} NaOH溶液的100 mL水溶液中
五甲氧基红	1.2～2.3 红紫一无色	0.1 g指示剂溶于100 mL 70%乙醇中
甲基紫 (第三变色范围)	2.0～3.0 蓝一紫	0.1%水溶液
甲基橙	3.1～4.4 红-橙黄	0.1%水溶液
溴酚蓝	3.0～4.6 黄一蓝	① 0.1 g指示剂溶于100 mL 20%乙醇中 ② 0.1 g指示剂溶于含有3 mL 0.05 mol·L^{-1} NaOH溶液的100 mL水溶液中
刚果红	3.0～5.2 蓝紫一红	0.1%水溶液
溴甲酚绿	3.8～5.4 黄一蓝	① 0.1 g指示剂溶于100 mL 20%乙醇中 ② 0.1 g指示剂溶于含有2.9 mL 0.05 mol·L^{-1} NaOH溶液的100 mL水溶液中
甲基红	4.4～6.2 红一黄	0.1 g或0.2 g指示剂溶于100 mL 60%乙醇中
四碘荧光黄	4.5～6.5 无色一红	0.1%水溶液
氯酚红	5.0～6.0 黄一红	① 0.1 g指示剂溶于100 mL 20%乙醇中 ② 0.1 g指示剂溶于含有4.7 mL 0.05 mol·L^{-1} NaOH溶液的100 mL水溶液中
溴酚红	5.0～6.8 黄-红	① 0.1 g指示剂溶于100 mL 20%乙醇中 ② 0.1 g指示剂溶于含有3.9 mL 0.05 mol·L^{-1} NaOH溶液的100 mL水溶液中
对硝基苯酚	5.6～7.6 无色一黄	0.1%水溶液
溴百里酚蓝	6.0～7.6 黄一蓝	① 0.1 g指示剂溶于100 mL 20%乙醇中 ② 0.1 g指示剂溶于含有3.2 mL 0.05 mol·L^{-1} NaOH溶液的100 mL水溶液中
中性红	6.8～8.0 红一亮黄	0.1 g指示剂溶于100 mL 60%乙醇中
酚红	6.4～8.2 黄一红	① 0.05或0.1 g指示剂溶于100 mL 20%乙醇中 ② 0.05或0.1 g指示剂溶于含有5.7 mL 0.05 mol·L^{-1} NaOH溶液的100 mL水溶液中

续表

指示剂名称	pH变色范围与指示剂颜色	配制方法
甲酚红	7.2～8.8 亮黄－红紫	① 0.1 g 指示剂溶于 100 mL 50%乙醇中 ② 0.1 g 指示剂溶于含有 5.3 mL 0.05 $mol \cdot L^{-1}$ NaOH 溶液的 100 mL 水溶液中
百里酚蓝 (第二变色范围)	8.0～9.6 黄－蓝	同第一变色范围
酚酞	8.0～9.8 无色－紫红	0.1 或 1 g 指示剂溶于 100 mL 60%乙醇中
百里酚酞	9.4～10.6 无色－蓝	0.1 g 指示剂溶于 100 mL 90%乙醇中
硝胺	11.0～13.0 无色－红棕	0.1 g 指示剂溶于 100 mL 60%乙醇中
达旦黄	12.0～13.0 黄－红	0.1%水溶液

2. 混合酸碱指示剂

混合指示剂组成	变色点pH	酸色	碱色	备注
1份0.1%甲基黄乙醇溶液 1份0.1%亚甲基蓝乙醇溶液	3.28	蓝紫	绿	pH3.4 绿色 pH3.2 蓝紫
1份0.1%甲基橙水溶液 1份0.25%靛蓝二磺酸水溶液	4.1	紫	黄绿	
1份0.1%溴甲酚绿钠盐水溶液 1份0.02%甲基橙水溶液	4.3	橙	蓝绿	pH3.5 黄色 pH4.0 绿黄 pH4.3 浅绿
3份0.1%溴甲酚绿乙醇溶液 1份0.2%甲基红乙醇溶液	5.1	酒红	绿	
1份0.2%甲基红乙醇溶液 1份0.1%亚甲基蓝乙醇溶液	5.4	红紫	绿	pH5.2 红紫 pH5.4 暗蓝 pH5.6 绿色
1份0.1%氯酚红钠盐水溶液 1份0.1%苯胺蓝水溶液	5.8	绿	紫	pH5.6 淡紫色
1份0.1%溴甲酚绿钠盐水溶液 1份0.1%氯酚红钠盐水溶液	6.1	黄绿	蓝紫	pH5.4 蓝紫 pH5.8 蓝色 pH6.0 蓝微带紫 pH6.2 蓝紫
1份0.1%溴甲酚紫钠盐水溶液 1份0.1%溴百里酚蓝钠盐水溶液	6.7	黄	紫蓝	pH6.2 黄紫 pH6.6 紫 pH6.8 蓝紫
1份0.1%中性红乙醇溶液 1份0.1%亚甲基蓝乙醇溶液	7.0	蓝紫	绿	pH7.0 蓝紫
1份0.1%中性红乙醇溶液 1份0.1%溴百里酚蓝乙醇溶液	7.2	玫瑰色	绿	pH7.4 暗绿 pH7.2 浅红 pH7.0 玫瑰色
1份0.1%溴百里酚蓝钠盐水溶液 1份0.1%酚红钠盐水溶液	7.5	黄	紫	pH7.2 暗绿 pH7.4 淡紫 pH7.6 深紫

续表

混合指示剂组成	变色点pH	酸色	碱色	备注
1份0.1%甲酚红钠盐水溶液 3份0.1%百里酚蓝钠盐水溶液	8.3	黄	紫	pH8.2 玫瑰色 pH8.4 紫色
1份0.1%百里酚蓝50%乙醇溶液 3份0.1%酚酞50%乙醇溶液	9.0	黄	紫	从黄到绿再到紫
2份0.1%百里酚酞乙醇溶液 1份0.1%茜素黄乙醇溶液	10.2	黄	绿	
2份0.2%尼罗蓝水溶液 1份0.1%茜素黄乙醇溶液	10.8	绿	红棕	

3. 络合滴定指示剂

指示剂名称	适宜的pH范围	颜色变化		配制方法
		指示剂本身	指示剂和金属离子的络合物	
铬黑T	7～11	蓝	酒红	① 1g铬黑T与100g NaCl研细，混匀 ② 0.2g铬黑T溶于15mL三乙醇胺及5mL甲醇中 ③ 0.5g铬黑T与4.5g盐酸羟胺溶于无水甲醇中，稀释至100mL
钙试剂(又名铬蓝黑R)	8～13	蓝	酒红	① 0.2%水溶液 ② 1g指示剂与100g K_2SO_4 研细，混匀
钙指示剂	12～14	蓝	酒红	0.5g钙指示剂与100g NaCl(或 K_2SO_4)研细，混匀
酸性铬蓝K	8～13	蓝	红	① 1g指示剂与100g K_2SO_4 研细，混匀 ② 0.1%乙醇溶液
K-B指示剂	8～13	蓝绿	红	① 0.2g酸性铬蓝K、0.5g萘酚绿B及35g硝酸钾研细，混匀 ② 0.2g酸性铬蓝K与0.4g萘酚绿B溶于100mL水中
钙镁试剂	8～12	蓝	橙红	0.05%水溶液或0.1%乙醇溶液
1-(2-吡啶偶氮)-2-萘酚(PAN)	2～12	黄	红	0.2%乙醇溶液
4-(2-吡啶偶氮)间苯二酚(PAR)	3～12	黄	红	0.05%或0.2%水溶液
百里酚酞络合剂	10～12	浅灰	蓝	① 0.5%水溶液 ② 1g指示剂与100g KNO_3 研细，混匀
二甲酚橙(XO)	＜6	黄	红紫	0.2%水溶液
甲基百里酚蓝	酸性溶液 7.2～11.5 11.5～12.5 ＞12.5	黄 淡蓝 灰 暗蓝	蓝	1g指示剂与100g KNO_3 研细，混匀
磺基水杨酸	2	无色	紫红	10%水溶液
紫脲酸胺	＜9 9～11	紫中带红 紫	黄 粉红	① 1%水溶液 ② 0.2g指示剂与100g NaCl研细，混匀

4. 氧化还原指示剂

指示剂名称	变色电位 E^0/V (pH=0)	颜色变化		配制方法
		氧化态	还原态	
中性红	0.24	红色	无色	0.05 g 指示剂溶于 100 mL 60%乙醇中
酚藏花红	0.28	无色	红色	0.2%水溶液
亚甲基蓝	0.53	蓝色	无色	0.05%水溶液
变胺蓝	0.59(pH=2)	无色	蓝色	0.05%水溶液
二苯胺	0.76	紫色	无色	1%浓硫酸溶液
二苯胺磺酸钠	0.85	紫红	无色	0.2%水溶液
邻苯氨基苯甲酸	1.08	紫红	无色	0.1 g 指示剂加 20 mL 5% Na_2CO_3 溶液，用水稀释至 100 mL
邻二氮菲-亚铁	1.06	浅蓝	红色	1.485 g 邻二氮菲，0.695 g 硫酸亚铁溶于 100 mL 水中
硝基邻二氮菲-亚铁	1.25	浅蓝	紫红	1.608 g 5-硝基邻二氮菲，0.695 g 硫酸亚铁溶于 100 mL 水中
* 淀粉溶液				0.5 g 可溶性淀粉，加少许水调成浆状，不断搅拌下注入于 100 mL 沸水中，微沸 1～2 min。若要保持稳定，可加入少许 HgI_2
** 甲基橙				0.1%水溶液

* 淀粉溶液本身并不具有氧化还原性，但在碘法中作指示剂使用。淀粉与 I_3^- 生成深蓝色吸附化合物，当 I_3^- 被还原时，深蓝色消失，因此蓝色的出现和消失可指示终点。通常称淀粉为氧化还原滴定中的特殊指示剂。

** 在溴酸钾法中使用。用 $KBrO_3$ 标准溶液滴定至溶液有微过量的 Br_2 时，指示剂被氧化，结构遭到破坏，溶液褪色，即可指示终点。因颜色不能复原，所以称为不可逆指示剂。

5. 沉淀滴定指示剂

指示剂名称	被测离子	滴定剂	滴定条件	颜色变化	配制方法
铬酸钾	Br^-，Cl^-	Ag^+	pH 6.5～10.5	乳白－砖红	5%水溶液
铁铵矾	Ag^+	CNS^-	0.1～1 mol·L^{-1} HNO_3 溶液中	乳白－浅红	饱和 1 mol·L^{-1} HNO_3 溶液(约 40%)
荧光黄	Cl^-	Ag^+	pH7～10	黄绿－粉红	0.2%乙醇溶液
二氯荧光黄	Cl^-	Ag^+	pH4～10	黄绿－红	0.1%水溶液
曙红	Br^-，I^-，SCN^-	Ag^+	pH2～10	橙－深红	0.5%水溶液
罗丹明 6G	Ag^+	Br^-	酸性溶液	橙－红紫	0.1%水溶液
茜素红 S	SO_4^{2-}	Ba^{2+}	pH2～3	白－红	0.05%或 0.2%水溶液

附录十九 阳离子分离分析流程图

(1) 阳离子的系统分析流程图

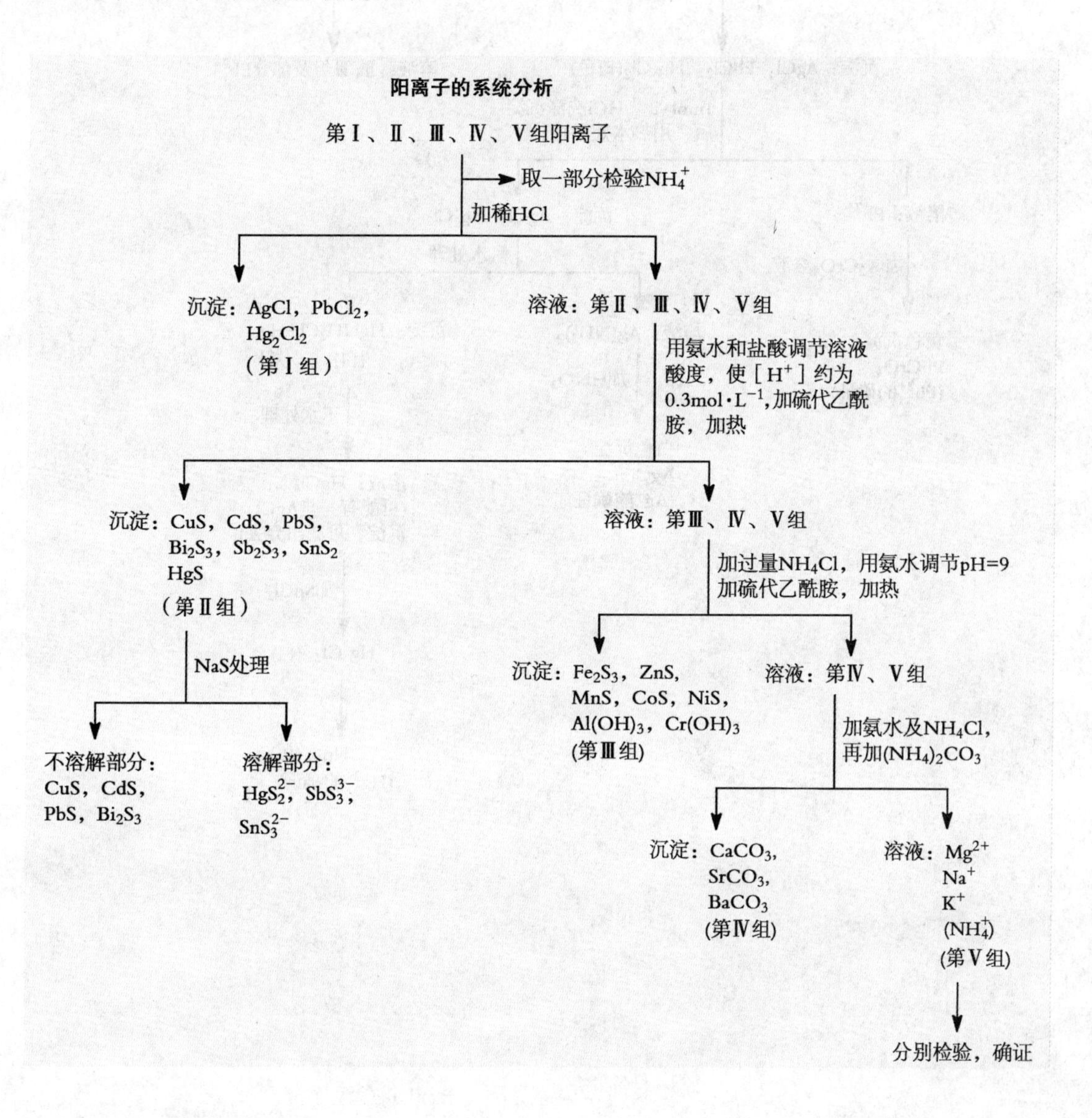

(2) 第Ⅰ组阳离子分离分析流程图

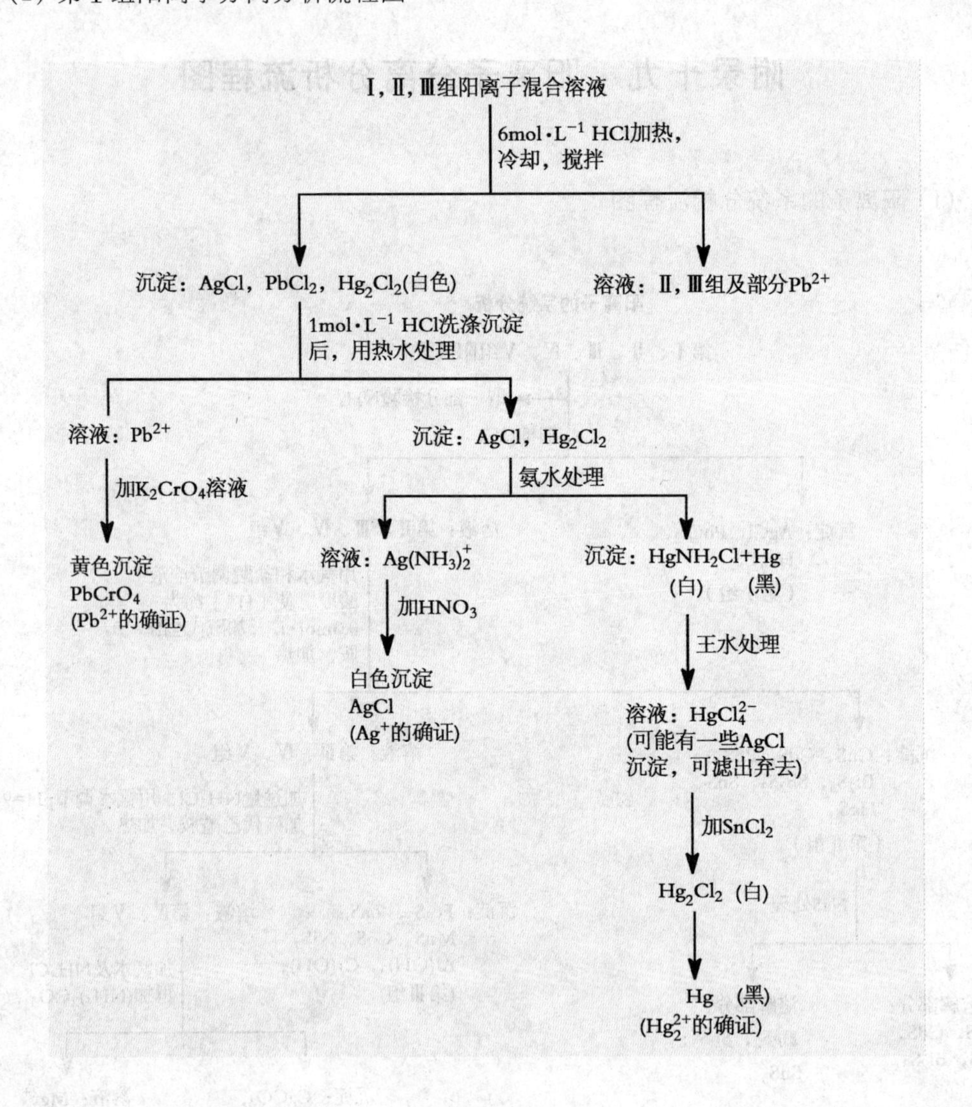

(3) 第Ⅱ组阳离子分离分析流程图

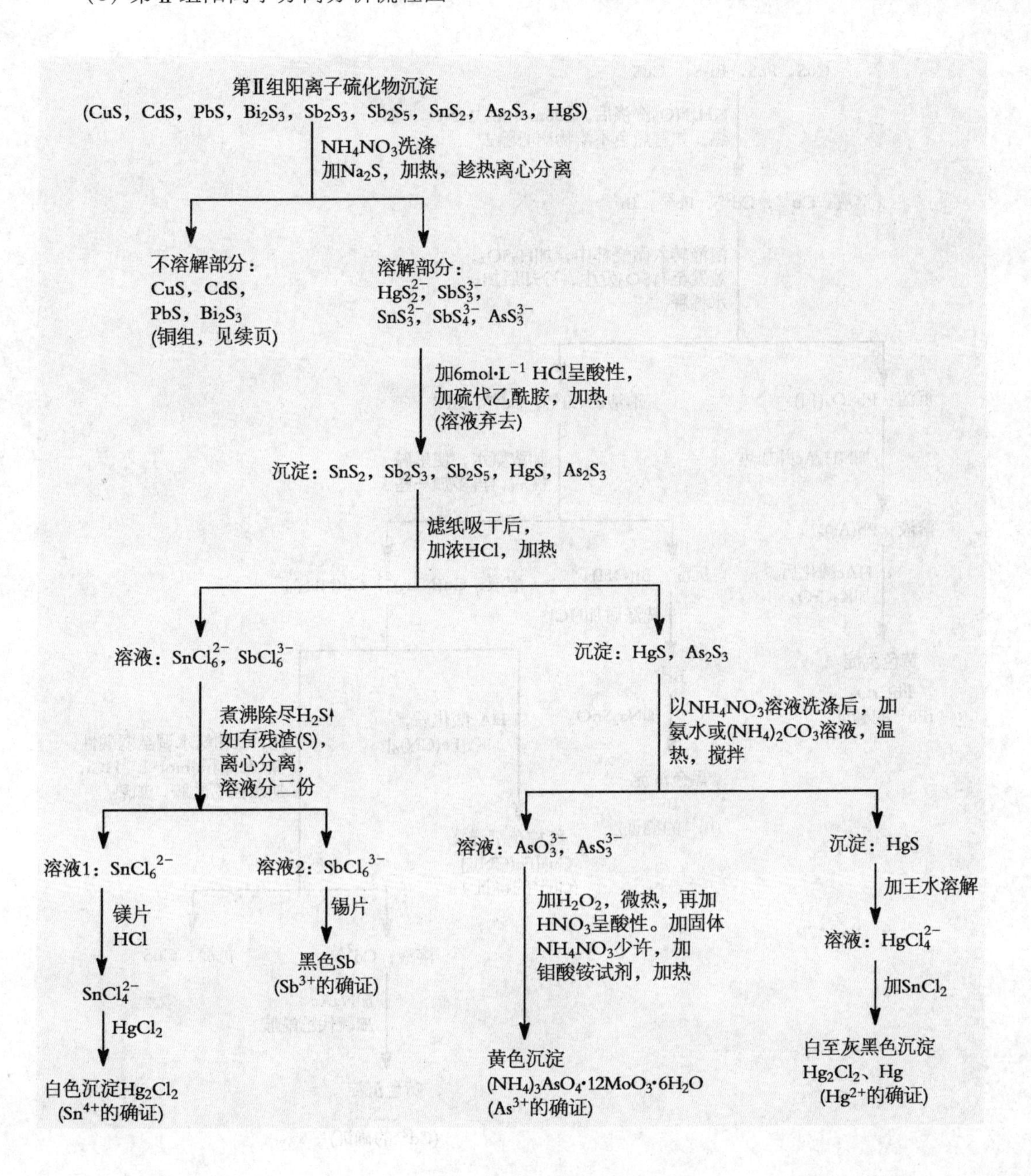

铜组离子的分离与鉴定

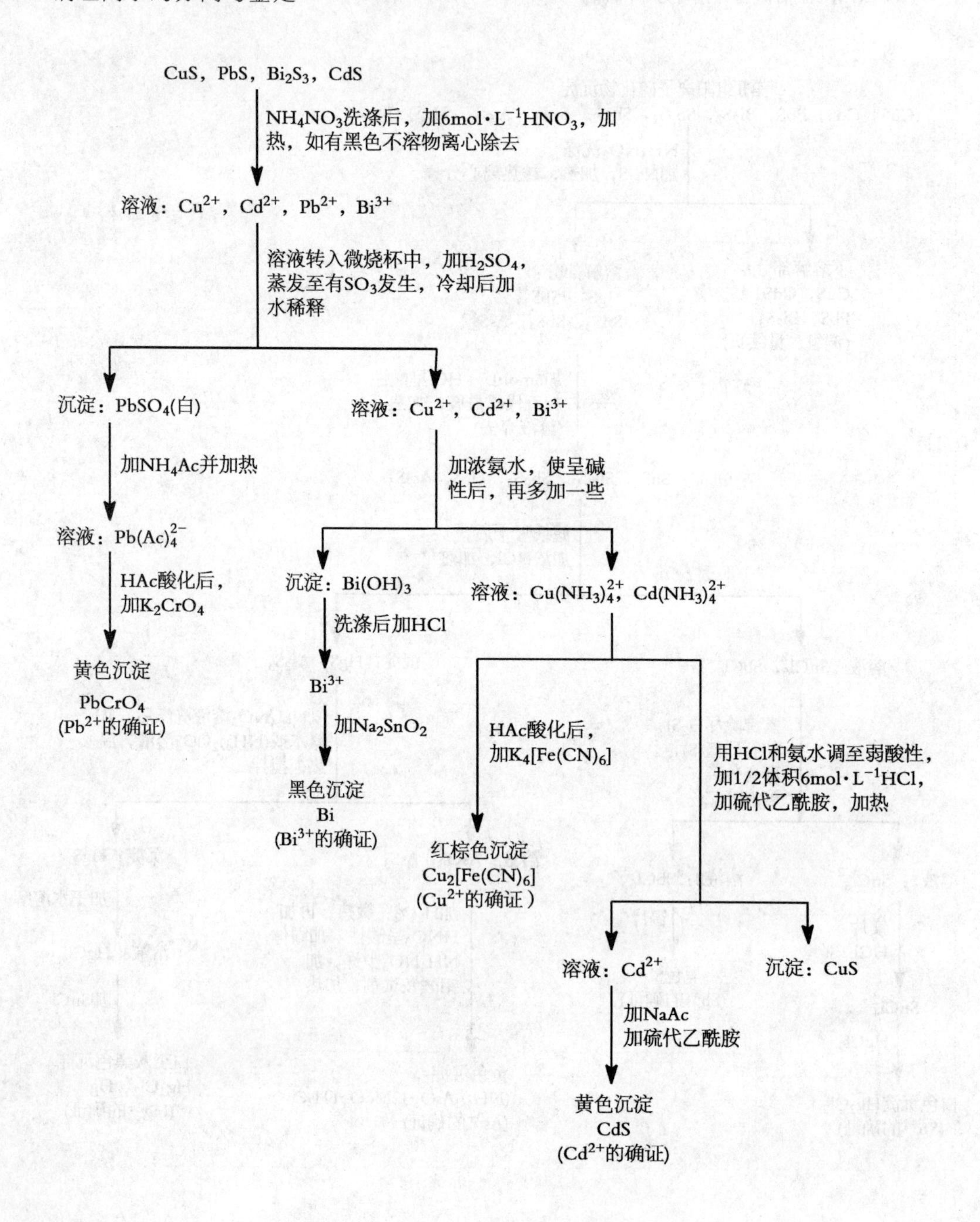
CuS，PbS，Bi_2S_3，CdS
NH_4NO_3洗涤后，加6mol·$L^{-1}$$HNO_3$，加热，如有黑色不溶物离心除去
溶液：Cu^{2+}，Cd^{2+}，Pb^{2+}，Bi^{3+}
溶液转入微烧杯中，加H_2SO_4，蒸发至有SO_3发生，冷却后加水稀释
沉淀：$PbSO_4$(白)
加NH_4Ac并加热
溶液：$Pb(Ac)_4^{2-}$
HAc酸化后，加K_2CrO_4
黄色沉淀
$PbCrO_4$
(Pb^{2+}的确证)
溶液：Cu^{2+}，Cd^{2+}，Bi^{3+}
加浓氨水，使呈碱性后，再多加一些
沉淀：$Bi(OH)_3$
洗涤后加HCl
Bi^{3+}
加Na_2SnO_2
黑色沉淀
Bi
(Bi^{3+}的确证)
溶液：$Cu(NH_3)_4^{2+}$，$Cd(NH_3)_4^{2+}$
HAc酸化后，加$K_4[Fe(CN)_6]$
红棕色沉淀
$Cu_2[Fe(CN)_6]$
(Cu^{2+}的确证)
用HCl和氨水调至弱酸性，加1/2体积6mol·L^{-1}HCl，加硫代乙酰胺，加热
溶液：Cd^{2+}
加NaAc
加硫代乙酰胺
黄色沉淀
CdS
(Cd^{2+}的确证)
沉淀：CuS

(4) 第Ⅲ组阳离子分离分析流程图

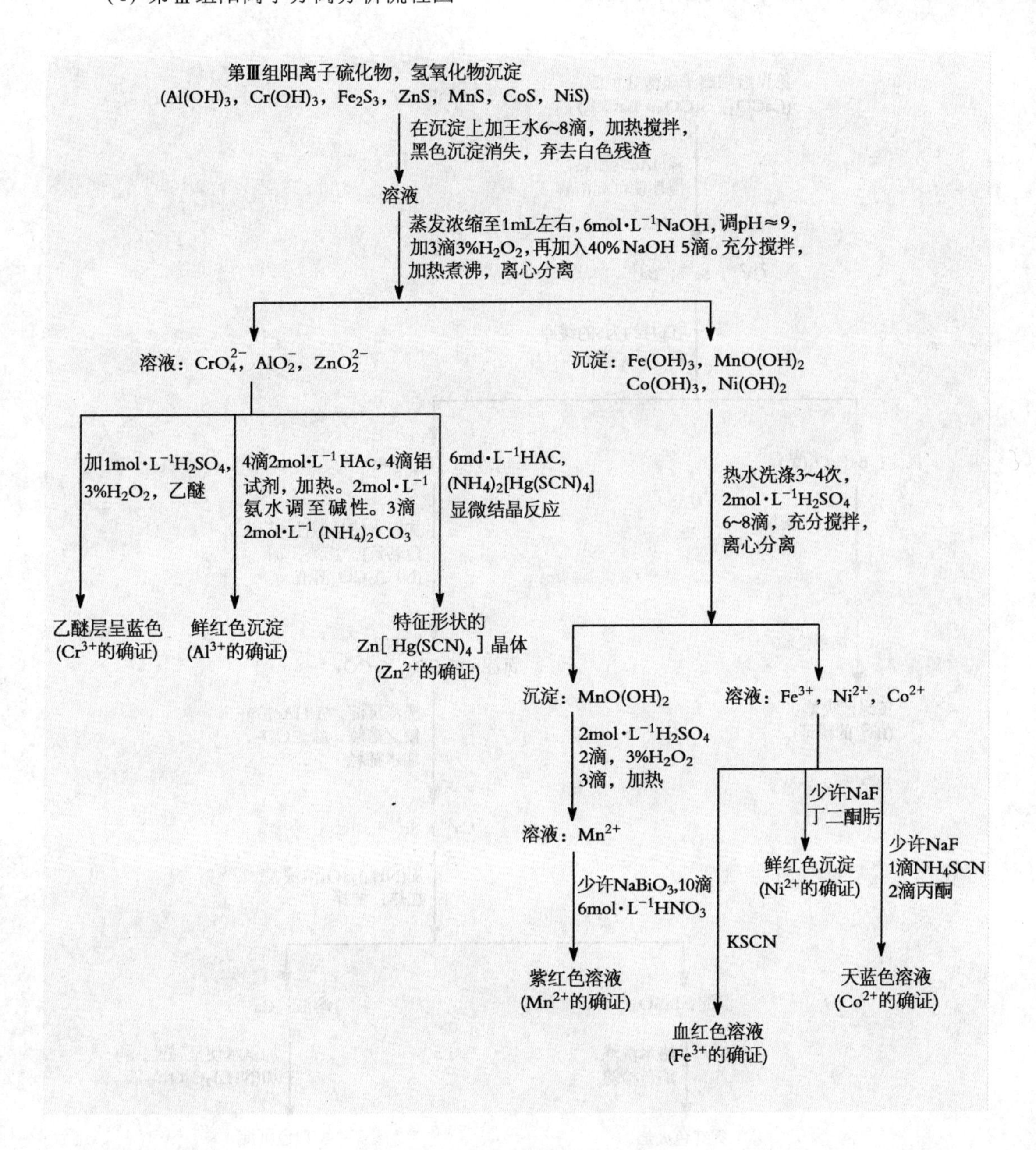

(5) 第Ⅳ组阳离子分离分析流程图

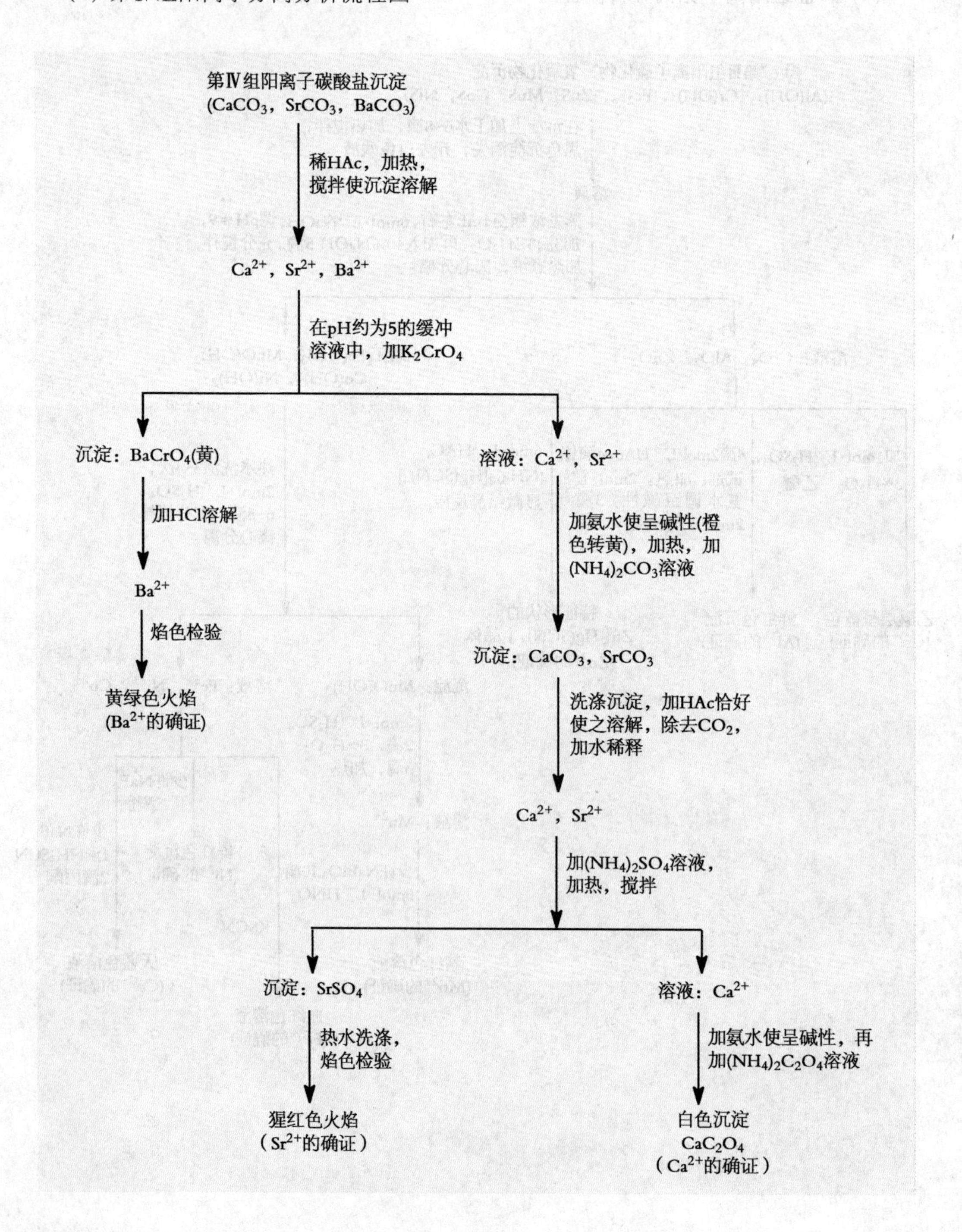

附录二十 第Ⅱ、Ⅲ组阳离子硫化物沉淀时的最高酸度(近似值)

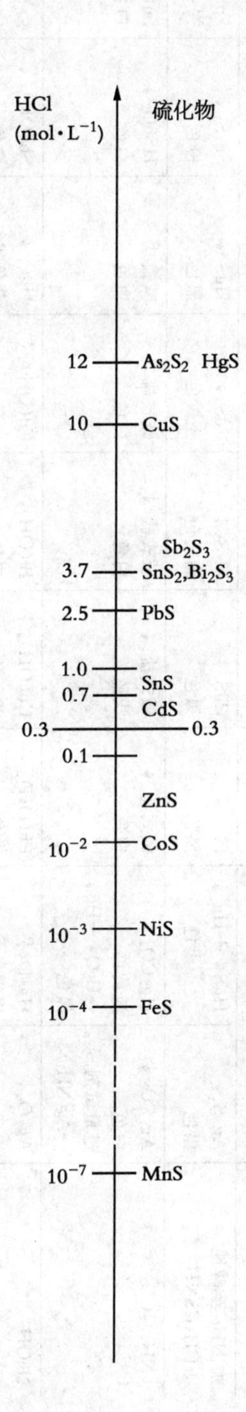

附录二十一　常见阳离子与某些试剂的反应及其沉淀颜色

试剂＼离子	Ag^+	Hg_2^{2+}	Pb^{2+}	Cu^{2+}	Bi^{3+}	Cd^{2+}	Hg^{2+}	Sb(Ⅲ)	Sn(Ⅱ)	Sn(Ⅳ)
HCl	AgCl↓白色	Hg_2Cl_2↓白色	$PbCl_2$↓白色							
H_2S + 0.3 mol·L^{-1} HCl	Ag_2S↓ 灰黑色	HgS↓+Hg↓ 黑色	PbS↓ 黑色	CuS↓ 黑色	Bi_2S_3↓ 暗褐色	CdS↓ 亮黄色	HgS↓ 黑色	Sb_2S_3↓ 橙色	SnS↓ 褐色	SnS_2↓ 黄色
硫化物沉淀+Na_2S	不溶	HgS_2^{2-}+Hg↓	不溶	不溶	不溶	不溶	HgS_2^{2-}	SbS_3^{3-}	不溶	SnS_3^{2-}
加 NH_3 至碱性 +CH_3CSNH_2	Ag_2S↓ 黑色	HgS↓+Hg↓ 黑色	PbS↓ 黑色	CuS↓ 黑色	Bi_2S_3↓ 暗褐色	CdS↓ 亮黄色	HgS↓ 黑色	Sb_2S_3↓ 橙色	SnS↓ 褐色	SnS_2↓ 黄色
$(NH_4)_2CO_3$	Ag_2CO_3↓ 白色 过量试剂 →$Ag(NH_3)_2^+$	Hg_2CO_3↓ 淡黄色 →HgO↓+Hg↓ 黑色	碱式盐↓ 白色	碱式盐↓ 浅蓝色	碱式盐↓ 白色	碱式盐↓ 白色	碱式盐↓ 白色	$HSbO_2$↓ 白色	$Sn(OH)_2$↓ 白色	$Sn(OH)_4$↓ 白色
NaOH	Ag_2O↓ 褐色	Hg_2O↓ 黑褐色	$Pb(OH)_2$↓ 白色	$Cu(OH)_2$↓ 浅蓝色	$Bi(OH)_3$↓ 白色	$Cd(OH)_2$↓ 白色	HgO↓ 黄色或红色	$Sb(OH)_3$↓ 白色	$Sn(OH)_2$↓ 白色	$Sn(OH)_4$↓ 白色
NaOH 过量	不溶	不溶	PbO_2^{2-}	部分 CuO_2^{2-}	不溶	不溶	不溶	SbO_2^-	SnO_2^{2-}	SnO_3^{2-}
NH_3	Ag_2O↓褐色	$HgNH_2Cl$↓白色+Hg↓黑色	$Pb(OH)_2$↓ 白色	$Cu(OH)_2$↓ 浅蓝色	$Bi(OH)_3$↓ 白色	$Cd(OH)_2$↓ 白色	$HgNH_2Cl$↓ 白色	$Sb(OH)_3$↓ 白色	$Sn(OH)_2$↓ 白色	$Sn(OH)_4$↓ 白色
NH_3 过量	$Ag(NH_3)_2^+$	不溶	不溶	$Cu(NH_3)_4^{2+}$ 深蓝色	不溶	$Cd(NH_3)_4^{2+}$	不溶	不溶	不溶	不溶
NH_3+NH_4Cl	$Ag(NH_3)_2^+$			$Cu(NH_3)_4^{2+}$ 深蓝色		$Cd(NH_3)_4^{2+}$				
H_2SO_4	Ag_2SO_4↓白色（Ag^+浓度大时）	Hg_2SO_4↓ 白色	$PbSO_4$↓ 白色							

续表

试剂 \ 离子	Fe^{3+}	Fe^{2+}	Co^{2+}	Ni^{2+}	Mn^{2+}	Zn^{2+}	Cr^{3+}	Al^{3+}
加 NH_3 至碱性 $+CH_3CSNH_2$	$Fe_2S_3\downarrow$ $+FeS\downarrow$ 黑色	$FeS\downarrow$ 棕黑色	$CoS\downarrow$ 黑色	$NiS\downarrow$ 黑色	$MnS\downarrow$ 浅粉红色	$ZnS\downarrow$ 白色	$Cr(OH)_3\downarrow$ 灰绿色	$Al(OH)_3\downarrow$ 白色
$(NH_4)_2CO_3$	碱式盐 ↓ 红褐色	碱式盐 ↓ 绿色渐变褐色	碱式盐 ↓ 蓝紫色	碱式盐 ↓ 浅绿色	$MnCO_3\downarrow$ 白色	碱式盐 ↓ 白色	$Cr(OH)_3\downarrow$ 灰绿色	$Al(OH)_3\downarrow$ 白色
NaOH	$Fe(OH)_3\downarrow$ 红棕色	$Fe(OH)_2\downarrow$ 灰绿色渐变红棕色	碱式盐 ↓ 蓝绿色	碱式盐 ↓ 浅绿色	$Mn(OH)_2\downarrow$ 浅粉色 $\rightarrow MnO(OH)_2\downarrow$ 棕褐色	$Zn(OH)_2\downarrow$ 白色	$Cr(OH)_3\downarrow$ 灰绿色	$Al(OH)_3\downarrow$ 白色
NaOH 过量	不溶	不溶	$Co(OH)_2\downarrow$ 粉红色	$Ni(OH)_2\downarrow$ 绿色	不溶	ZnO_2^{2-}	CrO_2^- 翠绿色	AlO_2^-
$NaOH+H_2O_2$ 加热	$Fe(OH)_3\downarrow$ 红棕色	$Fe(OH)_3\downarrow$ 红棕色	$Co(OH)_3\downarrow$ 棕色	$Ni(OH)_2\downarrow$ 绿色	$MnO(OH)_2\downarrow$ 棕褐色	ZnO_2^{2-}	CrO_4^{2-} 黄色	AlO_2^-
NH_3	$Fe(OH)_3\downarrow$ 红棕色	$Fe(OH)_2\downarrow$ 灰绿色渐变红棕色	碱式盐 ↓ 蓝绿色	碱式盐 ↓ 浅绿色	$Mn(OH)_2\downarrow$ 浅粉色 $\rightarrow MnO(OH)_2\downarrow$ 棕褐色	$Zn(OH)_2\downarrow$ 白色	$Cr(OH)_3\downarrow$ 灰绿色	$Al(OH)_3\downarrow$ 白色
NH_3 过量	不溶	不溶	$Co(NH_3)_6^{2+}$ 土黄色 $\rightarrow Co(NH_3)_6^{3+}$ 淡红棕色	$Ni(NH_3)_4^{2+}$ 蓝色 $Ni(NH_3)_6^{2+}$ 淡紫色	不溶	$Zn(NH_3)_4^{2+}$	部分溶解	$Al(OH)_3\downarrow$ 少部分溶解 AlO_2^-
NH_3+NH_4Cl	$Fe(OH)_3\downarrow$ 红棕色	$Fe(OH)_2\downarrow$ 灰绿色渐变红棕色	$Co(NH_3)_6^{2+}$ 土黄色 $\rightarrow Co(NH_3)_6^{3+}$ 淡红棕色	$Ni(NH_3)_4^{2+}$ 蓝色		$Zn(NH_3)_4^{2+}$	$Cr(OH)_3\downarrow$ 灰绿色	$Al(OH)_3\downarrow$ 白色

附录二十二　化合物的相对分子质量

化合物	相对分子质量	化合物	相对分子质量	化合物	相对分子质量
Ag_3AsO_4	462.52	CaO	56.08	CuS	95.61
$AgBr$	187.77	$CaCO_3$	100.09	$CuSO_4$	159.61
$AgCl$	143.32	CaC_2O_4	128.10	$CuSO_4\cdot 5H_2O$	249.68
Ag_2CrO_4	331.73	$CaCl_2$	110.98		
AgI	234.77	$CaCl_2\cdot 6H_2O$	219.08	$FeCl_3$	162.20
$AgNO_3$	169.87	$Ca(OH)_2$	74.09	$FeCl_3\cdot 6H_2O$	270.30
$AgSCN$	165.95	$Ca_3(PO_4)_2$	310.18	$FeNH_4(SO_4)_2\cdot 12H_2O$	482.19
$AlCl_3$	133.34	$CaSO_4$	136.14	$Fe(NH_4)_2(SO_4)_2\cdot 6H_2O$	392.14
$AlCl_3\cdot 6H_2O$	241.43	$CdCl_2$	183.32	$Fe(NO_3)_3$	241.86
$Al(NO_3)_3$	213.00	CdS	144.48	$Fe(NO_3)_3\cdot 6H_2O$	349.95
$Al(NO_3)_3\cdot 9H_2O$	375.13	$Ce(NH_4)_2(NO_3)_6\cdot 2H_2O$	584.25	FeO	71.84
Al_2O_3	101.96	$Ce(NH_4)_4(SO_4)_4\cdot 2H_2O$	632.55	Fe_2O_3	159.69
$Al(OH)_3$	78.00	$Ce(SO_4)_2$	332.24	Fe_3O_4	231.54
$Al_2(SO_4)_3$	342.15	$Ce(SO_4)_2\cdot 4H_2O$	404.30	$Fe(OH)_3$	106.87
$Al_2(SO_4)_3\cdot 18H_2O$	666.43	$CoCl_2$	129.84	FeS	87.91
As_2O_3	197.84	$CoCl_2\cdot 6H_2O$	237.93	Fe_2S_3	207.88
As_2O_5	229.84	$Co(NO_3)_2$	182.94	$FeSO_4$	151.91
As_2S_3	246.04	$Co(NO_3)_2\cdot 6H_2O$	291.03	$FeSO_4\cdot 7H_2O$	278.01
		CoS	91.00		
$BaCl_2$	208.23	$CrCl_3$	158.36	H_3AsO_3	125.94
$BaCl_2\cdot 2H_2O$	244.26	$CrCl_3\cdot 6H_2O$	266.45	H_3AsO_4	141.94
$BaCO_3$	197.34	Cr_2O_3	151.99	H_3BO_3	61.83
$BaCrO_4$	253.32	$CuCl$	98.999	HBr	80.912
$Ba(OH)_2$	171.34	$CuCl_2$	134.45	HCN	27.025
$BaSO_4$	233.39	$CuCl_2\cdot 2H_2O$	170.48	$HCOOH$	46.025
$Bi(NO_3)_3$	395.00	$CuSCN$	121.63	CH_3COOH	60.052
$Bi(NO_3)_3\cdot 5H_2O$	485.07	CuI	190.45	H_2CO_3	62.025
		$Cu(NO_3)_2$	187.56	$H_2C_2O_4$	90.035
CO	28.01	$Cu(NO_3)_2\cdot 3H_2O$	241.60	$H_2C_2O_4\cdot 2H_2O$	126.07
CO_2	44.01	CuO	79.545	HCl	36.461
$CO(NH_2)_2$	60.06	Cu_2O	143.09	HF	20.006

续表

HI	127.91	KIO_3	214.00	$Na_2CO_3 \cdot 10H_2O$	286.14
HIO_3	175.91	$KIO_3 \cdot HIO_3$	389.91	$Na_2C_2O_4$	134.00
HNO_2	47.013	$KMnO_4$	158.03	CH_3COONa	82.034
HNO_3	63.013	$KNaC_4H_4O_6 \cdot 4H_2O$	282.22	$CH_3COONa \cdot 3H_2O$	136.08
H_2O	18.015	KNO_2	85.10	$NaHCO_3$	84.007
H_2O_2	34.015	KNO_3	101.10	$Na_2HPO_4 \cdot 12H_2O$	358.14
H_3PO_4	97.995	K_2O	94.20	$Na_2H_2Y \cdot 2H_2O$	372.24
H_2S	34.081	KOH	56.106	$NaNO_2$	68.995
H_2SO_3	82.08	KSCN	97.18	$NaNO_3$	84.995
H_2SO_4	98.08	K_2SO_4	174.26	Na_2O	61.979
$HgCl_2$	271.50			Na_2O_2	77.978
Hg_2Cl_2	472.09	$MgCO_3$	84.31	NaOH	39.997
HgI_2	454.40	$MgCl_2$	95.21	Na_3PO_4	163.94
HgO	216.59	$MgCl_2 \cdot 6H_2O$	203.30	Na_2S	78.04
HgS	232.66	$MgNH_4PO_4 \cdot 6H_2O$	245.41	NaSCN	81.07
$HgSO_4$	296.65	MgO	40.304	Na_2SO_3	126.04
Hg_2SO_4	497.24	$Mg(OH)_2$	58.320	Na_2SO_4	142.04
		$Mg_2P_2O_7$	222.55	$Na_2S_2O_3$	158.11
$KAl(SO_4)_2 \cdot 12H_2O$	474.39	$MgSO_4 \cdot 7H_2O$	246.47	$Na_2S_2O_3 \cdot 5H_2O$	248.18
KBr	119.00	$MnCO_3$	114.95	NH_3	17.03
$KBrO_3$	167.00	$MnCl_2 \cdot 4H_2O$	197.91	$NH_4C_2H_3O_2$(醋酸盐)	77.08
KCl	74.55	$Mn(NO_3)_2 \cdot 6H_2O$	287.04	NH_4Cl	53.491
$KClO_3$	122.55	MnO	70.937	$(NH_4)_2CO_3$	96.086
$KClO_4$	138.55	MnO_2	86.94	$(NH_4)_2C_2O_4 \cdot H_2O$	142.11
KCN	65.116	MnS	87.00	NH_4F	37.04
K_2CO_3	138.21	$MnSO_4$	151.00	NH_4HCO_3	79.055
K_2CrO_4	194.19	$MnSO_4 \cdot 7H_2O$	277.11	NH_4NO_3	80.043
$K_2Cr_2O_7$	294.18			$(NH_4)_2HPO_4$	132.06
$K_3Fe(CN)_6$	329.24	Na_3AsO_3	191.89	NH_4SCN	76.12
$K_3[Fe(C_2O_4)_3] \cdot 3H_2O$	491.26	$Na_2B_4O_7 \cdot 10H_2O$	381.37	$(NH_4)_2S$	68.14
$K_4Fe(CN)_6$	368.34	$NaBiO_3$	279.97	$(NH_4)_2SO_4$	132.14
$KHC_2O_4 \cdot H_2O$	146.14	NaBr	102.89	$NiCl_2 \cdot 6H_2O$	237.69
$KHC_2O_4 \cdot H_2C_2O_4 \cdot 2H_2O$	254.19	$NaBrO_3$	150.89	NiO	74.69
$KHC_4H_4O_6$(酒石酸盐)	188.18	NaCl	58.443	$Ni(NO_3)_2 \cdot 6H_2O$	290.79
$KHC_8H_4O_4$(苯二甲酸盐)	204.22	NaClO	74.442	NiS	90.76
$KHSO_4$	136.17	NaCN	49.007	$NiSO_4 \cdot 7H_2O$	280.86
KI	166.00	Na_2CO_3	105.99	NO	30.006

续表

NO_2	46.006	Sb_2O_3	291.52	$TiCl_3$	154.23
P_2O_5	141.94	Sb_2S_3	339.72	TiO_2	79.87
$PbCl_2$	278.1	SiF_4	104.08		
$PbCrO_4$	323.2	SiO_2	60.084	$UO_2(CH_3COO)_2 \cdot 2H_2O$	424.15
$Pb(CH_3COO)_2$	325.3	$SnCl_2$	189.62		
$Pb(CH_3COO)_2 \cdot 3H_2O$	379.3	$SnCl_2 \cdot 2H_2O$	225.65	V_2O_5	181.88
PbI_2	461.0	SnO_2	150.71		
$Pb(NO_3)_2$	331.2	SnS	150.78	WO_3	231.84
PbO	223.2	$SrCO_3$	147.63		
PbO_2	239.2	SrC_2O_4	175.64	$ZnCl_2$	136.30
PbS	239.3	$SrCrO_4$	203.61	$Zn(NO_3)_2$	189.40
$PbSO_4$	303.3	$Sr(NO_3)_2$	211.63	$Zn(NO_3)_2 \cdot 6H_2O$	297.49
		$Sr(NO_3)_2 \cdot 4H_2O$	283.69	ZnO	81.39
SO_2	64.06	$SrSO_4$	183.68	$Zn(OH)_2$	99.40
SO_3	80.06			ZnS	97.46

注：根据 1999 年国际相对原子质量而得化合物的相对分子质量。

参 考 文 献

1. 金若水,王韵华,芮承国. 现代化学原理. 北京：高等教育出版社，2003
2. B. H. Mahan(马亨著),复旦大学化学系无机教研室译. 大学化学. 北京:科学技术出版社,1982
3. Peter Atkins, Loretta Joned. *Chemical Principles*(2nd Edition). New York: W. H. Freeman and Company,2002
4. Umland, Jean B. *General Chemistry*(3rd Edition). California:Colepublishing Company,1999
5. 严志弦. 无机化学. 北京:人民教育出版社,1965
6. 陈寿椿编. 重要无机化学反应(第二版). 上海:上海科学技术出版社,1982
7. 沈建中,马林,赵滨,卫景德. 普通化学实验. 上海:复旦大学出版社,2006
8. 北京师范大学无机化学教研室等编. 无机化学实验(第三版). 北京:高等教育出版社,2001
9. 吴性良,朱万森,马林. 分析化学原理. 北京:化学工业出版社,2004
10. 陶增宁等编. 定量分析. 上海:复旦大学出版社,1985
11. H·A·莱蒂南,W·E·哈里斯著,南京大学等译. 化学分析. 北京:人民教育出版社,1982
12. 武汉大学主编. 分析化学(第三版). 北京:高等教育出版社,1995
13. R. Kellner. *Analytical Chemistry*. WILEY－VCH Verlag GmbH,1998
14. L. M. Kolthoff, et al. *Quantitative Chemical Analysis*(4th Edition), London: Macmillan, 1969
15. 刘智敏著. 不确定度及其实践. 北京:中国标准出版社,2000
16. 邵令娴. 分离及复杂物质分析. 北京:高等教育出版社,1984
17. J. H. Kennedy. *Analytical Chemistry Practice*. San Diego:HBJ,1984
18.《化学分析基本操作规范》编写组. 化学分析基本操作规范. 北京:高等教育出版社,1984
19. 柴华丽,马林,徐华华,陈剑鋐编著. 定量分析化学实验教程. 上海:复旦大学出版社,1993

20. 吴性良,朱万森主编. 仪器分析实验(第二版). 上海:复旦大学出版社, 2008
21. D. Kealey. *Experiments in Modern Analytical Chemistry*. Glasgow:Blackie,1986
22. 武汉大学主编. 分析化学实验(第四版). 北京:高等教育出版社,2001
23. 史启祯,肖新亮主编. 无机化学与化学分析实验. 北京:高等教育出版社,1995
24. J. A. Dean Ed. *Lange's Handbook of Chemistry*(15th Edition). New York:McGraw-Hill, Inc. ,1999
25. D. R. Lide. *Handbook of Chemistry and Physics*(82nd Edition). Florida:Boca Raton, 2001-2002
26. Perry's. *Chemical Engineer's Handbook* (6th Edition). New York: McGraw-Hill Inc. ,1984
27. J. A. Dean 主编,常文保等译校. 分析化学手册. 北京:科学出版社,2003
28. 杭州大学化学系分析化学教研室. 分析化学手册(第一分册): 基础知识与安全知识(第二版). 北京:化学工业出版社,1997
29. 杭州大学化学系分析化学教研室. 分析化学手册(第二分册): 化学分析(第二版). 北京:化学工业出版社,1997
30. 梁逸曾等编. 分析化学手册(第十分册): 化学计量学. 北京:化学工业出版社,2000
31. EARL L. MUETTERTIES 主编,张靓华等译. 无机合成(第十卷). 北京:科学出版社,1977
32. 林邦. A. 戴明译. 分析化学中的络合作用. 北京:高等教育出版社,1979
33. 中华人民共和国卫生部药典委员会编. 中华人民共和国药典(1977 年版二部). 北京:人民卫生出版社,1979
34. 上海商检局主编. 食品分析化学. 上海:上海科学技术出版社,1979
35. 武汉水利电力学院电厂化学教研室. 热力发电厂水处理. 北京:水利电力出版社,1984
36. 北京大学化学与工程学院分析化学教学组编著. 基础分析化学实验(第三版). 北京:北京大学出版社,2010